21世纪 高等职业学校园林专业适用教材
       高等专科

园林植物栽培与养护

魏 岩 主编

中国科学技术出版社
·北京·

图书在版编目（CIP）数据

园林植物栽培与养护/魏岩主编．—北京：中国科学技术出版社，2003.8（2022.3重印）

21世纪高等职业高等专科学校园林专业适用教材
ISBN 978-7-5046-3613-3

Ⅰ．园… Ⅱ．魏… Ⅲ．园林植物—观赏园艺—高等学校：技术学校—教材 Ⅳ．S688

中国版本图书馆 CIP 数据核字（2003）第 070378 号

策划编辑	史晓红　徐扬科　王巨斌
责任编辑	付晓鑫
责任印制	徐　飞
责任校对	焦　宁

出　　版	中国科学技术出版社
发　　行	中国科学技术出版社有限公司发行部
地　　址	北京市海淀区中关村南大街16号
邮　　编	100081
发行电话	010-62173865
传　　真	010-62173081
网　　址	http://www.cspbooks.com.cn

开　　本	710 mm×1000 mm　1/16
字　　数	352千字
印　　张	21.25
版　　次	2003年8月第1版
印　　次	2022年3月第18次印刷
印　　刷	北京荣泰印刷有限公司
书　　号	ISBN 978-7-5046-3613-3/G·272
定　　价	38.00元

（凡购买本社图书，如有缺页、倒页、脱页者，本社发行部负责调换）

内 容 提 要

本教材针对园林植物栽培养护的实际情况，尽可能地收集本领域的新技术、新方法、新成果及其发展的新动向。主要内容包括园林植物栽培养护基础、园林植物苗圃培育技术、园林植物栽培技术、园林植物养护管理措施。书后附有实验实训指导，力求将栽培知识系统、精练、科学地呈现出来。

前　言

　　本书是由林指委教学管理研究组组织编写的全国高等职业学校园林专业试用教材。

　　园林植物栽培养护是高等职业学校园林专业的骨干专业课程。本教材的编写依据了课程的特点和当前高等职业学校的实际，吸收了近几年来园林方面科学研究和教学研究中的最新成果，同时，依据了劳动和社会保障部园林职业技能鉴定标准和园林职业技能鉴定规范。

　　本教材由魏岩主编和统稿，苏付保、朱瑞琦任副主编。第一章由蔡绍平，第二章由魏岩、张健夫、琚昊然、朱瑞琦、张君超、尹卫东、易新军，第三章由苏付保、魏岩、杨治国、李玉梅、白振海、历荣良，第四章由琚昊然、李银华、唐行、魏岩，实验实训1由张健夫，实验实训2、3、11由琚昊然，实验实训4、5由朱瑞琦，实验实训6、7、8由张君超，实验实训9由魏岩，实验实训10由李玉梅编写。

　　本教材是高等职业学校园林专业教材，也可供相近专业和短期培训班选用，还可作为中等职业教育教材及有关部门的工作人员自学和参考用书。在使用本教材时可参考下表（标★号为建议选学内容）。

教育对象	第一章	第二章	第三章	第四章	第五章	实验实训1	实验实训2	实验实训3	实验实训4	实验实训5	实验实训6	实验实训7	实验实训8	实验实训9	实验实训10	实验实训11
5年高职	★	★	★	★	★	★	★	★	★	★	★	★	★	★	★	★
3年高职	★	★	★	★	★		★	★	★	★	★	★	★	★	★	
中职	★	★	★	★	★		★	★		★	★	★	★	★		★

本书在编写过程中得到了辽宁林业职业技术学院、广西林业职业技术学院、河南科技大学等的大力支持和协助，并参考引用了国内一些编著及资料，在此特向上述单位和编著者表示感谢。由于作者水平有限，书中错误疏漏在所难免，诚盼广大读者在使用中批评指正。

编　者

目 录

第一章 园林植物栽培养护基础 …………………………………… 1
  第一节 概述 ……………………………………………………… 1
    一、园林植物的概念及分类 …………………………………… 1
      (一) 园林植物的概念及范畴 ……………………………… 1
      (二) 园林植物的分类 ……………………………………… 1
    二、园林植物栽培养护学的内容及学习方法 ………………… 4
    三、园林植物栽培养护的意义及国内外发展现状 …………… 5
      (一) 园林植物栽培养护的意义 …………………………… 5
      (二) 国内外园林植物栽培概况 …………………………… 6
  第二节 园林植物的生长发育 …………………………………… 8
    一、园林植物的生命周期 ……………………………………… 8
      (一) 木本植物 ……………………………………………… 9
      (二) 草本植物 ……………………………………………… 10
    二、园林植物的年生长周期 …………………………………… 11
      (一) 草本园林植物的年周期 ……………………………… 11
      (二) 木本园林植物的年周期 ……………………………… 12
  第三节 环境因子与园林植物生长发育的关系 ………………… 14
    一、温度 ………………………………………………………… 14
      (一) 温度与植物生长的关系 ……………………………… 14
      (二) 温度与植物的发育及花色的关系 …………………… 15
      (三) 土温与植物生长的关系 ……………………………… 15
      (四) 高温及低温对植物的伤害 …………………………… 16
    二、光照 ………………………………………………………… 16
      (一) 光照强度对植物生长的影响 ………………………… 16
      (二) 光周期对植物发育的影响 …………………………… 17
    三、水分 ………………………………………………………… 18
      (一) 植物对水分的需求 …………………………………… 18

（二）水分对植物花芽分化及花色的影响 …………………………………… 19
 四、基质 …………………………………………………………………………… 19
  （一）土壤的质地与厚度 ………………………………………………………… 19
  （二）土壤酸碱度 ………………………………………………………………… 20
  （三）盐碱土对园林植物的影响 ………………………………………………… 20
  （四）园林植物的其他栽培基质 ………………………………………………… 21
 五、其他因子 ……………………………………………………………………… 22
  （一）空气 ………………………………………………………………………… 22
  （二）地形地势 …………………………………………………………………… 25
  （三）生物因子对园林植物的影响 ……………………………………………… 25

第二章 园林植物苗木培育技术 ……………………………………………………… 26
 第一节 园林植物的良种繁育 ………………………………………………………… 26
  一、园林植物的种质资源 ………………………………………………………… 26
   （一）种质资源的分类 …………………………………………………………… 27
   （二）种质资源的保存 …………………………………………………………… 27
  二、引种 …………………………………………………………………………… 28
   （一）引种成败因素的分析 ……………………………………………………… 28
   （二）引种的程序 ………………………………………………………………… 31
   （三）引种的具体措施 …………………………………………………………… 32
  三、良种繁育 ……………………………………………………………………… 34
   （一）良种繁育的任务 …………………………………………………………… 34
   （二）品种退化的原因 …………………………………………………………… 35
   （三）保持与提高优良品种种性的技术措施 …………………………………… 36
   （四）提高良种生活力的技术措施 ……………………………………………… 37
   （五）提高良种繁殖系数的技术措施 …………………………………………… 38
 第二节 建立苗圃 …………………………………………………………………… 39
  一、苗圃地的选择与区划 ………………………………………………………… 39
   （一）园林苗圃的位置及经营条件 ……………………………………………… 39
   （二）自然条件 …………………………………………………………………… 39
   （三）园林苗圃的面积计算 ……………………………………………………… 41
   （四）苗圃的区划与设施 ………………………………………………………… 42
  二、苗圃技术档案的建立 ………………………………………………………… 47
   （一）建立苗圃技术档案的意义 ………………………………………………… 47

（二）苗圃技术档案的主要内容 …………………………………… 47
  （三）建立苗圃技术档案的要求 …………………………………… 48
第三节 园林植物种子（实）的生产 ………………………………… 48
 一、园林植物种子（实）的采集 ……………………………………… 49
  （一）种子的成熟 …………………………………………………… 49
  （二）影响种子成熟期的因素 ……………………………………… 50
  （三）确定种子成熟期的方法和种子成熟期的形态特征 ………… 51
  （四）果实或种子的脱落和采种期 ………………………………… 51
  （五）采集方法 ……………………………………………………… 53
 二、园林植物种子（实）的调制 ……………………………………… 54
  （一）种子的脱粒 …………………………………………………… 54
  （二）种子去翅、净种及种粒分级 ………………………………… 56
 三、园林植物种子（实）的贮藏 ……………………………………… 57
  （一）贮藏的目的 …………………………………………………… 57
  （二）保持种子生活力的原理 ……………………………………… 57
  （三）种子的寿命 …………………………………………………… 58
  （四）影响种子生活力的内在因素 ………………………………… 59
  （五）影响种子生活力的外界条件 ………………………………… 60
  （六）种子贮藏的方法和运输 ……………………………………… 61
 四、园林植物种子（实）的品质检验 ………………………………… 63
  （一）种子检验的几个概念 ………………………………………… 63
  （二）样品的抽样 …………………………………………………… 64
  （三）送检样品的发送 ……………………………………………… 65
  （四）种子品质检验 ………………………………………………… 65
第四节 园林植物的播种育苗 …………………………………………… 70
 一、播种前的准备 ……………………………………………………… 70
  （一）土壤准备 ……………………………………………………… 70
  （二）种子准备 ……………………………………………………… 73
 二、播种 ………………………………………………………………… 77
  （一）播种时期 ……………………………………………………… 77
  （二）播种方法 ……………………………………………………… 78
 三、播种后的管理 ……………………………………………………… 82
第五节 园林植物的扦插育苗 …………………………………………… 86

一、扦插繁殖的原理 …………………………………… 86
　（一）插穗生根的原理 ………………………………… 87
　（二）影响插穗生根的因素 …………………………… 89
二、扦插前的准备 ……………………………………… 94
　（一）采穗母本的管理 ………………………………… 94
　（二）插穗的采集与剪制 ……………………………… 95
　（三）剪制插穗后的生根处理 ………………………… 98
三、扦插 ………………………………………………… 100
　（一）硬枝扦插 ………………………………………… 100
　（二）嫩枝扦插 ………………………………………… 101
　（三）叶插 ……………………………………………… 103
　（四）叶芽插 …………………………………………… 104
　（五）埋条（埋干） …………………………………… 105
　（六）根插（埋根） …………………………………… 107
　（七）鳞片扦插 ………………………………………… 108
四、扦插后的管理 ……………………………………… 108
　（一）浇水 ……………………………………………… 108
　（二）除萌与摘心 ……………………………………… 109
　（三）温度管理 ………………………………………… 109
　（四）田间管理 ………………………………………… 109
五、全光雾插育苗技术 ………………………………… 110
　（一）嫩枝扦插的生根特性 …………………………… 110
　（二）全光雾插的设备类型 …………………………… 110
　（三）插床与基质 ……………………………………… 111
　（四）全光雾插的育苗技术 …………………………… 113
第六节　园林植物的嫁接育苗 …………………………… 114
一、影响嫁接成活的因素 ……………………………… 114
　（一）亲和力 …………………………………………… 114
　（二）形成层细胞的再生能力 ………………………… 116
　（三）嫁接技术水平 …………………………………… 116
　（四）环境条件 ………………………………………… 117
二、嫁接前的准备 ……………………………………… 118
　（一）砧木的选择与培育 ……………………………… 118

（二）接穗的采集和贮藏 119
　　（三）嫁接用工具的准备 120
三、嫁接 122
　　（一）枝接 122
　　（二）芽接 129
　　（三）草本植物嫁接 133
　　（四）仙人掌类植物嫁接 135
四、接后的管理 136

第七节　园林植物的组织培养育苗 139
一、组织培养概述 139
二、组织培养繁殖的基本原理 139
三、组织培养的条件 140
　　（一）组织培养室的建立 140
　　（二）培养基的成分 141
　　（三）环境条件 146
四、组织培养的操作技术 146
　　（一）培养基的制备 146
　　（二）外植体的选择与消毒 149
　　（三）接种 150
　　（四）培养 151
五、园林植物组织培养育苗实例 152
　　（一）月季 152
　　（二）菊花 154

第八节　园林植物的其他育苗方法 154
一、分生育苗 154
　　（一）宿根花卉分生育苗 155
　　（二）球根花卉分生育苗 155
　　（三）园林树木分生育苗 156
二、压条育苗 156
　　（一）普通压条 156
　　（二）水平压条 156
　　（三）波状压条 156
　　（四）壅土压条 157

（五）空中压条 ………………………………………………… 157
第九节　大苗的培育 ……………………………………………… 157
　一、移植的作用 ………………………………………………… 159
　　（一）为苗木提供适当的生存空间 …………………………… 159
　　（二）促使产生发达的根系 …………………………………… 159
　　（三）培养优美的树形 ………………………………………… 160
　　（四）合理利用土地 …………………………………………… 160
　二、移植的技术 ………………………………………………… 160
　　（一）移植时间 ………………………………………………… 160
　　（二）移植 ……………………………………………………… 161
　　（三）移植后的管理 …………………………………………… 165
　三、各类大苗的培育 …………………………………………… 167
第十节　苗木出圃 ………………………………………………… 169
　一、出圃苗木的标准 …………………………………………… 169
　　（一）常规出圃苗的质量标准 ………………………………… 169
　　（二）出圃苗木的规格要求 …………………………………… 170
　二、苗木调查 …………………………………………………… 172
　　（一）苗木调查的目的与要求 ………………………………… 172
　　（二）调查方法 ………………………………………………… 172
　三、起苗与分级 ………………………………………………… 173
　　（一）起苗季节 ………………………………………………… 173
　　（二）起苗方法 ………………………………………………… 174
　　（三）苗木分级 ………………………………………………… 175
　四、苗木检疫 …………………………………………………… 176
　五、苗木包装和运输 …………………………………………… 176
　　（一）苗木包装 ………………………………………………… 176
　　（二）苗木运输 ………………………………………………… 179

第三章　园林植物的栽培技术 …………………………………… 181
　第一节　露地栽培 ……………………………………………… 181
　　一、一二年生草本园林植物的露地栽培 …………………… 181
　　　（一）整地作床（畦） ………………………………………… 181
　　　（二）栽植 …………………………………………………… 182
　　二、多年生草本园林植物的露地栽培 ……………………… 184

|　　　（一）宿根类植物的露地栽培 ………………………… 184
|　　　（二）球根类植物的露地栽培 ………………………… 184
|　三、木本园林植物露地的栽培 …………………………… 186
|　　　（一）木本园林植物的分类 …………………………… 186
|　　　（二）木本园林植物的露地栽培 ……………………… 187
|　四、水生园林植物的露地栽培 …………………………… 191
第二节　保护地栽培 ………………………………………… 192
　一、保护地栽培设施 ……………………………………… 192
　　　（一）塑料大棚 ………………………………………… 192
　　　（二）玻璃温室 ………………………………………… 196
　　　（三）保护地附属设施及器具 ………………………… 198
　二、保护地环境调控技术 ………………………………… 199
　　　（一）光照控制 ………………………………………… 199
　　　（二）温度控制 ………………………………………… 200
　　　（三）水分控制 ………………………………………… 202
　　　（四）二氧化碳与污染 ………………………………… 202
　三、保护地栽培管理技术 ………………………………… 202
　　　（一）保护地生产园林植物种类的选择 ……………… 202
　　　（二）保护地栽培技术 ………………………………… 203
　四、提高花卉品质的技术 ………………………………… 209
　　　（一）生产技术 ………………………………………… 209
　　　（二）切花采收 ………………………………………… 209
　　　（三）保鲜处理与贮藏、装运 ………………………… 210
　　　（四）贮藏、包装及运输 ……………………………… 210
第三节　园林植物的无土栽培 ……………………………… 211
　一、无土栽培的特点与分类 ……………………………… 212
　　　（一）无土栽培的特点 ………………………………… 212
　　　（二）无土栽培的分类 ………………………………… 213
　二、无土栽培的设施 ……………………………………… 214
　　　（一）栽培设备 ………………………………………… 214
　　　（二）供液系统 ………………………………………… 215
　　　（三）栽培基质处理 …………………………………… 216
　　　（四）营养液 …………………………………………… 216

三、无土栽培技术 ………………………………………… 219
　　　　（一）水培 ……………………………………………… 219
　　　　（二）基质栽培 ………………………………………… 221
　　第四节　园林植物的促成及抑制栽培 ……………………… 224
　　　一、促成及抑制栽培的原理 ……………………………… 225
　　　　（一）阶段发育 ………………………………………… 225
　　　　（二）催眠与催醒休眠 ………………………………… 225
　　　　（三）花芽分化的诱导 ………………………………… 226
　　　二、促成及抑制栽培的技术 ……………………………… 227
　　　　（一）促成及抑制栽培的一般园艺措施 ……………… 227
　　　　（二）温度处理 ………………………………………… 228
　　　　（三）光周期处理 ……………………………………… 229
　　　　（四）各种化学药剂处理 ……………………………… 230
　　第五节　大树移植 …………………………………………… 231
　　　一、大树移植的特点 ……………………………………… 231
　　　二、大树移植技术 ………………………………………… 233
　　　　（一）大树移植前的准备和处理 ……………………… 233
　　　　（二）大树移植方法 …………………………………… 234

第四章　园林植物养护管理 ……………………………………… 244
　　第一节　露地栽培园林植物养护管理措施 ………………… 244
　　　一、园林植物养护管理的一般方法 ……………………… 244
　　　　（一）灌溉与排水 ……………………………………… 244
　　　　（二）施肥 ……………………………………………… 247
　　　　（三）除草松土 ………………………………………… 252
　　　　（四）整形修剪 ………………………………………… 252
　　　　（五）防寒越冬 ………………………………………… 252
　　　　（六）越夏管理 ………………………………………… 254
　　　二、园林植物养护管理工作月历 ………………………… 254
　　　三、树木树体的保护与修补 ……………………………… 259
　　　　（一）保护与修补的意义 ……………………………… 259
　　　　（二）保护与修补的方法 ……………………………… 260
　　　四、古树名木的养护管理 ………………………………… 261
　　　　（一）古树名木的作用 ………………………………… 261

（二）古树名木养护管理方法 …………………………………………… 261
　　　（三）古树名木养护管理实例 …………………………………………… 262
第二节　保护地栽培园林植物的养护管理 ………………………………………… 264
　一、土壤管理 ……………………………………………………………………… 264
　　　（一）培养土的配制 ……………………………………………………… 264
　　　（二）酸碱度调节 ………………………………………………………… 265
　二、施肥 …………………………………………………………………………… 265
　　　（一）施肥方式 …………………………………………………………… 265
　　　（二）施肥方法 …………………………………………………………… 266
　三、浇水 …………………………………………………………………………… 266
　　　（一）浇水的原则 ………………………………………………………… 266
　　　（二）浇水方法 …………………………………………………………… 267
第三节　修剪与整形 ………………………………………………………………… 268
　一、修剪整形的目的和作用 ……………………………………………………… 268
　二、园林植物枝芽生长特性与修剪整形的关系 ………………………………… 271
　三、修剪的基本方法 ……………………………………………………………… 277
　四、各类园林植物修剪整形技艺 ………………………………………………… 287
　　　（一）成片树林的修剪整形 ……………………………………………… 287
　　　（二）行道树和庭荫树的修剪整形 ……………………………………… 288
　　　（三）观赏灌木类（或小乔木）的修剪整形 …………………………… 289
　　　（四）藤本类的修剪整形 ………………………………………………… 291
　　　（五）绿篱的修剪整形 …………………………………………………… 292
　　　（六）其他特殊树形的修剪整形 ………………………………………… 293
实验实训 ……………………………………………………………………………… 296
　实验实训1　种子净度的测定 …………………………………………………… 296
　实验实训2　种子重量测定 ……………………………………………………… 301
　实验实训3　种子发芽测定 ……………………………………………………… 302
　实验实训4　种子生活力测定 …………………………………………………… 307
　实验实训5　种子含水量测定 …………………………………………………… 310
　实验实训6　园林植物的播种育苗 ……………………………………………… 312
　实验实训7　苗期管理 …………………………………………………………… 313
　实验实训8　园林植物的扦插育苗技术 ………………………………………… 314
　实验实训9　园林植物的嫁接育苗技术 ………………………………………… 315

实验实训 10　园林植物分生育苗技术……………………………………316
实验实训 11　园林植物组织培养技术：培养基的制备……………………317
实验实训 12　园林植物组织培养技术：接种与培养………………………319
实验实训 13　盆栽技术………………………………………………………321
实验实训 14　无土栽培………………………………………………………321
实验实训 15　园林植物的修剪整形…………………………………………323
参考文献……………………………………………………………………324

第一章 园林植物栽培养护基础

本章提要

园林植物具有种类繁多，习性多样，生态条件复杂及栽培技术不一样等特点。本章根据园林植物应用的特点，从不同的角度对园林植物进行了分类；简要介绍了园林植物栽培养护的内容、意义、现状及学习方法；论述了各类园林植物生长发育的特点及其与环境条件的关系。通过本章内容的学习，可为制订各类园林植物相应的栽培技术措施，达到利用植物、改造植物的预期目的打下基础。

第一节 概 述

一、园林植物的概念及分类

（一）园林植物的概念及范畴

园林植物是指能绿化、美化、净化环境，具有一定观赏价值、生态价值和经济价值，适用于布置人们生活环境、丰富人们精神生活和维护生态平衡的栽培植物。时至今日，人们对园林植物的功能赋予了新的要求。不仅要求具有观赏功能，还要求具有改造环境、保护环境，以及恢复、维护生态平衡的功能。因此，园林植物不仅包括木本和草本的观花、观果、观叶、观姿态的植物，也包括用于建立生态绿地的所有植物。随着科学技术的发展和社会的进步，园林植物的范畴也在延伸扩大。

（二）园林植物的分类

园林植物的种类繁多，习性各异，各自在园林绿化中起的作用不尽相

园林植物栽培与养护

同。除按植物系统分类方法外，园林植物从不同的角度存在着多种分类方法。

1. 依生物学特性分类

（1）木本园林植物

乔木类　主干明显而直立。如白玉兰、广玉兰、榕树、悬铃木、樟树等。

灌木类　无明显主干，一般植株较矮小，分枝从接近地面的节上开始，呈丛生状。如栀子花、牡丹、月季、蜡梅、珍珠梅、千头柏、贴梗海棠等。

藤本类　茎木质化，长而细软，不能直立，需缠绕或攀缘其他物体才能向上生长。如紫藤、凌霄、爬山虎、葡萄等。

（2）草本园林植物

一年生草本园林植物　在一年内完成其生命周期，即从播种、开花、结实到枯死均在一年内完成。一年生园林植物多数种类原产于热带或亚热带，不耐寒，一般在春季无霜冻后播种，于夏秋开花结实后死亡。如百日草、鸡冠花、千日红、凤仙花、波斯菊、万寿菊等。

二年生草本园林植物　在两年内完成其生命周期，当年只进行营养生长，到翌年春夏才开花结实。其实际生活时间常不足一年，但跨越两个年头，故称为二年生植物。这类植物具一定耐寒力，但不耐高温。如金盏菊、石竹、紫罗兰、瓜叶菊、飞燕草、虞美人等。

球根园林植物　球根植物均为多年生草本。共同的特点是具有地下茎或根变态形成的膨大部分，以度过寒冷的冬季或干旱炎热的夏季（呈休眠状态），至环境适宜时再活跃生长，出叶开花，并产生新的地下膨大部分或增生仔球进行繁殖。球根园林植物种类很多，因其地下茎或根变态部分的差异，可分为：①由不定根或侧根膨大而形成的块根类，如大丽花、花毛茛等；②由短缩的变态茎形成的球茎类，如唐菖蒲、小苍兰、番红花、秋水仙等；③由地下根状茎的顶端膨大而形成的块茎类，如花叶芋、马蹄莲、大岩桐等；④由地下茎极度缩短并有肥大的鳞片状叶包裹而形成的鳞茎类，如水仙、郁金香、百合、风信子、石蒜等；⑤由地下茎肥大形成的根颈类，如美人蕉、鸢尾等。

宿根园林植物　地下部分形态正常，不发生变态，宿根存于土壤中，冬季可在露地越冬。常见的宿根园林植物有芍药、菊、香石竹、蜀葵、天竺葵、文竹等。

(3) 水生园林植物

生长发育在沼泽地或不同水域中的植物,如荷花、睡莲等。

(4) 多浆、多肉类园林植物

这类园林植物共同特点是具有旱生、喜热的生理特点及植物体含水分多,茎或叶特别肥厚,呈肉质多浆的形态。如仙人掌、芦荟、落地生根、燕子掌、虎刺梅、生石花等。

2. 依植物观赏部位分类

(1) 观花类

包括木本观花植物与草本观花植物。观花植物以花朵为主要的观赏部位,且以花大、花多、花艳或花香取胜。①木本观花植物如玉兰、梅花、杜鹃、碧桃、榆叶梅等;②草本观花植物有菊花、兰花、大丽花、一串红、唐菖蒲等。

(2) 观叶类

以观赏叶形、叶色为主的园林植物。这类植物或叶色光亮、色彩鲜艳,或者叶形奇特而引人注目。观叶园林植物观赏期长,观赏价值较高。如龟背竹、红枫、黄栌、芭蕉、苏铁、橡皮树、一叶兰等。

(3) 观茎类

该类园林植物茎干因色泽或形状异于其他植物而具有独特的观赏价值。如佛肚竹、紫薇、白皮松、竹类、白桦、红瑞木等。

(4) 观果类

这类园林植物果实色泽美丽,经久不落,或果实奇特,色形俱佳。如石榴、佛手、金橘、五色椒、火棘、山楂等。

(5) 观姿态类

以观赏园林树木的树型、树姿为主。这类园林植物树型、树姿或端庄、或高耸、或浑圆、或盘绕、或似游龙、或如伞盖。如雪松、龙柏、香樟、银杏、合欢、龙爪榆等。

(6) 观芽类

这类园林植物的芽特别肥大美丽。如银柳、结香。

3. 按栽培方式分类

(1) 露地园林植物

露地园林植物是指在自然条件中生长发育的园林植物。这类园林植物适宜栽培于露天的园地。由于园地土壤水分、养分、温度等因素容易达到自然平衡,光照又较充足,因此枝壮叶茂,花大色艳。露地园林植物的管理比较简单,一般不需要特殊的设施,在常规条件下便可栽培,只要求在生长期间

园林植物栽培与养护

及时浇水和追肥，定期进行中耕、除草。

(2) 温室园林植物

温室园林植物是指必须使用温室栽培或越冬养护的园林植物。这类植物常上盆栽植，以便搬移和管理。所用的培养土或营养液，光照、温度、湿度的调节以及浇水和追肥全依赖于人工管理。对于温室植物的养护管理要求比较细致，否则会导致生长不良，甚至死亡。另外，温室植物的概念也因地区气候的不同而异，如北京的温室植物到南方则常作为露地植物栽培。

除以上两种栽培方式外，还有无土栽培、促成或抑制栽培等方式。

上面所述的一些分类方法，仅仅是为了便于叙述、应用。除此以外，园林植物栽培养护过程中还有许多分类方法。如按开花季节分类、按栽培目的分类、按植物在园林绿化中的用途分类等。实践中，许多园林植物均是"身兼数职"，因此应用时应根据实际需要，灵活运用。

二、园林植物栽培养护学的内容及学习方法

园林植物栽培养护学是研究园林植物的生长发育规律及园林植物的苗木培育、移栽定植和养护管理的理论与技术的一门应用学科。它的任务是服务于园林植物栽培实践，从园林植物与环境之间的关系出发，在调节、控制园林植物与环境之间的关系上发挥更好的作用。既要充分发挥园林植物的生态适应性，又要根据栽植地的立地条件特点和园林植物的生长状况与功能要求，实行科学的管理。既要最大限度地利用环境资源，又要适时调节植物与环境的关系，使其正常生长，延长其寿命，充分发挥其改善环境、游憩观赏和经济生产的综合效益，使园林植物栽培更趋合理，取得事半功倍的效益。

园林植物栽培养护学的内容十分广泛，涉及多门学科，因此必须在具备植物学、园林树木学、植物生理学、土壤肥料学、气象学、植物生态学、植物保护学、花卉学等学科的基本知识、基本理论与基本技能的基础上，才能学好本课程，并应用于栽培实践。

本课程的教学内容是：在阐述园林植物的分类及一般生长发育规律的基础上，着重阐述园林植物的种苗生产、园林植物栽培、园林植物养护管理等技术。此外，还包括在园林植物生产中普遍使用的栽培设施、保护地环境的调控、组织培养育苗、无土栽培、城市园林绿化的日常管理规范等先进、成型的技术等。

园林植物栽培学是一门专业性、实践性很强的应用学科。因此，必须理论联系实际，既要不断吸收、总结历史和现实的栽培经验与教训，又要勤于

实践,在实践中学习。这样才能在学习已有知识的同时,提高动手能力,从而培养在园林植物栽培实际工作中分析问题和解决问题的能力。学习"园林植物栽培养护"这门课还必须树立社会主义市场经济的观点,围绕商品经济,以市场为导向,根据当地资源条件和市场需求取舍教学内容,尽可能应用本专业和相关专业的最新科技成果,革新生产技术,提高经济效益。

三、园林植物栽培养护的意义及国内外发展现状

(一) 园林植物栽培养护的意义

园林植物具有绿化、美化和净化环境的功能。将园林植物应用于城乡绿化和园林建设,具有以下几方面意义。

1. 改善环境,增进人民身心健康

环境科学的测试表明,在全面、合理的规划下,栽培园林植物可以大大改善环境质量,起到净化空气、防风固沙、保持水土、滞尘杀菌、减轻污染、减弱噪声、降温增湿等作用。在以园林植物为主要素材而形成的绿草如茵、繁花似锦、鸟语花香的优美环境中,人与自然紧密接触,由此而赏心悦目,消除疲劳,振奋精神。在城市的公园和学校,园林植物还是普及自然科学知识、丰富教学内容的材料,用以激发人们热爱自然、保护环境的热情。

2. 具有创造财富的生产效果

在当今专业化经营规模日趋扩大、科技含量和生产水平不断提高的条件下,园林植物的姿、韵、色、香等品质全面提高,成本降低,销路扩展,经营园林植物已成为欣欣向荣、极富投资价值的产业。我国特产的园林植物如水仙、牡丹、碗莲、山茶等,深受世界各国人们喜爱,已成为出口农林产品中极具潜力的商品。还有许多园林植物的枝、叶、花、果及根、皮等可以用作药材、食物及工业原料。随着我国农林产业结构的调整,园林植物生产将成为农林生产中的后起之秀。凡此种种,都表现出园林植物的多种生产功能及较好的经济效益。

3. 园林植物为人们提供优美的休息、工作与赏玩的环境

园林植物是一种活的有机体,无论是个体还是群体,在一年中的不同季节或一生中的不同年龄都会表现出不同的姿色和效应。不同的园林植物或同一园林植物的不同配置,在同一地点或不同地点也会表现出不同的景观或情趣。园林植物本身就是大自然的艺术品,它的枝、叶、花果及姿态等均具无比的魅力,不仅给人们以形态美的享受,而且还可以陶冶人们的情操,纯洁

人们的心灵。

(二) 国内外园林植物栽培概况

1. 我国园林植物栽培的经验

我国疆域辽阔，地形多变，跨越三带，气候复杂，园林植物资源十分丰富，被誉为"世界园林之母"。我国园林植物栽培历史十分久远，可追溯到数千年前，积累有非常丰富的栽培经验。历代王朝在宫廷、内苑、寺庙、陵墓大量种植树木和花草，至今尚留有千年以上的古树名木。梅花、桃花在我国也有上千年的栽培历史，培育出数百个品种，早就传入西方。河南的鄢陵早在明代就以"花都"著称。这个地区的花农长期以来培育成功多种绚丽多彩的观赏植物，在人工捏、拿、整形树冠技术上有独到之处。如用桧柏捏扎成的狮、象等动物造型，至今仍深受群众喜爱。

关于园林植物的栽培技术，在我国古农书中早有记载。北魏贾思勰撰写的《齐民要术》中就有记载："凡栽一切树木，欲记其阴阳，不令转易，大树髡之，小者不髡。先为深坑，内树讫，以水沃之，着土令为薄泥，东西南北摇之良久，然后下土坚筑。时时灌溉，常令润泽。埋之欲深，勿令动……"论述了园林树木的栽植方法。明朝的《种树书》中载有"种树无时惟勿使树知"，"凡栽树不要伤郭须，阔挖勿去土，恐伤根。仍多以木扶之，恐风摇动其巅，则根摇，虽尺许之木亦不活；根不摇，虽大可活，更茎上无使枝叶繁则不招风"。说明了园林树木栽植时期的选择，挖掘要求和栽后支撑的重要性。清初陈淏子《花镜》记载，凡欲催花早开，用硫黄水或马粪水灌根，可提早 2～4 天开花，介绍了植物催花技术。

2. 我国园林植物栽培养护的现状

中华人民共和国成立以来，党和国家非常重视园林绿地的保护和建设，曾提出过"中国城乡都要园林化、绿化"的目标，并为此做了很大努力。1958 年，党中央提出实现大地园林化、绿化、美化、香化的号召。在这之前还在原北京林学院设立了我国第一个城市及居民区绿化专业，培养专门人才，明确了园林绿化事业在国民经济建设和人民生活中的地位和作用。1978 年，中国共产党十一届三中全会决定把工作重点转移到社会主义建设上来，园林植物栽培又步入了一个新的发展时期，许多院校恢复或新设了观赏园艺专业、园林专业或风景园林专业，各级相应科研机构相继成立，园林植物的生产很快得以恢复和发展，一批有关园林植物栽培的图书、专著、报刊相继问世，为园林绿化事业的繁荣起到了巨大的推动作用。

第一章　园林植物栽培养护基础

近年来，随着城乡园林绿化事业的发展，园林植物栽培养护技术日益提高。全国各地广泛开展了园林植物的引种与驯化工作，使一些植物的生长区向南或向北推移；使园林植物保护地栽培得到了较大发展，简易塑料大棚和小棚的应用，使鲜花生产和苗木的繁殖速度得到了提高，一些难以繁殖的珍贵花木，在塑料棚内能获得较高的生根率；对繁殖不太困难的植物，可延长繁殖时期和缩短生根期，降低苗木生产成本；间歇喷雾的应用，使全光照扦插得以实现；生长激素的推广使苗木的繁殖进入一个新时期；种质资源的调查研究，使一些野生园林植物资源不断地被发现和挖掘，如银杉、金花茶、红花油茶、深山含笑等；促成栽培技术的应用进入了一个新水平，至今已有上百种园林植物的花期能按人们的要求催开或延迟开放；屋顶花园、垂直绿化的产生，为工业发达、人口密集、寸土如金的城市扩大绿化面积提供了广阔的前景；组织培养、无土栽培、容器育苗、配方施肥等技术的应用，都将园林植物栽培养护技术推向新的高度。

我国园林植物栽培具有悠久的历史，并积累了丰富的栽培经验，但目前的栽培技术和生产水平与世界先进水平相比，还有一定的差距。生产专业化、布局区域化、市场规范化、服务社会化的现代化产业格局还没有真正形成。科研滞后生产、生产滞后市场的现象还相当突出。无论是产品数量还是产品质量都远不能满足社会日益增长的需要，与社会主义市场经济不相适应。所以，园林植物的栽培应在继承历史成功经验的同时，借鉴世界先进经验与技术，站在产业化的高度，利用我国丰富的园林植物资源，推进商品化生产，使其为我国社会主义精神文明建设和物质文明建设服务。

3. 世界园林植物栽培养护的现状

近年来，世界园林植物生产有了迅速的发展，具有生产现代化，产品优质化，生产、经营、销售一体化的特点。在栽培养护技术方面的进展主要表现在以下几个方面。

第一，园林种苗的容器化为园林植物移栽提供了诸多方便。容器育苗，尤其是大苗的容器育苗，为园林植物的移栽和在较短时间内达到快速绿化起到了十分重要的作用。目前，这种育苗方式在国外发挥着越来越大的作用。它可使大苗移栽的成活率达到100%，也免除了起苗、打包等移栽过程中人力、物力的消耗。我国目前在这方面虽有开展，但还很不普及。

第二，在大树移栽的设备方面有了许多改进。20世纪70年代，The Vemeer Manufacturing Company of Pella Iowa 制造并推广其TM700型移栽机。这是一种安装在卡车上的自动推进的机器，可以挖坑、运输、栽植17~21 cm

园林植物栽培与养护

胸径的大树。它不仅可在几分钟内挖出土球,而且可以吊装,运输带土球的树木,并将其栽植在预先挖好的坑内。

第三,抗蒸腾剂的使用,大大提高了阔叶树带叶栽植的成活率。商品名为 Vapor Guard 的 Wilt-Pruf NCF,是一种极好的抗干燥剂,冬天不冻结,秋天喷洒一次,有效期可延迟至越冬以后。此外,美国纽约市 Potymetrics International 制造的 Plantguard(植物保护剂)是较新研制的抗干燥剂,经适当稀释后,喷在植株上,形成一层柔软而不明显的薄膜,不破裂,耐冲洗。氧气和二氧化碳可透过,但可阻止水汽的扩散。植物保护剂还具有刺激植物生长和防晒的作用。

第四,在园林树木施肥方面也取得了较大的进展。其中按照树木胸径确定施肥量的方法已在生产上应用。在干化肥施用方法上更多地提倡打孔施肥,并在机械化、自动化方面向前推进了一大步。近年来,已研究了肥料的新类型和施用的新方法,微孔释放袋就是其中的代表之一。在肥料成分上根据树木种类、年龄、物候及功能等推广使用的配方施肥逐渐引起人们重视。

第五,在园林植物修剪方面,由于人工、机械修剪的成本高,因而促进了化学修剪的发展。有些化学药剂,可通过叶片吸收进入植物体内,被运输到迅速生长的梢端,使幼嫩细胞虽可继续膨大,但可使细胞分裂的速度减缓或停止,从而使生长变慢,并保持树体的健康状况。

第六,在树洞处理上,近年来,已有许多新型材料用于填充,其中聚氨酯泡沫是一种最新的材料。这种材料强韧,稍具弹性,与园林树木的边材和心材有良好的黏着力,容易灌注,膨化和固化迅速,并可与多种杀菌剂混合使用。

第七,在农药的使用上,由于环境保护的需要,淘汰了一些具残毒和污染环境的药剂,应用和推广了许多新型高效低毒的农药,并开展了生物防治。

第二节　园林植物的生长发育

一、园林植物的生命周期

园林植物在个体发育中,一般要经历种子休眠和萌发、营养生长和生殖生长三大时期(无性繁殖的种类可以不经过种子时期)。园林植物的种类很

多，不同种类园林植物生命周期长短相差甚大，下面分别就木本植物和草本植物进行介绍。

（一）木本植物

木本植物在个体发育的生命周期中，实生树种从种子的形成、萌发到生长、开花、结实、衰老等，其形态特征与生理特征变化明显。从园林树木栽培养护的实际需要出发，将其整个生命周期划分为以下几个年龄时期。

1. 种子期（胚胎期）

植物自卵细胞受精形成合子开始，至种子发芽为止。胚胎期主要是促进种子的形成、安全贮藏和在适宜的环境条件下播种并使其顺利发芽。胚胎期的长短因植物而异。有些植物种子成熟后，只要有适宜的条件就发芽，有些植物的种子成熟后，给予适宜的条件不能立即发芽，而必须经过一段时间的休眠后才能发芽。

2. 幼年期

从种子萌发到植株第一次开花止。幼年期是植物地上、地下部分进行旺盛的离心生长的时期。植株在高度、冠幅、根系长度、根幅等方面生长很快，体内逐渐积累起大量的营养物质，为营养生长转向生殖生长做好了形态上和物质上的准备。

幼年期的长短，因园林树木种类、品种类型、环境条件及栽培技术而异。

这一时期的栽培措施是加强土壤管理，充分供应水肥，促进营养器官健康而均衡地生长；轻修剪多留枝，使其根深叶茂，形成良好的树体结构；提供和使其积累大量的营养物质，为早见成效打下良好的基础。对于观花、观果树木则应促进其生殖生长。在定植初期的1~2年中，当新梢长至一定长度后，可喷洒适当的抑制剂，促进花芽形成，达到缩短幼年期的目的。

3. 成熟期

植株从第一次开花时开始到树木衰老时期止。

（1）青年期

其特点是树冠和根系加速扩大，是离心生长最快的时期，能达到或接近最大营养面积。植株能年年开花和结实，但数量较少，质量不高。

这一时期的栽培措施：应给予良好的环境条件，加强肥水管理。对于以观花、观果为目的的树木，轻剪和重肥是主要措施，目标是使树冠尽快达到预定的最大营养面积。同时，要缓和树势，促进树体生长和花芽形成。如生长过旺，可控制水肥，少施氮肥，多施磷肥和钾肥，必要时可使用适量的化学抑制剂。

(2) 壮年期

从树木开始大量开花结实时始。其特点是花芽发育完全，开花结果部位扩大，数量增多。叶片、芽和花等的形态都表现出定型的特征。骨干枝离心生长停止。树冠达最大限度以后，由于末端小枝的衰亡或回缩修剪而趋于缩小。根系末端的须根也有死亡的现象。树冠的内膛开始发生少量生长旺盛的更新枝条。

这一时期的栽培措施首先是应加强水、肥的管理；早期施基肥，分期追肥。其次要细致地进行更新修剪，使其继续旺盛生长，避免早衰。同时切断部分骨干根，促进根系更新。

4. 衰老期

以骨干枝、骨干根逐步衰亡，生长显著减弱到植株死亡为止。其特点是骨干枝、骨干根大量死亡，营养枝和结果母枝越来越少，枝条纤细且生长量很小，树体生长严重失衡，树冠更新复壮能力很弱，抗逆性显著降低，木质腐朽，树皮剥落，树体衰老，逐渐死亡。

这一时期的栽培技术措施应视目的的不同，采取相应的措施。对于一般花灌木来说，可以萌芽更新，或砍伐重新栽植；而对于古树名木来说则应采取各种复壮措施，尽可能延续生命周期，只有在无可挽救，失去任何价值时才予以伐除。

上面对实生树木的生命周期及其特点进行了分析。对于无性繁殖树木的生命周期，除没有种子期外，也可能没有幼年期或幼年阶段相对较短。因此，无性繁殖树木生命周期中的年龄时期，可以划分为幼年期、成熟期和衰老期三个时期。各个年龄时期的特点及其管理措施与实生树相应的时期基本相同。

(二) 草本植物

1. 一二年生草本植物

一二年生草本植物生命周期很短，仅 1~2 年的寿命，但其一生也必须经过几个生长发育阶段。

(1) 胚胎期

从卵细胞受精发育成合子开始，至种子发芽为止。

(2) 幼苗期

从种子发芽开始至第一个花芽出现为止。一般 2~4 个月。二年生草本花卉多数需要通过冬季低温，翌春才能进入开花期。一二年生草本花卉，在地上、地下部分有限的营养生长期内应精心管理，使植株能尽快达到一定的株高和株形，为开花打下基础。

(3) 成熟期

植株大量开花，花色、花型最有代表性，是观赏盛期，自然花期约 1~2 个月。为了延长其观赏盛期，除进行水、肥管理外，应进行摘心或扭梢，使其萌发更多的侧枝并开花。

(4) 衰老期

从开花大量减少、种子逐渐成熟开始，至植株枯死止。此期是种子收获期，种子成熟后应及时采收，以免散落。

2. 多年生草本植物

多年生草本植物的生命周期与木本植物相似，但因其寿命仅 10 余年左右，故各个生长发育阶段与木本植物相比相对短些。

各类植物的生长发育阶段之间没有明显的界线，是渐进的过程。各个阶段的长短受植物本身系统发育特征及环境的影响。在栽培过程中，通过合理的栽培养护技术，能在一定程度上加速或延缓某一阶段的到来。

二、园林植物的年生长周期

植物的年生长周期是指植物在一年之中随着环境，特别是气候（如水、热状况等）的季节性变化，在形态和生理上与之相适应的生长和发育的规律性变化。年周期是生命周期的组成部分。研究植物的年生长发育规律对于植物造景和防护设计、不同季节的栽培管理具有十分重要的意义。

（一）草本园林植物的年周期

园林植物与其他植物一样，在年周期中也分生长期和休眠期两个阶段。但是，由于园林植物的种类极其繁多，原产地立地条件也极为复杂，因此年周期的变化也很不一样。一年生植物由于春天萌芽后，当年开花结实，而后死亡，仅有生长期的各时期变化而无休眠期，因此年周期就是生命周期，且短暂而简单。二年生植物秋播后，以幼苗状态越冬休眠或半休眠。多数宿根花卉和球根花卉则在开花结实后，地上部分枯死，地下贮藏器官形成后进入休眠状态越冬（如萱草、芍药、鸢尾，以及春植球根类的唐菖蒲、大丽花等）或越夏（如秋植球根类的水仙、郁金香、风信子等在越夏时进行花芽分

园林植物栽培与养护

化)。还有许多常绿性多年生园林植物,在适宜的环境条件下,周年生长,保持常绿状态而无休眠期,如万年青、书带草和麦冬等。

(二)木本园林植物的年周期

1. 落叶树的年周期

由于温带地区在一年中有明显的四季,所以温带落叶树木的季相变化很明显。落叶树木的年周期可明显地区分为生长期和休眠期。即从春季开始萌芽生长,至秋季落叶前为生长期,其中成年树的生长期表现为营养生长和生殖生长两个方面。树木在落叶后,至翌年萌芽前,为适应冬季低温等不利的环境条件,而处于休眠状态,为休眠期。在这两个时期中,某些树木可因不耐寒或不耐旱而受到危害,这在大陆性气候地区表现尤为明显。在生长期和休眠期之间,又各有一个过渡期。因此,落叶树木的年周期可以划分为四个时期。

(1)休眠转入生长期

这一时期处于树木将要萌芽前,即当日平均气温稳定在 3 ℃以上,到芽膨大待萌发时止。通常是以芽的萌动,芽鳞片的开绽作为树木解除休眠的形态标志。树木从休眠转入生长,要求一定的温度、水分和营养物质。不同的树种,对温度的反映和要求不一样。解除休眠后,树木的抗冻能力显著降低,在气温多变的春季,晚霜等骤然变化的温度易使树木,尤其是花芽受害。

(2)生长期

从树木萌芽生长到秋后落叶止,为树木的生长期,包括整个生长季,是树木年周期中时间最长的一个时期。在此期间,树木随季节变化气温升高,会发生一系列极为明显的生命活动现象。如萌芽、抽枝展叶或开花、结实等,并形成许多新的器官,如叶芽、花芽等。萌芽常作为树木生长开始的标志,其实根的生长比萌芽要早。

每种树木在生长期中,都按其固定的物候期顺序进行着一系列的生命活动。不同树种通过某些物候的顺序不同。有的先萌花芽,而后展叶;有的先萌叶芽,抽枝展叶,而后形成花芽并开花。树木各物候期的开始、结束和持续时间的长短,也因树种或品种、环境条件和栽培技术而异。

生长期是各种树木营养生长和生殖生长的主要时期。这个时期不仅体现树木当年的生长发育、开花结实情况,也对树木体内养分的贮存和下一年的生长等各种生命活动有着重要的影响,同时也是发挥其绿化作用的重要时期。因此,在栽培上,生长期是养护管理工作的重点,应该创造良好的环境

条件，满足肥水的需求，以促进生长、开花、结果。

（3）生长转入休眠期

秋季叶片自然脱落是落叶树木进入休眠的重要标志。在正常落叶前，新梢必须经过组织成熟过程，才能顺利越冬。早在新梢开始自下而上加粗生长时，就逐渐开始木质化，并在组织内贮藏营养物质。新梢停止生长后，这种积累过程继续加强，同时有利于花芽的分化和枝干的加粗等。结有果实的树木，在果实成熟后，养分积累更为突出，一直持续到落叶前。秋季气温降低、日照变短是导致树木落叶，进入休眠的主要因素。树木开始进入该期后，由于形成了顶芽，结束了高生长，依靠生长期形成的大量叶片，在秋高气爽、温湿条件适宜、光照充足等环境中，进行旺盛的光合作用，合成的光合产物供给器官分化、成熟的需要，使枝条木质化，并将养分向贮藏器官或根部转移，进行养分的积累和贮藏。此时树木体内水分逐渐减少，细胞液浓度提高，使树木的越冬能力增强，为休眠和来年生长创造条件。过早落叶和延迟落叶不利于养分积累和组织成熟，对树木越冬和翌年生长都会造成不良影响。干旱、水涝、病虫害等都会造成早期落叶，甚至引起再次生长，危害很大。树叶该落不落，说明树木未做好越冬的准备，易发生冻害和枯梢，在栽培中应防止这类现象的发生。

树木的不同器官和组织进入休眠的早晚是不同的。地上部分主枝、主干进入休眠较晚，而以根颈最晚，故根颈最易受冻害。生产中常用根颈培土法来防止冻害。不同年龄的树木进入休眠早晚不同，幼年树比成年树进入休眠迟。

刚进入休眠的树木处于浅休眠状态，耐寒力还不强，遇初冬间断回暖会使休眠逆转，使越冬芽萌动（如月季），又遇突然降温常遭受冻害。所以这类树木不宜过早修剪，在进入休眠期前也要控制浇水。

（4）相对休眠期

秋末冬初落叶树木正常落叶后到翌年开春树液开始流动前为止，是落叶树木的相对休眠期。在树木休眠期内，虽然没有明显的生长现象，但树体内仍然进行着各种生命活动，如呼吸、蒸腾、芽的分化、根的吸收、养分合成和转化等。所以，确切地说，休眠只是个相对概念。落叶休眠是温带树种在进化过程中对冬季低温环境所形成的一种适应性，能使树木安全度过低温、干旱等不良条件，以保证下一年能进行正常的生命活动，并使生命得到延续。没有这种特性，正在生长着的幼嫩组织就会受到早霜的危害，并难以越冬而死亡。

园林植物栽培与养护

在生产中，为达到某种特殊的需要，可以通过人为的降温，促进树木转入休眠期，而后加温，提前解除休眠，促使树木提早发芽开花。如北京有将榆叶梅提前至春节开花的实例：在11月将榆叶梅挖出上盆栽植，12月中旬移至温室催花，春节即可见花。

2. 常绿树的年周期

常绿树的年生长周期不如落叶树那样在外观上有明显的生长和休眠现象，因为常绿树终年有绿叶存在。但常绿树种并非不落叶，而是叶寿命较长，多在一年以上至多年。每年仅脱落一部分老叶，同时又能增生新叶，因此，从整体上看全树终年连续有绿叶。常绿针叶树类松属针叶可存活2~5年，冷杉叶可存活3~10年，紫杉叶可存活6~10年，它们的老叶多在冬春间脱落，刮风天尤甚。常绿树的落叶，主要是失去正常生理机能的老化叶片所发生的新老交替现象。

第三节 环境因子与园林植物生长发育的关系

园林植物的生长发育除受遗传特性影响外，还与各种外界环境因素综合作用有关。环境因子的变化，直接影响植物生长发育的进程和生长质量。在适宜的环境中，植物才能生长发育良好，枝繁叶茂。环境因子包括直接因子（光照、温度、水分、基质和空气）和间接因子（地形与地势）。直接因子是植物生长过程中不可缺少又不能替代的，又称为生存因子。直接因子中不论哪个发生变化，都对植物发生影响。同时，这些因子又不是孤立的，而是相互关联和相互制约的，它们综合地影响着植物生命活动的进行。

一、温度

（一）温度与植物生长的关系

温度是植物生命活动的生存因子，对植物的生长发育影响很大。热带、亚热带地区生长的植物对温度要求较高，原产于北方的植物对温度的要求偏低。把热带和亚热带植物移到寒冷的北方栽培，常因气温太低不能正常生长发育，甚至冻死。喜温度凉爽的北方植物，移至南方生长，虽然温度增加，但终因冬季低温不够而生长不良或影响开花。

植物的各种生理活动要求有最低温度、最适温度、最高温度，即温度的

三基点。植物在最适温度时生长发育良好，超过最高温度或最低温度便会生长不良甚至死亡。

昼夜温度有节奏的变化称为温周期。温周期对植物生长有很大的影响。植物这种因温度昼夜变化而发生反应的现象称为温周期现象。温周期现象在温带植物上反应比热带植物上明显。据研究，大多数植物在昼夜温差8℃左右时最适合生长发育。

（二）温度与植物的发育及花色的关系

温度对植物的发育有深刻影响。植物在发育的某一时期，特别是在发芽后不久，需经受较低温度才能形成花芽，这种现象称为春化作用。如一二年生草花在其个体发育过程中必须通过春化阶段。其中秋播草花的春化阶段需要较低的温度，一般为0~10℃，若在春后温暖时播种则不能开花，如蜀葵。春播一年生草花在春化阶段要求的温度较高，在温暖时播种仍能正常开花，如鸡冠花、千日红。一些落叶花灌木如碧桃，在7~8月炎热天气时形成花芽后，必须经过一定低温才能正常开花，否则花芽发育受阻，花朵异常。

温度的高低还会影响花色，但有些植物受影响显著，有些受影响较小。蓝白复色的矮牵牛花，蓝色或白色部分的多少受温度的影响很大。这种植物在30~35℃高温下，花呈蓝色或紫色；而在15℃以下呈白色；在上述两种温度之间时，则呈蓝白复色。月季花、大丽花、菊花等在较低温度下花色浓艳，而在高温下则花色暗淡。

（三）土温与植物生长的关系

根系生长在土壤中，土温的高低变化会直接影响根系的生长。在适宜的土温条件下，根系生长旺盛，新根不断形成。土温切忌变化过骤。炎热的夏季，土温很高，尤其在中午前后，如此时给植物浇灌冷水，使土温骤降，根系温度也随之下降，使其吸收能力急剧降低，不能及时供应地上部分蒸腾的水分，会造成植物体内水分供应失衡，引起植物暂时萎蔫。

北方地区由于冬季过于严寒，土壤冻结层很深，根系无法吸收水分以供给蒸腾作用造成的消耗，常会引起生理干旱。如果在入冬后，将雪堆放在植物根部，能提高土温，使土壤冻结层变浅，深层的根系仍能活动，可缓解植物冬季失水过多的矛盾。

园林植物栽培与养护

（四）高温及低温对植物的伤害

1. 高温对植物的伤害

当温度超过植物生长最适温度范围后，再继续上升，会对植物产生危害，使植物生长发育受阻，甚至死亡。一般当气温达35～40℃时，植物停止生长。这是因为高温破坏了植物光合作用和呼吸作用的平衡，使呼吸作用加强，光合作用减弱甚至停滞，营养物质的消耗大于积累，植物处于"饥饿"状态难以生长。当温度达到45℃以上时，能使植物细胞内的蛋白质凝固，造成局部伤害或全株死亡。另外，高温能使蒸腾作用加强，破坏水分平衡，导致植物萎蔫枯死；高温还可促使叶片过早衰老，减少有效叶面积，并使根系早熟与木质化，降低吸收能力而影响植物生长；高温还会导致一些树皮薄的园林树木或朝南的树皮受日灼。园林植物的种类不同，抗高温能力也不相同。米兰在夏季高温下生长旺盛，花香浓郁，而仙客来、吊钟和水仙等，因不能适应夏季高温而休眠，一些秋播草花在盛夏来临前即干枯死亡，以种子状态越夏。同一植物处于不同的物候期，耐高温的能力也不同。种子期最强，开花期最弱。在栽培过程中，应适时采用降温措施，如喷、淋水，遮阴等，帮助植物安全越夏。

2. 低温对植物的伤害

当温度降低到植物能忍受的极限低温以下就会受到伤害。低温对植物的伤害程度，既取决于温度降低的幅度，低温的持续时间和发生的季节；也取决于植物本身的抵抗能力。一般南方植物忍受低温能力差，如扶桑、茉莉等。而北方植物忍受低温能力较强，如珍珠梅、东北山梅花可耐 -45℃左右的低温。

二、光照

（一）光照强度对植物生长的影响

光是植物必不可少的生存条件之一，也是植物制造有机物质的能源。各种植物都需要一定的光照条件才能正常生长发育。影响植物生长发育的光明条件包括日照时间的长短、光质与光照强度。光照强度是指太阳光在植物叶片表面的照射强度，是决定光合作用强弱的重要因素之一。

1. 植物对光照的需要量

各种植物在器官构造上存在着较大的差异，要求不同的光照强度来维护

生命活动。根据植物的需光量，可将植物分为3种类型。

(1) 阳性植物

在全光照条件下生长最好，光饱和点高。此类植物叶绿素 a 与叶绿素 b 的比例大，光合作用以红光为主（直射光中红光占优势），故不能忍受任何明显的遮阴，否则生长缓慢，发育受阻。如月季、仙人掌类、文冠果和马尾松等。

(2) 中性植物

比较喜光，稍能耐阴，一般季节在全光照条件下生长。在过强的光照下才需适当遮阴。因过强的光照常超过其光的饱和点，故盛夏应遮阴。但过分庇荫又会削弱光合强度，常造成植物因营养不良而逐渐死亡。如白兰、花柏。

(3) 阴性植物

需光量少，喜一定的庇荫，不能忍受强光照射。光照过强，一些植物的叶片失去应有的光泽，变得暗淡、苍老，有的很快死亡。栽培中应保持50%～80%左右的庇荫度。如八角金盘、珊瑚树、红豆杉、冷杉和兰花等。

2. 植物生长发育阶段与光照的关系

同一种植物生长发育阶段不同，需光量也不同。如木本植物与光照强度的关系会随植株的年龄和生长发育阶段而改变，一般幼年期和以营养生长为主的时期能稍耐阴，成年后和进入生殖生长阶段需较强的光照，特别是在由枝叶生长转向花芽分化的交界期间，光照强度的影响更为明显，此时如光照不足，花芽分化困难，不开花或开花少。如喜强光的月季，在庇荫处生长，枝条节间长，叶大而薄，很少开花。植物休眠期需光量一般较少。

栽培地点的改变，植物的喜光性也常会改变，如原产热带、亚热带的植物，原属阳性，但引到北方后，夏季却不能在全光照条件下生长，需要适当遮阴，这是由于原产地雨水多，空气湿度大，光的透射能力较弱，光照强度比多晴少雨、空气干燥的北方要弱的原因。因此在北方栽植南方的部分阳性植物时，应与中性植物一样对待，如铁树等。

(二) 光周期对植物发育的影响

除了光照强度外，昼夜间光照持续时间的长短对植物的生长发育也具有重要影响。一日中昼夜长短的变化称为光周期。植物需要在一定的光照与黑暗交替的条件才能开花的现象称为光周期现象。有些植物需要在昼短夜长的秋季开花，有的只能在昼长夜短的夏季开花。根据植物对光周期的反应和要求，可将植物分为四类。

1. 长日照植物

这类植物大多数原产于温带和寒带，每天需14 h以上的光照才能实现由营养生长转向生殖生长，花芽才能顺利地进行发育，否则不能开花或明显推迟开花。如荷花、唐菖蒲等。

2. 短日照植物

这类植物大多原产于热带和亚热带地区，在24 h的昼夜周期中需一定时间的连续黑暗（一般需14 h以上的黑暗）才能形成花芽，并且，在一定范围内，黑暗时间越长，开花越早，否则便不开花和明显推迟开花。在自然栽培条件下，通常在深秋与早春开花的植物多属此类。如三角花、一品红等。

3. 中日照植物

只有在昼夜长短近于相等时才能开花的植物。

4. 中间性植物

这类植物对光照时间长短敏感性较差，只要温度、湿度等生长条件适宜，在长、短日照下都能开花。如月季、紫薇、香石竹等。

必须指出，长日照、中日照和短日照植物，其花芽形成时都需要光，一旦花芽形成，则对日照长短不再有反应。

生产中常利用植物的光周期现象，通过人为控制光照时间的长短，来达到催花或延迟开花的目的。

三、水分

（一）植物对水分的需求

水分在植物的生长发育、生理生化过程中有着重要的作用。水分是植物体的基本组成部分，植物体内的一切生命活动都是在水的参与下进行的。植物生长离不开水，但各种植物对水分的需要量是不同的。一般阴性植物要求较高的湿度，阳性植物对水分要求相对较少。根据植物对水分需求量的不同，可将植物分为以下几类。

1. 旱生植物

能长期忍受干旱而正常生长发育的植物种类。如柽柳、桂香柳、胡颓子等。有的植物具有肥厚的肉质茎、叶，能贮存大量的水分，而且这类植物体内的水分以束缚水的形式存在，如龙舌兰、仙人掌类等。

2. 湿生植物

适于生长在水分比较充裕的环境中。在土壤短期积水时，可以生长；在过干旱时易死亡。如水杉、垂柳、秋海棠、蕨类等。

3. 中生植物

适宜生长在干湿适中的环境中，大多数植物均属此类。如香樟、楠、枫香、苦楝、梧桐等。

4. 水生植物

只有在水中才能正常生长的一类植物。如睡莲、荷花等。

将植物划分为以上几类不是绝对的，因为它们之间并没有明显的界限。同时，同一种植物，在年生育期内对水分的需要量随生长发育阶段的不同而异。植物萌发期需水量不多，枝叶生长期需水分较多，花芽分化期和开花期需水分较少，结实期需水分较多。在植物的生命周期中，植物体的含水量一般随年龄增长而递增至一定数值后递减。

水分不足对植物的生长发育不利。但当土壤含水量过高时，由于土壤孔隙空气不足，根系呼吸困难，常窒息、腐烂、死亡，特别是肉质根类植物。

（二）水分对植物花芽分化及花色的影响

花芽分化期间，如水分缺乏，花芽分化困难，形成花芽少；如水分过多，长期阴雨，花芽分化也难以进行。对于很多植物，水分常是决定花芽分化迟早和难易的主要因素。如沙地生长的球根花卉，球根内含水量少，花芽分化早。对盆梅适时"扣水"也能抑制营养生长，使花芽得到较多的营养而分化。

开花期内水分不足，花朵难以完全绽开，不能充分表现出品种固有的花形与色泽，而且缩短花期，影响到观赏效果。此外，土壤水分的多少，对花朵色泽的浓淡也有一定的影响。水分不足，花色变浓，如白色和桃红色的蔷薇品种，在土壤过于干旱时，花朵变为乳黄色或浓桃红色。为了保持品种的固有特性，应及时进行水分的调节。

综上所述，水分在植物的各个生育期内都是很重要的，又是易受人为控制的，因此在植物的各个生育阶段，创造最适宜的水分条件，是使园林植物充分发挥其最佳的观赏效益和绿化功能的主要途径之一。

四、基质

（一）土壤的质地与厚度

栽培园林植物时使用的基质较多，但最重要、使用最广泛的是土壤。植物生长在土壤中，土壤起支撑植物和供给水分、矿质营养和空气的作用。土壤的结构、厚度与理化性质不同，影响到土壤中的水、肥、气、热的状况，进而影响到植物的生长。

土壤的质地与厚度关系着土壤肥力的高低。大多数植物要求在土质疏松、深厚、肥沃的壤质土壤上生长。壤质土的肥力水平高，微生物活动频繁，能分解出多量的养分，又能保持肥分。同时，深厚的土层能促使根系向下层生长，增加植物的抗逆能力。

植物种类繁多，喜肥耐瘠能力不同。如梅花、梧桐、核桃、樟树等应栽植在深厚、肥沃和疏松的土壤上。马尾松、油松等，可在土质稍差的地点种植。当然，能耐贫瘠的植物，栽在深厚、肥沃的土壤上则能生长得更好。

（二）土壤酸碱度

土壤酸碱度是土壤重要的理化性质之一。土壤酸碱度影响着土壤微生物的活动及土壤有机质和矿质元素的分解和利用。如在碱性土壤上，植物对铁元素的吸收困难，常造成喜酸性土壤的植物发生失绿症，这是由于过高的pH值条件不利于铁元素的溶解，植物吸收铁元素过少的缘故。

每种植物都要求在一定的土壤酸碱度下生长，因此应当针对植物的要求，合理栽植。根据植物对土壤酸碱度要求的高低，将其分为3类。

1. 喜酸性植物

土壤pH值在6.5以下，植物生长良好，如杜鹃、山茶、栀子花、棕榈科、兰花等。

2. 喜中性植物

土壤pH值在6.5~7.5时，植物才能生长良好，如菊花、矢车菊、百日草、杉木、雪松、杨、柳等。

3. 喜碱性植物

土壤pH值在7.5以上时，植物仍生长良好，如侧柏、紫穗槐、非洲菊、石竹类、香豌豆等。

（三）盐碱土对园林植物的影响

盐碱土包括盐土和碱土两大类。盐土是指含有大量可溶性盐的土壤，由海水浸渍而成，系滨海地带土壤，以含氯化钠、硫酸钠为主，不呈碱性反应。碱土是指土壤中含有较高浓度的以碳酸钠和碳酸氢钠为主的可溶性物质。pH值呈强碱性反应的土壤，多发生在雨水少、干旱的内陆。就我国而言,盐土面积较大,碱土面积较小。

植物在盐碱土上生长极差甚至死亡。1979年,上海市崇明县跃进农场1.3 hm² 葡萄园,土壤含盐量超过0.3%,幼树死亡达40%以上。在盐碱土上种植物园林植物,要选择抗盐碱能力强的树种,如柽柳、苦楝、乌桕、紫穗槐等。

(四) 园林植物的其他栽培基质

园林植物的栽培基质除了土壤外,还大量使用培养土。培养土应具备几个条件,一是营养成分完整且丰富;二是通气透水好;三是保水、保肥能力强;四是酸碱度适宜或易于调节;五是无异味、无有毒物质和病虫滋生。常用的培养土特性及配制见表1-1。

表1-1 常见培养土特性及制备

种类	特性	制备	注意事项
堆肥土	含较丰富的腐殖质和矿物质,pH值6.5~7.4;原料易得,但制备时间长	用植物残落枝叶、青草、干枯植物或有机废弃物与园土分层堆积3年,每年翻动两次再行堆积,经充分发酵腐熟而成	①制备时,堆积疏松,保持潮湿。②使用前需过筛消毒
腐叶土	土质疏松,营养丰富,腐殖质含量高,pH值4.6~5.2,为最广泛使用的培养土,适用于栽培多种花卉	用阔叶树的落叶、厩肥或人粪尿与园土层堆积,经2年的发酵腐熟,每年翻动2~3次制成	堆积时应提供有利于发酵的条件;存贮时间不宜超过4年
草皮土	含矿质较多,腐殖质含量较少,pH值6.5~8,适于栽培玫瑰、石竹、菊花等花卉	草地或牧场上层5~8 cm表层土壤,经1年腐熟而成	取土深度可以变化但不易过深
松针土	强酸性土壤,pH值3.5~4.0,腐殖质含量高,适于栽培喜酸性土植物,如杜鹃花	用松、柏针叶树落叶或苔藓类植物堆积腐熟,经过1年,翻动2~3次	可用松林自然形成的落叶层腐熟或直接用腐殖质层
沼泽土	黑色。丰富腐殖质呈强酸性反应,pH值3.5~4.0;草炭土一般为微酸性。用于栽培喜酸性土花卉及针叶树等	取沼泽土上层10 cm深土壤直接作栽培土壤或用水草腐烂而成的草炭土代用	北方常用草炭土或沼泽土

续表

种类	特性	制备	注意事项
泥炭土	有两种。①褐泥炭，黄至褐色，富含腐殖质，pH值6.0~6.5，具防腐作用，宜加河沙后作扦插床用土；②黑泥炭，矿物质含量丰富，有机质含量较少，pH值6.5~7.4	取自山林泥炭藓长期生长经炭化的土壤	北方不多得，常购买
河沙或沙土	养分含量很低，但通气透水性好，pH值在7.0左右	取自河床或沙地	
腐木屑	有机含量高，持肥、持水性好，可取自于木材加工厂的废用料	由锯末或碎木屑熟化而成	熟化期长，常加人粪尿熟化
蛭石、珍珠岩	无营养含量，持肥水，通透性好，卫生洁净		防止用过度老化的蛭石或珍珠岩
煤渣	煤渣含矿质、通透性好，卫生洁净		多用于排水层

五、其他因子

（一）空气

1. 空气的成分与园林植物的生长发育

（1）二氧化碳（CO_2）

二氧化碳是绿色植物进行光合作用合成有机物质的原料之一，在空气中的含量虽然仅占0.03%，并且还因时间地点而发生变化，但对植物十分重要。空气中二氧化碳的含量对植物的光合作用来说并不是最有效的。为了提高光合效率，在温室、塑料大棚条件下，常采取措施提高棚中的二氧化碳浓度。一定范围内（不超过0.3%）增施二氧化碳，可以促进光合作用的强度。这在菊花、香石竹以及月季花的栽培中均已获得较好的效果，大大提高了产品的数量和质量。

（2）氧气（O_2）

植物生命的各个时期都需氧气进行呼吸作用，释放能量维持生命活动。以种子发芽为例，大多数植物种子发芽时需要一定氧气，如大波斯菊、翠菊种子泡于水中，因缺氧，呼吸困难，不能发芽，而石竹和含羞草种子则能部分发芽。但有些种子对氧需要量较少，如矮牵牛、睡莲、荷花种子却能在含氧量很低的水中发芽。

土壤通气状况对植物生长也产生影响。一般在板结、紧密的土壤中播种，发芽不好，主要是缺氧造成的。植物生长过程中，根系也需吸收氧气进行呼吸作用，如栽植地长期积水，氧气不足，有氧呼吸困难，转为无氧呼吸，产生大量乙醇使植物中毒甚至死亡。因此，栽培中及时松土、排水，为植物根系创造良好的氧气环境是很重要的。

（3）氮气（N_2）

虽说空气中含有78%的氮气，但不能直接为多数植物所利用。空气中的氮只有通过豆科植物或某些非豆科植物固氮根瘤菌才能固定成氨或铵盐。土壤中的氨或铵盐经硝化细菌的作用成为亚硝酸盐或硝酸盐才能为植物吸收，进而合成蛋白质，构成植物体。

2. 空气污染对园林植物的影响

空气中除正常成分外，随着工业发展，农药使用，一些有毒有害物质进入大气，造成大气污染，对植物的生长发育产生危害。这些气体主要有以下几种。

（1）二氧化硫（SO_2）

二氧化硫通过气孔进入叶片，被叶肉吸收变为亚硫酸盐离子，使植物受到损害（如气孔机能失调、叶肉组织细胞失水变形、细胞质壁分离等），植物的新陈代谢受到干扰，光合作用受到抑制，氨基酸总量减少。外表症状表现为：叶脉间有褐斑，继而无色或白色，严重时叶缘干枯，叶子早期脱落。

（2）氯气（Cl_2）

氯气对植物的伤害比二氧化硫大，能很快破坏叶绿素，使叶片褪色漂白脱落。初期伤斑主要分布在叶脉间，呈不规则点或块状。与二氧化硫危害症状不同之处是受害组织与健康组织之间没有明显的界限。

（3）氟化氢（HF）

氟化氢通过叶的气孔或表皮吸收进入细胞内，经一系列反应转化成有机氟化物影响酶的合成，导致叶组织发生水渍斑，后变枯呈棕色。它对植物的危害首先表现在叶尖和叶缘，然后向内扩散，最后萎蔫枯黄脱落。

（4）烟尘

对园林植物产生间接危害。烟尘中的微粒粉末堵塞气孔，覆盖叶面，影响光合作用、呼吸作用和蒸腾作用进行。

各种有害气体、物质对植物的危害程度与环境因子、植物种类、发育时期有很大关系。晴天、中午、温度高、光线强,危害重;阴天和早晚,危害轻;空气湿度为75%时,不利于气体扩散,叶片气孔张开,吸收量大,受害严重。生长旺季和花期受害重。另外,植物离有毒气体及烟尘源的距离、风向、风速的不同,也会造成受害程度的差异。

3. 园林植物对毒害的抗性

植物对有毒气体的敏感程度因植物种类、年龄而异。由于各种植物叶面有无蜡质、表面凹凸状况、气孔大小、内含物种类等不同,抗性也不同。木本植物比草本植物抗性强;壮龄树比幼龄树抗性强;叶片具蜡质的,叶肉厚的,气孔小的抗性强。另外,多浆植物乳汁具缓冲能力,抗性也强,如桑科、大戟科、夹竹桃科植物。园林植物对有毒气体抗性分级见表1-2。

表1-2 园林植物对有毒气体抗性分级

有毒气体种类	抗性强	抗性中等	抗性弱
二氧化硫	桂花、碧桃、栀子、广玉兰、月季、夹竹桃、海桐、白兰、美人蕉、橘、茶花、冬青、合欢、凤尾兰	迎春、杜鹃、玉兰、金钱松、茉莉、柳树、高山积雪、八仙花、万寿菊、四季秋海棠	波斯菊、美女樱、吊钟、金鱼草、杨树、唐菖蒲、月季、玫瑰、石竹、竹子
氯气	大叶黄杨、海桐、广玉兰、夹竹桃、珊瑚树、凤尾兰、丁香、矮牵牛、紫薇、桧柏、刺槐	栀子、美人蕉、丝兰、木槿、百日草、醉蝶花、蜀葵、五角枫、悬铃木	碧桃、杜鹃、茉莉、郁金香、白皮松、杨树、臭椿
氟化氢	海桐、山茶、白兰、金钱松、大叶黄杨、苏铁、夹竹桃、月季、鸡冠花	凌霄、牡丹、长春花、八仙花、米兰、晚香玉、柳树、杨树	天竺葵、珠兰、四季海棠、茉莉

4. 风对园林植物生长的影响

轻微的风帮助植物传播花粉,加强蒸腾作用,提高根系的吸水能力。风摇树枝可使树冠内膛接受较多的阳光。

大风对植物有伤害作用。冬季的大风易引起植物生理干旱。花、果期风大,造成大量的落花落果。强风能折断枝条和树干。尤其风雨交加的台风天气,使土壤含水量很高,极易造成树木倒伏。如1988年强台风袭击杭州,使整条街道上的行道树倒伏,损失严重。

（二）地形地势

森林公园和山地公园的地形地势比较复杂。海拔高度、坡向、坡度的变化使光照、温度、水分、养分的组配有所不同，因此对植物生长发育的影响也有所不同。

海拔高度影响温度、湿度和光照。一般海拔每升高 100 m，气温降低 0.4~0.6 ℃。在一定范围内，降雨量也随海拔的增高而增加，如泰山在海拔 160.5 m 处的，年降雨量为 859.1 mm，海拔 1 541 m 处的年降水量增至 1 040 mm。另外，海拔升高日照增强，紫外线含量增加，故高山植物生长期短，植株矮小，但花色艳丽。

坡度和坡向水热条件的差异，形成了不同的小气候环境。通常，阳坡日照时间长，气温和土温较高，因而蒸发量大，大气和土壤干燥；阴坡日照时间短，接受的辐射热少，气温和土温较低，因而较湿润。因此，在不同的地形地势条件下配置植物时，应充分考虑地形和地势造成的温、湿度上的差异，结合植物的生态特性，合理配置植物。

（三）生物因子对园林植物的影响

环境中的生物因子有动物、植物和微生物。它们对园林植物生长发育的影响详见《园林植物病虫害防治学》。

第二章 园林植物苗木培育技术

本章提要

本章主要介绍培育园林植物苗木的技术。包括园林植物苗木繁殖基地的建设，园林植物的良种壮苗，园林植物的种子繁殖，园林植物营养繁殖的扦插育苗、嫁接育苗、组织培养育苗、分生育苗、压条育苗、大苗的培育，以及苗木出圃。

第一节 园林植物的良种繁育

园林绿化工作反映着一个国家或一个地区经济社会发展综合水平。要想使园林植物达到人们预期的要求，必须重视良种壮苗。这包括：充分发掘现有的园林植物种质资源；重视引种驯化工作；在栽培养护过程中，保持并不断提高良种的种性和生活力。

一、园林植物的种质资源

种质资源是指决定生物体遗传性状，并能将遗传信息从亲代传递给子代的遗传物质的资源的总称。它蕴藏在不同种、品种以及各类型的植株、种子、无性繁殖器官、花粉甚至单个细胞中。种质资源是千百年的自然演化被保存下来的可转移更新的植物资源。

我国幅员辽阔，地跨寒、温、亚热带气候，形成了极为丰富的种质资源。原产我国的乔灌木约有7 500种，有"世界园林之母"的美誉，并且许多名贵的花卉为我国独有，如银杏、水杉等。

丰富的园林植物种质资源为园林育种工作奠定了坚实的物质基础，满足了人们不断提高的欣赏要求。但是，我国园林植物种质资源遭受破坏和外流相当严重，很多种质资源还处于野生状态，自生自灭。因此，对园林植物种质资源进行调查、收集、保存、研究和开发利用显得越来越重要。

(一) 种质资源的分类

园林植物种质资源的种类繁多，可根据其来源分为以下几类。

1. 本地种质资源

是指在当地的自然和栽培条件下，经长期的培育与选择而得到的植物种类和类型。它的特点是取材方便，对当地自然和栽培条件有高度的适应性。

2. 外地种质资源

是指由国内不同气候区域或其他国家引进本地的植物品种和类型。外地种质资源们反映了各自原产地的自然和栽培条件，具有不同的遗传性状，可大大地丰富本地区园林植物品种和类型。

3. 野生种质资源

是指未经人们栽培的野生植物。野生植物是长期自然选择的结果，因此具有高度的适应性和抗逆性。

4. 人工创造的种质资源

是指经人工杂交和诱变产生的变异类型。有些变异类型虽未用于栽培，但往往具有特殊基因，可作为进一步育种的种质资源。

(二) 种质资源的保存

是指运用现代科学方法，通过有效途径，保证种质的延续和安全的工作。保存的材料应包括：对育种有特殊价值的种、变种、栽培品种或品系等；生产上重要的品种、品系及一些特殊的芽变；可能有潜在利用价值的野生种。其保存方式有自然保存和人工保存两种。

1. 自然保存

选择基因最丰富的地段，利用自然生态环境，尽一切力量保持种质资源处于最佳状态。设立自然保护区的主要目的就是使自然资源得到较长期的保护。

2. 人工保存

(1) 种植保存

建立种质保存基地，把整株植物迁出自然生长区，种植在保存基地上。保存基地可分级分类建立，一般为各大园林植物研究所、植物园、树木园和种植园。

(2) 室内保存

种子贮藏保存法：将种子保存在低温、干燥的条件下。

组织培养保存法：用组织培养形成的胚状体贮藏种质资源。

二、引种

引种是指把植物从原分布地区迁移到新的地区种植的方法。引种含两方面内容：一是外地或外国引入本地区所没有的植物。二是野生植物的驯化栽培。

引种与其他育种方法相比，所需要的时间短，投入的人力、物力少、见效快，所以是最经济的丰富本地植物种类的一种方法。

（一）引种成败因素的分析

引种成功的关键，在于正确掌握植物与环境关系的客观规律，全面分析和比较原产地和引种地的生态条件，了解树木本身的生物学特性和系统发育历史，初步估计引种成功的可能性，并找出可能影响引种成功的主要因子，制定切实措施。

1. 限制植物引种的主要生态因子

（1）温度

年平均温度 在植物引种工作中，首先应考虑原产地与引种地的年平均温度。若年平均温度相差大，引种就很难成功。以我国为例，根据月平均气温 >10 ℃ 的稳定期积温为热量标准，将全国划成 6 个气候带。不同的气候带，植物生长发育规律有不同的特点，见表 2-1。

表 2-1 气候与树木生长和休眠的关系

气候带	积温（℃）	平均气温或极端温度（℃）	季节变化	生长的植物及其反应	北界地点
赤道季风气候带	9 000 左右	平均 26	四季不明显，局部有明显旱季	分布着热带常绿植物，如椰子、菠萝、木瓜等。树木全年生长，旱季休眠	
热带季风气候带	>8 000	极端最低年均温 5 以上	终年无霜	以樟科植物为主，橡胶、咖啡都能生长，旱季休眠	湛江
亚热带季风气候带	4 500~8 000	最冷时间的气温 0~15	1~4 月气温较低	樟科、山毛榉科、马尾松、杉木、茶、毛竹等常绿植物。树木有休眠期。夏季，热带植物生长；冬季，温带植物生长	秦岭淮海一线

续表

气候带	积温（℃）	平均气温或极端温度（℃）	季节变化	生长的植物及其反应	北界地点
暖温带季风气候带	3 400 ~ 4 500	最冷时间的气温 0 ~ 10	四季明显，冬寒夏热	无常绿阔叶树，树木有明显的休眠期，植物只在夏季生长	北京、沈阳之间
寒温带季风气候带	1 600 以下	最冷时候的气温 -30 ~ -10	四季明显，冬寒夏暖	生长针叶树和落叶阔叶树，植物夏季生长，休眠期较长	
高原气候带	2 000 以下	最热时候的气温低于 5 或 0	冬夏分明，日温差较大，年温差较小，光照充足	高山植物和草地，植物休眠期长，只能在夏季生长，很多地方不适于树木生长	

最高、最低温度 有的树种从原产地与引种地的平均温度来看是有希望引种成功的，但是最高、最低温度有时就成为限制因子。江苏省引种柑橘，辽宁省以北地区引种苹果都因受到最低温度的影响而未成功。低温的持续时间也很重要。例如：蓝桉具有一定的抗寒能力，可忍受 -7.3 ℃ 的短暂低温，但不能忍受持续低温。以种植蓝桉较多的云南省陆良县为例，1975 年 12 月持续低温 5 天，日平均温度 -4.6 ℃，蓝桉遭受严重的冻害。高温对树种的损害不如低温显著，高温加干旱加重对植物的危害。

季节交替 中纬度地区的树种，通常具有较长的冬季休眠，这是对该地区初春气温反复变化的一种特殊适应性，而且不会因气温暂时转暖而萌动。高纬度地区的树种，虽有对更低气温的适应性，但如果引种到中纬度地区，初春气候不稳定转暖，经常会引起冬眠的中断而开始萌动，一旦寒流袭来就会造成冻害。如香杨等高纬度地区的树种引种到北京，主要由于这个原因而生长不良。

有些树种要求一定的低温，否则第二年不能正常生长，如油松需 15 ℃ 以下的低温 90 ~ 120 天，毛白杨需 75 天。

温度因子与经度的变化关系不明显，因此如纬度相同、海拔相近，从东向西或从西向东引种较易获得成功。

(2) 光照

日光是一切绿色植物光合作用的能源。植物的生长和发育需要一定比例的昼夜交替，即光周期现象。不同植物的光周期是不同的。当低纬度地区的植物引种到高纬度地区后，由于受长日照影响，秋季生长期延长，延时封顶，减少了养分积累，妨碍了组织木质化，冬季来临时，无休眠准备而冻死。这是南树北移常见的实例。如江西省的香椿引种到山东省泰安，南方的苦楝、乌桕引种到北方，由于不能适时停止生长，而不能安全越冬。

植物从高纬度向低纬度引种，即北树南移，由于日照由长变短，会出现两种情况：一是枝条提前封顶，生长期缩短，生长缓慢。如杭州植物园引种红松就表现封顶早，生长缓慢，形如灌木，易遭病虫害。另一种情况是出现二次生长，延长生长期。

不同的海拔高度之间引种，存在着光质及光强影响不同的问题。高山植物能适应丰富的紫外线，所以低山植物往高山引种难以忍受。

(3) 降水和湿度

水分是维持植物生存的必要条件，有时降水和湿度比温度和光照更为重要。我国降水分布很不均匀，规律是年降水量自东南向西北逐渐减少，自沿海地区向内陆地区逐渐减少。南方的树种不能抵抗北方冬季尤其是春季的干旱，水分成为南树北移的一个限制因子。我国的珙桐又称中国鸽子树，在欧洲引种获得成功，而在北京则因冬季干旱而难以成功。降水对植物的影响，首先是降水量。如北京引种的梅花，不是在最冷时冻死，而是在初春干风袭击下因生理干旱脱水而死。在降水多的地方，引种旱生植物类型也会生长不良。如新疆的巴旦杏引种到华北及华南地区，由于夏季雨水过多，空气湿度过大而不能适应。

四季的降水分布也影响植物生长。如广东省湛江地区引种原产热带、亚热带的夏雨型加勒比松、湿地松生长良好，而引种冬雨型的辐射松、海岸松则生长不良。

(4) 土壤

影响植物引种成功的重要因子还有土壤的酸碱度（pH值）和含盐量。引种时，当土壤的酸碱度不适应引种植物的生物学特性时，植物常生长不良，甚至死亡。如庐山植物园土壤的pH值在4.8~5.0，中华人民共和国成立时引种了大批喜中性和偏碱性的树种如白皮松、日本黑松、华北赤松等，经过10多年，这些树逐渐死亡。

2. 引种植物的生态型

同一种植物处于不同的生态环境条件下，分化成为不同的种群类型就是生态型。一般情况下，地理分布广泛的植物，所产生的生态型较多，分布范围小的植物，产生的生态型就少。每个生态型都能适应一定的生态环境。

在引种时，如将一种植物的许多生态型同时引种到一个地点进行栽培和

选择，从中选出适宜的生态型，那么这一植物在引种地区就有更多的机会互相杂交，形成更多的生态型，以适应环境。一般来讲，地理上距离较近，生态条件的总体差异也较小。所以，在引种时常采用"近区采种"的方法，即从离引种地最近的分布边缘区采种。如苦楝是南方普遍栽植的树种，分布的最北界是河南省及河北省的邯郸。分布于河北省邯郸和河南省的苦楝种子在北京生长最好，抗寒性强；分布于四川省、广东省等地的苦楝在北京表现抗寒性最差。

3. 引种植物的生态历史

植物适应性大小与系统发育过程中历史上的生态条件有关。生态历史愈复杂，植物的适应性愈广泛。如水杉，在冰川期以前广泛分布在北美洲和欧洲。由于冰川的袭击，那里的水杉因受寒害而灭绝了。到20世纪40年代在我国四川和湖北交界处人们又发现了幸存的水杉。它的分布范围很小。当我国发现这一活化石植物后，先后被欧洲、亚洲、非洲、美洲50多个国家和地区进行引种，大都获得成功。与此相反，华北地区广泛分布的油松，因历史上分布范围狭窄，引种到欧洲各国却屡遭失败。

此外，进化程度较高的植物较之原始的植物的适应性潜力也更大。乔木类型比灌木类型更为原始，木本植物比草本植物更为原始，针叶树比阔叶树更为原始，所以前者较后者适应性狭窄，一般引种也较难成功。

（二）引种的程序

植物引种工作一般要经过3个阶段，即引种材料的收集、种苗检疫和引种试验。

1. 引种材料的收集

（1）分析引进植物种类的经济性状

引种实践表明，引种植物在新地区的经济性状往往和原产地时的表现相似。这是选择引种植物的重要依据。如观赏价值、经济价值、抗性及改造自然能力方面均应表现优良，或至少在某一些方面胜过当地的乡土植物种或品种。

（2）比较原产地与引进地的生态条件

首先，了解引种植物的分布和种内变异，调查其自然分布、栽培分布及其分布范围内的自然类型和栽培类型。其次，调查原产地与引进地的生态环境变化，以便从中找出影响引种的主要限制因子。

2. 种苗检疫

引种是传播病虫害和杂草的一个重要途径，也关系到引种的成败。国外在这方面有过许多严重的教训。因此，在开展引种工作的同时要对引进的每粒种子，每株苗木进行严格的检疫。对有怀疑的材料应放到专门的检疫苗圃中观察、鉴定。种子、苗木未经检疫，一律禁止引入。

3. 引种试验

对引进的植物材料必须在引进地区的种植条件进行系统的比较观察鉴定，以确定其优劣和适应性。试验应以当地具有代表性的良种植物作为对照。试验的一般程序如下。

（1）种源试验

种源试验是指对同一种植物分布区中不同地理种源提供的种子或苗木进行的对比栽培试验。通过种源试验可以了解植物不同生态类型在引进地区的适应情况，以便从中选出参加进一步引种试验的植物。种源试验的特点是规模小，同一圃地试验的植物种类多，圃地要求多样化。

（2）品种比较试验

（3）区域化试验

（4）栽培推广

（三）引种的具体措施

1. 引种要结合选择

（1）地理种源的选择

在引种试验时，通过地理种源的比较试验，找出各个种源差异，从而进行选择。如沈阳地区通过的地理种源试验，认为引种秦岭东部和热河山地生态型的油松效果最好。

（2）变异类型的选择

在相同立地条件下的同一种类，个体间也存在着差异，因此可以从健壮的母株上采集种子或剪取枝条。杭州植物园从四川引进一批油樟种子，出苗万余株，冬季绝大部分冻死，小部分严重冻伤，仅有一株完好。这说明同一群体内的个体，虽然在相同的环境条件下，个体遗传性仍有产生分离的可能性。用它作为母本，进行无性繁殖得了具有抗寒"种性"的群体。

2. 引种要结合有性杂交

在引种过程中，由于原产地与引种地之间生态条件差异过大，使得有的植物在引种地较难生长，或者虽能生长却失去经济价值。若把这种植物作为杂交材料与本地植物杂交，就很有可能从中培育出具有经济价值。又能很好适应本地生态环境条件的类型。如银白杨是原产我国北部及西部一带的大乔木，引种到南京、武汉、杭州等地时，因环境不适而变为灌木状的小乔木。1959年，南京林业大学以银白杨为母本，分别用南京毛白杨与河南民权、甘肃天水等地的毛白杨杂交，杂交第一代的生长较同龄的银白杨强。

3. 选择多种立地条件试验

在同一地区，要选择不同的立地条件做试验，充分利用各种小气候的差异使引种成功。如我国青岛崂山，由于近海，温度高、湿度大，生长着不少亚热带边缘的植物，如茶树不但生长好，而且品质也好，为同纬度其他地区所不及。

4. 阶段驯化与多代连续培育

（1）阶段驯化

当两地生态条件相差较大，一次引种不易成功时，可以分地区、分阶段逐步进行引种。如杭州引种云南大叶茶树，先引种到浙江南部，再从那里采集种子到杭州种植，获得了成功。

（2）多代连续培养

植物的定向培育往往不是一个短期内或在一两个世代中就能完成的，因此需要连续多代培育。如辽宁省抚顺市的抗寒板栗就是以多代积累的方式培育而成的。

5. 栽培技术研究

（1）播种期

对南树北移的树木来说，适当延期播种，能适当减少生长量，增加组织充实度，使枝条成熟较早，具有较强的越冬性。北京植物园在水杉的引种中证实了这一点。北树南移则常采用早播的办法增加植株在短日照下的生长期和增加生长量。

（2）栽植密度

适当密植也可在一定程度上提高南树北移植物的越冬性。对北树南移的植物应该相反，即适当增加株行距是有利的。

（3）肥水管理

适当节制肥水有助于提高南树北移植物的越冬性，使枝条较为充实，封顶期也有所提前。相反，对北树南移的植物，为了延迟封顶时间，应该多施些氮肥和追肥，增加灌溉次数。这对延迟和减少炎热也有一定意义。

(4) 光照处理

在南树北移的幼苗期间进行 8~10 h 的短日照处理，遮去早晚光，能提前形成顶芽，缩短生长期，减少生长，使枝条组织充实，植株内积累的糖分增多，有利于越冬。北树南移的植物，可以采用长日照处理，延长植物的生长期，以增加生长量。足够的生长量是抵抗夏季炎热的物质基础。

(5) 防寒遮阴

对于南树北移的苗木，要在第一二年冬季适当进行防寒保护，根据其抗寒性的强弱分别采用暖棚、风障、培土、覆土等措施。北树南移或引种高山和萌生植物的幼苗越夏，需要适当的遮阴，并自夏末起逐步缩短遮阴时间，以使其逐步适应。

(6) 播种育苗和种子处理

引种以引进种子播种育苗为好。

在种子萌动时，给予特殊剧烈变动外界条件处理，有时能在一定程度上动摇植物的遗传性。如种子萌动后的干燥处理，有利于增加其抗旱性能；萌动种子的盐水处理，能增加抗盐水能力。

三、良种繁育

良种是指在一定的土壤、气候条件下能显示出优越性的品种。在园林生产上，从 20 世纪 50 年代以来，各国都开始重视选用良种。

(一) 良种繁育的任务

1. 保证质量的情况下迅速扩大良种数量

新选育的优良品种一般数量是比较少的，良种繁育工作跟不上就会推迟良种投入生产的年限。所以，良种繁育的首要任务就是大量繁殖专业机构或个人选育出来的，通过品种比较试验并经过有关部门鉴定过的优良品种的种苗。

2. 保持并不断提高良种种性，恢复已退化的良种

优良品种投入生产以后，在一般的栽培管理条件下，经常发生优良品种种性逐步降低的现象，有的可能完全丧失了栽培利用价值，被生产淘汰。例如，北京林业大学栽培的三色堇品种，最初具有花大、色鲜而纯，花瓣质地厚并有金丝绒光泽等优良品质，经栽培一段时间后逐步退化，表现出花小、色泽晦暗、花瓣变薄等不良性状。所以，良种繁育的第二个任务就是要经常保持并不断提高良种的优良种性，这对天然异花授粉的草本花卉更为重要。对已经退化的优良品种，特别是对一些名贵品种和类型，要通过一定的措施恢复良种种性。

3. 保持并不断提高良种的生活力

许多自花授粉和营养繁殖的良种，经常发生生活力逐步降低的现象，表现为抗性和产量的降低。例如，北京林业大学从荷兰引种的郁金香、风信子、唐菖蒲等球根花卉，在栽培的当年表现出株高、花大、花序长、花序上小花多等优良特性，但在以后几年中逐步退化，出现植株变矮、花朵变小、花序变短、花朵稀疏等缺点。生活力降低是良种退化的重要表现之一，对已经发生生活力退化的优良品种采取一定措施使其复壮是良种繁殖的重要任务。

（二）品种退化的原因

品种退化指的是园林植物在长期栽培过程中，由于人为或其他因素的影响，种性或生活力逐步降低，发生不符合人类要求的变劣现象。

1. 机械混杂

机械混杂是指在采种、种子处理、储藏、播种育苗和移栽定植的繁殖过程中，将一个品种的种子或苗木机械地混入另一个品种中，从而降低了前一个品种的纯度。由于纯度的降低，其丰产性、物候期的一致性以及观赏性都降低，同时又不便于栽培管理，所以失去了栽培利用价值。

2. 生物学混杂

生物学混杂是指由于品种间或种间发生了一定程度的天然杂交，使一个品种的遗传组成混入另一个品种的遗传基础中去，促使典型的品种发生分化变异，降低了品种的纯度。在园林植物中发生生物学混杂后，常常表现出花型紊乱、花期不一、花色混杂、高度不整齐等缺点。

3. 不适应的环境条件和栽培技术

栽培品种都直接或间接地来自野生种，因此遗传基础中都不例外地包含有野生性状。这种野生性状在优良的栽培条件下处于隐性状态。但是生态条件与栽培方法不适合品种种性要求时，品种的优良栽培性状就会向着对自然繁衍有益的野生性状变异。

另外，在缺乏选择的栽培条件下，某些花卉品种美丽的花色将逐渐减少，以致最后消失，而不良花色的比重却逐步增加。

许多园林花木品种具有复色花、叶，在缺乏良种繁殖的栽培条件下，往往单一颜色的枝条在全株所占的比重越来越大，最后可能完全丧失了品种的特点。

4. 生活力衰退

造成生活力衰主要有两个原因：①长期营养繁殖。因长期营养繁殖而得不到有性复壮的机会使内部矛盾（异质性）逐步削弱，致使生活力降低。②长期自花授粉。植物长期自花授粉，内部矛盾也会不断减少，生活力不断降低，最后品种的产量、生长势和其他特性也要退化。

5. 病毒感染

许多花卉品种退化是由病毒传播感染引起的。

（三）保持与提高优良品种种性的技术措施

1. 防止混杂

（1）防止机械混杂

严格遵守良种繁育制度就可以有效地避免机械混杂。防止机械混杂应注意的各个环节。①采种。应有专人负责，做到及时采收，并按品种分别包装，现场标记品种名称。②晒种。晒种时各品种应间隔一定距离，防止受风吹动混到一起。③播种育苗。播种要选无风天气，相似品种最好不在同一畦内育苗，或以显著不同的品种间隔一定的距离。播种后立即插牌标明品种名称，并画上田间布局图。④移植。移苗过程中最容易混杂，必须按品种分别移植，并插木牌标记，同时绘制移植图，防止以后混杂。⑤去杂。在移苗时、定植时、初花期、盛花期和末花期分别进行一次去杂工作，剔除其他品种幼苗。

（2）防止生物学混杂

防止生物学混杂的基本方法是隔离与选择。隔离分时间隔离与空间隔离两种。

空间隔离 生物学混杂的媒介主要是昆虫和风。因此，隔离的方法和距离随风力大小、风向，花粉数量、质量、易飞散程度，花瓣的重瓣程度，天然杂交百分率以及播种面积而不同。一般风力大又在同一风向上，花粉量多、质量轻，重瓣程度小，天然杂交率高。播种面积大时，缺乏天然障碍物的情况下，隔离距离较大反之隔离距离较小（见表2-2）。

表2-2 部分园林花卉的隔离距离（单位：m）

植物名称	最小隔离距离	植物名称	最小隔离距离	植物名称	最小隔离距离
三色堇	30	矮牵牛	200	万寿菊	400
飞燕草	30	石竹属	350	波斯菊	400
百日草	200	桂竹香	350	金盏菊	400
金鱼草	200	蜀葵	350	金莲花	400

如果受土地面积限制不能达到上述要求时，可采用分区保管品种资源的方法。或者采用时间隔离的办法。

时间隔离　时间隔离是防止生物学混杂最为有效的方法，可以分为跨年度隔离与不跨年度隔离。前者是把全部品种分成两组或3组，每组内品种间杂交率不高，每年只播一组。采收的种子妥善保存，供2～3年使用，这种方法对种子有效贮藏期长的植物适用。后者是指在同一年内进行分月播种，分期定植，将花期错开。这种方法对某些光周期不敏感的植物适用。

木本植物的隔离　木本植物的隔离以空间隔离为主。可建立隔离林带，或利用地形、高层建筑达到隔离的目的。

2. 采用优良的栽培技术措施

优良的栽培条件，是良种优良性状发育必要的外界因素。如改良土壤结构，合理施肥，合理轮作，扩大植株的营养面积，加大株行距，适时播种和扦插。对无性繁殖植物应选择良好的插条、接穗、砧木，加强病虫害防治等，这样才能使品种特性得以充分地表现，从而提高生活力，增强抗逆能力。

3. 经常进行选择

在植物生长发育的不同时期，如幼苗期、移植期、定植期、初花期、盛花期、结果期等时期分次进行选择。把具有优良花色或其他优良性状的单株加以标记，或移置他处（花盆）单独栽种，并淘汰不良性状的单株。如果品种退化严重的应当舍弃。

（四）提高良种生活力的技术措施

1. 改变良种的生活条件

（1）改变播种时期

可在一定年份改春播为秋播；或改秋播为早春播。使植物幼苗时期和其他发育时期遇到与原来不同的生活条件，以增加内部矛盾，提高生活力。

（2）换种

将长期在一个地区栽培的良种定期地换到另一个地区栽培，经1～2年后再拿回原地栽培。或直接将两地的相同品种互换栽培。也可将同一品种分成两份，拿到另外两个地区栽培1～2年后，拿回原地混合栽培。这些处理方法都能充分利用两地气候、土壤等方面的差异，提高良种的生活力。

（3）特殊农业技术处理

如用低温锻炼幼苗和种子，高温或盐水处理种子，或用干燥处理萌动种子，都能在一定程度上提高植物的抗性和生活力。

（4）进行杂交和人工辅助授粉

在保持品种性状一致的条件下，利用有性杂交能增加植物内部的矛盾。

2. 选择是保持与提高良种生活力的有效措施

在已经发生品种退化的种属中，由于单株之间存在差异，通过选择也能有效地保持良种的生活力。

3. 创造有利于生活力复壮的客观条件

（1）选择益于生活力复壮的部分做繁殖材料

同一植株不同部分发育阶段是异质的。选择扦插和嫁接材料时应选择发育阶段年轻的。

（2）创造有利于生活力复壮的栽培条件

优良的栽培方式，有利于优良性状的发挥，有利于提高良种的生活力。如许多球根花卉采用高垄栽培，因土壤昼夜温差大，透气排水性能好，对花卉地下贮藏器官的产量和质量有显著影响。

（五）提高良种繁殖系数的技术措施

1. 提高种子繁殖系数

在良种繁殖过程中，适当加大株行距，增施有机肥和磷钾肥，促进植株营养体充分生长，可以充分发挥每一粒种子的作用，提高单株产量，生产更多的种子。

对定植较早、花期较早的留种母株，可在生长初期进行摘心，促进多分枝、多开花、多结籽。

抗寒性较强的一年生植物，可以适当早播以延长营养生长期，提高单株产量。

2. 提高球茎、鳞茎类的繁殖系数

园林植物利用地下变态器官，如球茎、鳞茎、块茎、块根等进行繁殖的，其繁殖方法是利用自然形成的子球。可以采取一些措施，如分割球茎、珠芽以及特殊的培育方法，来提高繁殖系数。

3. 提高一般营养繁殖器官的繁殖系数

（1）充分利用园林植物的巨大再生能力

利用园林植物的根、茎、叶、腋芽、萌蘖等营养器官的再生能力扩大繁殖系数。许多园林植物如秋海棠、大岩桐、菊花等扦插叶子可以产生植株。

(2) 延长繁殖时间

在有温室的条件下，几乎可全年进行扦插、嫁接、分株、埋条等，有的植物一年可以繁殖几次。这样便增加了繁殖世代。

(3) 节约繁殖材料

在原种数量较少的情况下，可以利用短穗、单芽扦插、芽接，增加繁殖系数。有条件的地方可以利用组织培养的方法，生产大量种苗，使种苗繁育工厂化。

第二节　建立苗圃

苗圃是苗木生产的基地。建立起足够数量并具有较高生产水平和经营水平的苗圃，培育出品种繁多、品质优良的苗木，是园林生产的重要环节。园林苗圃一般为固定苗圃，使用年代长久，基本建设、技术设备条件较好，生产效益也高。

一、苗圃地的选择与区划

（一）园林苗圃的位置及经营条件

在城市绿化规划中，对园林苗圃的布局做了安排之后，就应进行圃地的选择工作。在进行这项工作时，首先要选择交通方便，靠近铁路、公路或水路的地方，以便于苗木的出圃和材料物资的运入。设在靠近村镇的地方，以便于解决劳动力。如能靠近有关的科研单位、大专院校、拖拉机站等地方建立苗圃，则有利于先进技术的指导和采用机械作业。同时，还应注意环境污染问题，尽量远离污染源。选择适当的苗圃位置，创造良好的经营管理条件，有利于提高经营管理水平。

（二）自然条件

1. 地形、地势及坡向

苗圃地宜选择排水良好，地势较高，地形平坦的开阔地带。坡度以1°～3°为宜，坡度过大易造成水土流失，降低土壤肥力，不便于机耕与灌溉。南方多雨地区，为了便于排水，可选用3°～5°的坡地。坡度大小可根据不同地区的具体条件和育苗要求来决定。在较黏重的土壤上，坡度可适当大些；在沙性土壤上，坡度宜小，以防冲刷。在坡度大的山地育苗需修梯田。积水的洼地、重盐碱地、寒流汇集地如峡谷、风口、林中空地等日温差变化较大的地方，苗木易受冻害，都不宜选作苗圃。

在地形起伏大的地区，坡向的不同直接影响光照、温度、水分和土层的厚薄等因素，对苗木的生长影响很大。一般南坡光照强，受光时间长，温度高，湿度小，昼夜温差大；北坡与南坡相反；东西坡介于二者之间，但东坡在日出前到上午较短的时间内温度变化很大，对苗木不利；西坡则因我国冬季多西北寒风，易造成冻害。可见，不同坡向各有利弊，必须依当地的具体自然条件及栽培条件，因地制宜地选择最合适的坡向。如在华北、西北地区，干旱寒冷和西北风危害是主要矛盾，故最好选用东南坡；而南方温暖多雨，则以东南、东北坡为佳，南坡和西南坡阳光直射幼苗易受灼伤。如在一苗圃内有不同坡向的土地时，则应根据树种的不同习性，进行合理的安排，如北坡培育耐寒、喜阴的种类，南坡培育耐旱喜光的种类等，以减轻不利因素对苗木的危害。

2. 水源及地下水位

苗圃地应选设在江、河、湖、塘、水库等天然水源附近，以利引水灌溉。这些天然水源水质好，有利于苗木的生长；同时，也有利于使用喷灌、滴灌等现代化灌溉技术，如能自流灌溉则更可降低育苗成本。若无天然水源，或水源不足，则应选择地下水源充足，可以打井提水灌溉的地方作为苗圃。苗圃灌溉用水的水质要求为淡水，水中盐含量不超过0.1%，最高不得超过0.15%。对于易被水淹和冲击的地方不宜选作苗圃。

地下水位过高，土壤的通透性差，根系生长不良，地上部分易发生徒长现象，秋季苗木木质化不充分易受冻害。当土壤蒸发量大于降水量时会将土壤中盐分带至地面，造成土壤盐渍化。在多雨时又易造成涝灾。地下水位过低，土壤易于干旱，必须增加灌溉次数及灌水量，这样便提高了育苗成本。最合适的地下水位一般情况下为沙土1~1.5 m、沙壤土2.5 m左右、黏性土壤4 m左右。

3. 土壤

土壤的质地、肥力、酸碱度等各种因素，都对苗木生长发生重要影响，因此在建立苗圃时须格外注意。

(1) 土壤质地

苗圃地一般选择肥力较高的沙壤土、轻壤土或壤土。这种土壤结构疏松，透水透气性能好，土温较高，苗木根系生长阻力小，种子易于破土。而且,耕地除草、起苗等工作也较省力。

黏土结构紧密,透水透气性差,土温较低,种子发芽困难,中耕时阻力大,起苗易伤根。

沙土过于疏松,保水保肥能力差,苗木生长阻力小,根系分布较深,给起苗带来困难。

盐碱土不宜选作苗圃,因幼苗在盐碱土上难以生长。

尽管不同的苗木可以适应不同的土壤,但是大多数园林植物的苗木还是适宜在沙壤土、轻壤土和壤土上生长。由于黏土、沙土和盐碱土的改造难以在短期内见效,一般情况,不宜选作苗圃地。

(2) 土壤酸碱度

土壤酸碱度对苗木生长影响很大,不同植物适应土壤酸碱度的能力不同。一些阔叶树以中性或微碱性土壤为宜,如丁香、月季等适宜pH值7~8的碱性土壤;一些阔叶树和多数针叶树适宜在中性或微酸性土壤上生长,如杜鹃、茶花、栀子花都要求pH值为5~6的酸性土壤。

土壤过酸过碱不利于苗木生长。土壤过酸(pH值=4.5)时,土壤中植物生长所需的氮、磷、钾等营养元素的有效性下降,铁、镁等溶解度过于增加,危害苗木生长的铝离子活性增强,这些都不利于苗木生长。土壤过碱(pH值>8)时,磷、铁、铜、锰、锌、硼等元素的有效性显著降低,苗圃地病虫害增多,苗木发病率增高。过高的碱性和酸性抑制了土壤中有益微生物的活动,因而影响氮、磷、钾和其他元素的转化和供应。

4. 病虫害

在选择苗圃时,一般都应做专门的病虫害调查,了解当地病虫害情况和感染程度。病虫害过分严重的土地和附近大树病虫害感染严重的地方,不宜选作苗圃,对金龟子、象鼻虫、蝼蛄及立枯病等主要苗木病虫尤须注意。

(三) 园林苗圃的面积计算

1. 生产用地的面积计算

为了合理使用土地,保证育苗计划完成,对苗圃的用地面积必须进行正确的计算,以便于土地征收、苗圃区划和兴建等具体工作的进行。苗圃的总面积,包括生产用地和辅助用地两部分。生产用地即直接用来生产苗木的地块,通常包括播种区、营养繁殖区、移植、大苗区、母树区、试验区以及轮作休闲地等。

计算生产用地面积应根据计划培育苗木的种类、数量、单位面积产量、规格要求、出圃年限、育苗方式以及轮作等因素，具体计算公式如下：

$$P = \frac{NA}{n} \times \frac{B}{c}$$

式中：P——某树种所需的育苗面积；
　　　N——该树种的计划年产量；
　　　A——该树种的培育年限；
　　　B——轮作区的区数；
　　　c——该树种每年育苗所占轮作的区数；
　　　n——该树种的单位面积产苗量。

由于土地较紧，在我国一般不采用轮作制，而是以换茬为主，故 B/c 常常不做计算。

依上述公式所计算出的结果是理论数字。实际生产中，在苗木抚育、起苗、贮藏等工序中苗木都将会受到一定损失，在计算面积时要留有余地。故每年的计划产苗量一般增加 3%~5%。

某树种在各育苗区所占面积之和，即为该树种所需的用地面积，各树种所需用地面积的总和就是全苗圃生产用地的总面积。

2. 辅助用地的面积计算

辅助用地包括道路、排灌系统、防风林，以及管理区建筑等的用地。苗圃辅助用地的面积不能超过苗圃总面积的 20%~25%；一般大型苗圃的辅助用地占总面积的 15%~20%；中小型苗圃占 18%~25%。

（四）苗圃的区划与设施

苗圃的位置和面积确定后，为了充分利用土地，便于生产和管理，必须进行苗圃区划。区划时，既要考虑目前的生产经营条件，也要为今后的发展留下余地。苗圃的区划图，一般使用 1:500~1:1 000 的大比例尺。

苗圃区划应充分考虑以下这些因素，即按照机械化作业的特点和要求，安排生产区，如果现在还不具备机械化作业的条件，也应为今后的发展留下余地；合理地配置排灌系统，使之遍布整个生产区，同时应考虑与道路系统协调；各类苗木的生长特点必须与苗圃地的土壤水分条件相吻合。

1. 生产用地的区划

生产用地包括播种区，营养繁殖区，移植区，大苗区，母树区，引种驯化区等。

生产用地的区划，首先要保证各个生产小区的合理布局。每个生产小区的面积和形状，应根据生产特点和苗圃地形来决定。一般大中型机械化程度高的苗圃，小区可呈长方形，长度可视使用机械的种类确定（使用中小型机具时小区200 m，使用大型机具时小区长500 m）。小型苗圃以手工和小型机具为主时，生产小区的划分较为灵活（小区长50～100 m为宜）。生产小区的宽度一般是长度的一半。

(1) 播种区

播种区是苗木繁殖的关键区。幼苗对不良环境的抵抗力弱，要求精细管理，因此应选择全圃自然条件和经营条件最有利的地段作为播种区，而且人力、物力、生产设施均应优先满足。播种区的具体要求是：地势较高而平坦，坡度小于2°；接近水源，灌溉方便；土质优良，深厚肥沃；背风向阳，便于防霜冻；靠近管理区。若是坡地，应选择最好的坡向。

(2) 营养繁殖区

培育扦插苗、压条苗、分株苗和嫁接苗的生产区。营养繁殖区与播种区的要求基本相同：应设在土层深厚和地下水位较低，灌溉方便的地方，但不像播种区那样严格。嫁接苗区主要为砧木苗的播种区，宜土质良好，便于接后覆土，地下害虫少。扦插苗区则应着重考虑灌溉和遮阴条件。压条、分株育苗法采用较少，育苗量较小时，可利用零星地块育苗。同时，也应考虑树种的习性来安排用地，如杨、柳类的营养繁殖（主要是扦插）区，可选在较低洼的地方；而一些珍贵的或成活困难的苗木用地则应靠近管理区，在便于设置温床、荫棚等特殊设备的耕地进行，或在温室中育苗。

(3) 移植区

由播种区、营养繁殖区中繁殖出来的苗木，需要进一步培养成较大的苗木时，则应移入移植区进行培育。移植区内的苗木依规格要求和生长速度的不同，往往每隔2～3年还要再移几次，逐渐扩大株行距，增加营养面积，所以移植区占地面积较大。移植区一般设在土壤条件中等，地块大而整齐的地方，同时也要依苗木的不同习性进行合理安排。如杨、柳可设在低湿的生产地，松柏类等常绿树可设在比较高燥而土壤深厚的生产地，以利带土球出圃。

(4) 大苗区

培育的植株体型、苗龄均较大并经过整形的各类大苗的耕作区。在本育苗区继续培育的苗木，通常在移植区内进行过一次或多次的移植，培育的年限较长，可以直接用于园林绿化建设。因此，大苗区的设置对于加速绿化效果及满足重点绿化工程的苗木的需要具有很大的意义。大苗区的特点是株行距大，占地面积大，培育的苗木大，规格高，根系发达，因此一般选用土层较厚，地下水位较低，地块整齐的生产区。在树种配置上，要注意各树种的不同习性要求。为了出圃时运输方便，大苗区最好设在靠近苗圃的主要干道或苗圃的外围处。

（5）母树区

在永久性苗圃中，为了获得优良的种子、插条、接穗等繁殖材料，需设立采种、采条的母树区。本区占地面积小，可利用零散地块，但要土壤深厚、肥沃及地下水位较低。对一些乡土树种可结合防护林带和沟边、渠旁、路边进行栽植。

（6）引种驯化区

用于引入新的树种和品种，丰富园林树种种类。可单独设立试验区或引种区，亦可引种区和试验区相结合。

（7）温室区

用于培育从热带、亚热带引种的花木。一般设在管理区附近。

2. 非生产用地的区划

苗圃的非生产用地包括：道路系统，排灌水系统，各种用房（如办公用房，生产用房和生活用房），蓄水池，蓄粪池，积肥场，晒种场，露天贮种坑，苗木窖，停车场，各种防护林带和圃内绿篱，围墙，宣传栏等。辅助用地的设计与布局，既要方便生产，少占土地，又要整齐，美观，协调，大方。

（1）道路网

苗圃道路分主干道、支道或副道、步道。大型苗圃还设有圃周环行道。苗圃道路要求遍及各个生产区，辅助区和生活区。各级道路宽度不同。主干道，大型苗圃应能使汽车对开，一般宽6～8 m；中小型苗圃应能使1辆汽车通行，一般宽2～4 m。主干道要设有汽车调头的环行路或是空地，并要求铺设水泥或沥青路面。

支道又称副道，常和主干道垂直，宽度根据苗圃运输车辆的种类来确定，一般1～2 m。步道为临时性通道，宽0.5～1 m。支道和步道不要求做路面铺装。

圃周环行道设在苗圃周围，主要供生产机械、车辆回转通行之用。

（2）灌溉系统的设置

苗圃必须有完善的灌溉系统，以保证水分的充分供应。灌溉系统包括水源、提水设备和引水设施三部分。

水源：主要有地面水和地下水两类。地面水指河流、湖泊、池塘、水库等，以无污染又能自流灌溉的最为理想。一般地面水温度较高且与耕作区土温相近，水质较好，含有一定养分，因此较有利于苗木生长。地下水指泉水、井水，其水温较低，宜设蓄水池以提高水温。水井应设在地势高的地方，以便自流灌溉。同时，水井设置要均匀分布在苗圃各区，以便缩短引水和送水的距离。

提水设备：现在多使用抽水机（水泵）。可依苗圃育苗的需要，选用不同规格的抽水机。

引水设施：有地面渠道引水和暗管引水两种。

（a）明渠：土筑明渠，沿用已久，占地多，须注意经常维修，但修筑简便，投资少，建造容易。土筑明渠中的水流速较慢，蒸发量和渗透量均较大，故现在多加以改进。如在水渠的沟底及两侧加设水泥板或做成水泥槽；有的使用瓦管、竹管、木槽等。引水渠道一般分为三级：一级渠道（开渠）是永久性的大渠道，由水源直接把水引出，一般主渠顶宽1.5～2.5 m。二级渠道（支渠）通常也为永久性的，把水由主渠引向各耕作区，一般支渠顶宽1～1.5 m。三级渠道（毛渠）是临时性的小水渠，一般宽度为1 m左右。干渠和支渠是用来引水和送水的，水槽底应高出地面。毛渠则直接向圃地灌溉，其水槽底应平于地面或略低于地面，以免把泥沙冲入畦中，埋没幼苗。

各级渠道的设置常与各级道路相配合，使苗圃的区划整齐。渠道的方向与耕作区方向一致，各级渠道常垂直，支渠与干渠垂直，毛渠与支渠垂直。同时，毛渠还应与苗木的种植行垂直，以便灌溉。渠道还应有一定的坡降，以保证一定的水流速度，但坡度不宜过大，否则易出现冲刷现象。一般坡降应在1/1 000～4/1 000之间；土质黏重的可大些，但不超过7/1 000。水渠边坡一般采用1:1（即45°）的坡降比。较重的土壤可增大坡度至2:1。在地形变化较大，落差过大的地方应设跌水构筑物，通过排水沟或道路时可设渡槽或虹吸管。

（b）管道灌溉：主管和支管均埋入地下，深度以不影响机械耕作为度，开关设在地端以方便使用。

喷灌是苗圃中常用的一种灌溉方法，具有省水，灌溉均匀又不使土壤板结，灌溉效果好等优点。喷灌又分固定式和移动式两种。固定式喷灌需铺设地下管道和喷头装置，还要建造泵房，需要的投资稍大一些。移动式喷灌又有管道移动和机具移动两种。使用管道移动式喷灌时，不移动抽水部分，只移动管道和喷头。机具移动式喷灌是以地上明渠为水源,使用时,抽喷机具,如手扶拖拉机和喷灌机移动,这种喷灌投资较少,常用于中小型苗圃。

有条件的苗圃,可安装间歇喷雾繁殖床,用于扦插一些生根困难的植物。这种喷雾繁殖床能十分有效地提高插床的空气湿度。

滴灌已从国外引进多年。它通过滴头,将水直接滴入植物根系附近,省水,在干旱地区尤其适宜。滴灌还能提高水温。当水从黑色的塑料管道中流过并到达滴头附近时,水温最高可提高 10 ℃。滴灌适宜于有株行距的苗木灌溉,是十分理想的灌溉设备。滴灌需要一套完整的首部枢纽、管道、滴头等设备,加上滴头十分容易堵塞,目前尚未普及。

(3) 排水系统的设置

排水系统对地势低、地下水位高及降水量多而集中的地区更为重要。排水系统由大小不同的排水沟组成。排水沟分明沟和暗沟两种,目前采用明沟较多。排水沟的宽度、深度和设置,根据苗圃的地形、土质、雨量、出水口的位置等因素确定,应以保证雨后能很快排出积水而又少占土地为原则。排水沟的边坡与灌水渠相同,但落差应大一些,一般为 3/1 000~6/1 000。大排水沟应设在圃地最低处,直接通入河、湖或市区排水系统;中小排水沟通常设在路旁;耕作区的小排水沟与小区步道相结合。在地形、坡向一致时,排水沟和灌溉渠往往各居道路一侧,形成沟、路、渠并列的格局,这样既利于排灌,又区划整齐。排水沟与路、渠相交处应设涵洞或桥梁。在苗圃的四周最好设置较深而宽的截水沟,以起防外水入侵,排除内水和防止小动物及害虫侵入的作用。一般大排水沟宽 1 m 以上,深 0.5~1 m;耕作区内小排水沟宽 0.3~1 m,深 0.3~0.6 m。

(4) 防护林带的设置

为了避免苗木遭受风沙危害,应设置防护林带,降低风速,减少地面蒸发及苗木蒸腾,创造小气候条件和适宜的生态环境。防护林带的设置规格,依苗圃的大小和风害程度而异。一般小型苗圃与主风方向垂直设一条林带;中型苗圃在四周设置林带;大型苗圃除周围环圃林带外,应在圃内结合道路设置与主风方向垂直的辅助林带。如有偏角,不应超过 30°。一般防护林防护范围是树高的 15~17 倍。

林带的结构以乔、灌木混交半透风式为宜,这样既可减低风速又不因过分紧密而形成回流。林带宽度和密度依苗圃面积、气候条件、土壤和树种特性而定。一般主林带宽 8~10 m,株距 1.0~1.5 m,行距 1.5~2.0 m;辅助林带多为 1~4 行乔木。

近年来，国外为了节省用地和劳力，已有用塑料制成的防风网防风的。其优点是占地少而耐用，但投资多，在我国少有采用。

(5) 建筑管理区的设置

该区包括房屋建筑和圃内场院等部分。前者主要指办公室、宿舍、食堂、仓库、种子贮藏室、工具房、畜舍车棚等；后者包括劳动力集散地、运动场以及晒场、肥场等。苗圃建筑管理区应设在交通方便，地势高燥，接近水源、电源的地方或不适宜育苗的地方。大型苗圃的建筑最好设在苗圃中央，以便于苗圃经营管理。畜舍、猪圈、积肥场等应放在较隐蔽和便于运输的地方。

二、苗圃技术档案的建立

(一) 建立苗圃技术档案的意义

档案是育苗生产和科学实验的记录，是历史的凭证，记录了人们在各种活动中的思想发展、生产中的经验教训和科学研究的成果。因此，对于人们查考既往情况，掌握历史材料，研究有关事物的发展规律，以及总结经验、吸取教训，具有重要的作用。

(二) 苗圃技术档案的主要内容

1. 苗圃土地利用档案

是记录苗圃土地利用和耕作情况的档案。

建立这种档案，可用表格形式内容包括：各作业区的面积、土质、育苗树种、育苗方法、作业方式、整地方法、施肥和施用除草剂的种类、数量、方法和时间、灌水数量、次数和时间、病虫害的种类，苗木的产量和质量等。为了便于工作和以后查阅方便，在建立这种档案时，应当每年绘出一张苗圃土地利用情况平面图，并注明和标出圃地总面积，各作业区面积，各育苗树种的育苗面积和休闲面积等。

2. 育苗技术措施档案

把每年苗圃各种苗木的培育过程，从种子或种条处理开始，直到起苗包装为止的一系列技术措施用表格形式，分别树种记载下来。根据这种资料，可分析总结育苗经验，提高育苗技术。

3. 苗木生长调查档案

用表格形式记载出各树种苗木的生长过程，以便掌握其生长周期与自然条件和人为因素对苗木生长的影响，确定适时的培育措施。

4. 气象观测档案

气象变化与苗木生长和病虫害的发生发展有着密切关系。记载气象因素，可分析它们之间的关系，确定适宜的措施及实验时间，利用有利气象因素，避免或防止自然灾害，达到苗木的优质高产。在一般情况下，气象资料可以从附近的气象站抄录，但最好是本单位建立气象观测场进行观测。记载时可按气象记载的统一格式填写。

5. 苗圃作业日志

通过日志，不仅可以了解每天所做的工作，便于检查总结，而且可以日志，统计各树种的用工量和物料的使用情况，核算成本，制定合理定额，更好地组织生产，提高劳动生产率。

（三）建立苗圃技术档案的要求

苗圃技术档案出于生产和科学实验，而且要充分发挥苗圃技术档案的作用，必须做到：①真正落实，长期坚持，不能间断。②设专职或兼职管理人员。多数苗圃采用由技术员兼管的方式。这是因为，技术员是经营活动的组织者和参加者，对生产安排、技术要求及苗木生长情况最清楚。由技术员兼管档案不仅方便可靠，而且直接把管理与使用结合起来，有利于指导生产。③观察记载时，要认真负责，实事求是，及时准确。要求做到边观察边记载，务求简明、全面、清晰。④一个生产周期结束后，有关人员必须对观察记载材料及时进行汇集整理，分析总结，以便从中找出规律性的东西，提供准确、可靠、有效的科学数据，指导今后苗圃生产。⑤按照材料形成时间的先后或重要程度，连同总结等分类整理装订、登记造册、归档、长期妥善保管。最好将归档的材料输入计算机中贮存。⑥档案员应尽量保持稳定，工作调动时，要及时另配人员并做好交接工作，以免间断及人走资料散的现象。

第三节 园林植物种子（实）的生产

园林植物的继代繁殖，主要依靠种子。园林植物的种子生产范围广泛，品种庞杂。本节以木本植物为主，兼顾草本植物，讨论植物种子的采集、调制、贮藏及种子品质检验等技术环节，以做到良种壮苗，有目的、有计划地连续生产。

一、园林植物种子（实）的采集

为了取得大量品质优良的种子，除了建立良种基地以外，还必须掌握适时的采种时期。过早采集，种子未成熟；延期采种，则种粒脱落、飞散或遭受各种鸟兽的危害，大大降低种子的数量和质量。因此，只有了解种子成熟和脱落的一般规律，才能做到适时采种，获得大量优良种子。

（一）种子的成熟

种子成熟过程主要是胚和胚乳的发育过程。经过受精卵逐渐发育成具有胚根、胚轴、胚芽和子叶的为完全种胚。在种胚形成的同时，由极核和精子结合而成的胚乳也将养分逐渐积累、贮藏起来。种子成熟包括生理成熟和形态成熟两个过程。

1. 生理成熟

种子发育初期，子房膨大很快，种皮和果皮薄嫩，色泽浅淡，内部营养物质虽不断增加，但速度慢，水分多，多呈透明状液体。当种子发育到一定程度，便表现出组织充实，木质化程度加强，内部营养积累速度加快，浓度提高，水分减少，由透明状液体变成混浊的乳胶状态，并逐渐浓缩向固体状态过渡。最后种子内部几乎完全被硬化的合成作用产物所充满。这是一系列的生物化学的变化过程。当种子的营养物质贮藏到一定程度，种胚形成、种子具有发芽能力时，称之为"生理成熟"。生理成熟的种子含水量高，营养物质处于易溶状态，种皮不致密。尚未完全具备保护种仁的特性，不易防止水分的散失。此时采集的种子，其种仁急剧收缩，不利于贮藏，很快就会失去发芽能力，而且对外界不良环境的抵抗力很差，易被微生物侵害。因而，种子的采集多不在此时进行。对一些深休眠即休眠期很长且不易打破休眠的树种，如椴树、山楂、水曲柳等，可采收生理成熟的种子，采后立即播种，这样可以缩短休眠期，提高发芽率。

2. 形态成熟

当种子完成了种胚的发育过程，结束了营养物质的积累时，含水量降低，营养物质由易溶状态转化为难溶的脂肪、蛋白质和淀粉，种子本身的重量不再增加，或增加很少，呼吸作用微弱，种皮致密、坚实、抗性增强，进入休眠状态后耐贮藏。此时种子的外部形态完全呈现出成熟的特征，称之为"形态成熟"。一般园林树木种子多在此时采集。大多数树种的种子生理成熟在先，隔一定时间才能达到形态成熟。也有一些树种，其种子生理成熟与形态成熟的时间几乎是一致的，相隔时间很短，如旱柳、白榆、泡桐、木荷、檫木、台湾相思、银合欢等，这些树种的种子达到生理成熟后就自行脱落，故要注意及时采收。还有少数树种的种子生理成熟在形态成熟之后，如银杏，在种子达到形态成熟时，假种皮呈黄色变软，由树上脱落，但此时种胚很小，还未发育完全，只有在采收后再经过一段时间，种胚才发育完全，具有正常的发芽能力，这种现象称为"生理后熟"。有人认为，银杏种子在形态成熟时，花粉管尚未达到胚珠，经过一段时间后才能完成受精作用，逐渐再形成胚。因此，有生理后熟特征的种子采收后不能立即播种，必须经过适当条件的贮藏，采用一定的保护措施，才能正常发芽。

由于从生理成熟到形态成熟，在种子内部进行着一系列的生物化学变化，从而为种子的休眠创造了一定的条件。种子的休眠是某些树种的遗传性，也是长期个体发育过程中适应外界环境条件的一种特性。

（二）影响种子成熟期的因素

林木种子的成熟期因树种的生物学特性及不同的生长环境而异。

1. 树种

树种不同，种子成熟期不同。如杨、柳、榆等的种子在春季或春末成熟，桑、杏、桦的种子在夏季成熟，大多数乔灌木如松、云杉、冷杉、黄波罗、胡桃楸、槭、水曲柳、山丁子等的种子都在秋季成熟，也有的树种的种子在冬季成熟。

2. 地理位置

同一树种由于地理位置不同，其种子成熟期也不同。如小叶杨的种子在黑龙江省南部一般在6月上中旬成熟，而在辽南一带是5月下旬，在北京则是5月中旬。

3. 环境因子

同一地区，由于土壤、天气变化等条件不同则种子的成熟期也不同。生长在壤土或沙土上的树木，或者遇到炎热干旱的夏季，种子的成熟期就要提前。反之，则成熟期延后。

4. 生态型

同一树种在同一地区由于生态型不同（地理、气候等）形成的物候差异，使种子的成熟期不同。如落叶松有早物候期的早发芽、早开花、种子成熟早，有晚物候期的种子成熟晚。有晚放叶的植株，早落叶。生长期短的物候型，要区别对待，正确确定种子成熟期。

（三）确定种子成熟期的方法和种子在成熟期的形态特征

用发芽试验或其他试验来确定种子的成熟是一种可靠的方法，只是比较繁杂，所以都以形态成熟的外部特征来确定种子成熟期和采种期。不同的树种、不同的种子类型，其表现特征也不一样。

1. 肉质果

浆果、核果等成熟时，果实变软，颜色由绿变红、黄、紫等色。如蔷薇、冬青、枸骨、火棘、南天竹、小檗、珊瑚树等的果就变为朱红色；樟、紫珠、檫木、金银花、水蜡、女贞、楠木、鼠李、山葡萄的果等变成红、橙黄、紫等颜色，并具有香味或甜味，多能自行脱落。

2. 干果类

荚果、蒴果、翅果成熟时，果皮变为褐色，并干燥开裂，如刺槐、合欢、相思树、皂荚、油茶、乌桕、枫香、海桐、卫矛等。

3. 球果类

果鳞干燥硬化，变色。如油松、马尾松、侧柏等的果变为黄褐色；杉木的果变为黄色，并且有的种鳞开裂，散出种子。

除由形态特征来确定种子成熟外，还可利用一些简单的物理方法来加以检验。如将小粒种子除去夹杂物后，进行压磨或火烧。若种粒饱满，压后无浆，出现白粉，或用火烧时有爆破声，即可证明种子成熟。白粉多，爆破声大也说明纯度高，成熟好。对较大粒的种子，可用刀切开观察，如胚乳（或子叶）坚实，切时费力则已成熟；如胚乳或子叶呈液状或乳状则说明种子未成熟。

（四）果实或种子的脱落和采种期

果实或种子成熟后就逐渐从树上脱落，各树种果实或种子的脱落方式和脱落期不同。针叶树：红松是整个球果脱落，樟子松、落叶松、云杉等球果成熟后果鳞开裂种子脱落，冷杉则是球果果鳞与种子一齐脱落。阔叶树：肉质果类、栎类、板栗等是整个果实脱落，蒴果、荚果等多数则是果皮开裂种子飞散或脱落。果实或种子脱落方式的多样性，也就决定了采种时期和采种方法的多样性。同一树种由于气候和土壤等条件不同，其果实或种子的脱落期亦有早有晚。果实或种子脱落期间的长短也受天气的寒暖干湿变化的影响，在果实或种子成熟期间，如天气温暖干燥，果实或种子脱落期较早且短，反之则脱落较晚且长。

因此，要根据果实或种子成熟期、脱落期、脱落特性及其他因子来决定采种期，详见表2-3。

采种时须注意：①一般果实或种子较长时间不脱落的，如樟子松、马尾松、椴、水曲柳、槭、槐等，采集期可以适当延长。但仍应当在形态成熟后及时采集，以免长期悬挂树上受虫、鸟危害，造成种子质量下降和减产。同时一旦种子散落地面也难以收集。②成熟后立即脱落或随风飞散的小粒种子，如杨、榆、桦。成熟期与脱落期很相近的，如落叶松、云杉、油松、冷杉等的种子，不宜延长采种期，应在成熟后立即采集。③生理成熟可采的，如有些深度休眠的山楂、椴的种子，可在生理成熟后形态成熟前采集，采后立即播种或层积处理，以缩短其休眠期，提高发芽率。榆类夏熟性种子在生理成熟后采集，立即播种，发芽快发芽率也高。但如不能立即播种或层积处理需要贮藏的，就必须在形态成熟后再采，以保证种子质量。④有的树种的果实或种子较大且重，如红松、栎类、栗、胡桃等，虽然脱落后仍可从地面收集，但长期落在林地上，遭受虫兽危害，又受土壤湿度、温度的影响，会降低种子质量和产量，因此也要及时收集。

表2-3 部分树种的采种期、种子脱粒及贮藏方法

树种	果实或种子成熟特征	采种期	种子脱粒处理及贮藏方法
油松	球果黄褐色微裂	10月	暴晒球果，翻动，脱出种子；干藏
落叶松	球果浅黄褐色	9~10月	暴晒球果，翻动，脱出种子；干藏
侧柏	球果黄褐色	10~11月	暴晒球果，敲打，脱出种子；干藏
马尾松	球果黄褐色，微裂	11月	堆沤球果，松脂软化后摊晒脱粒，风选；干藏
杨树	蒴果变黄，部分裂出白絮	4~5月	薄摊阴干或阳干，揉搓过筛，脱出种子；随采随播或密封干藏
白榆	果实浅黄色	4~5月	阴干，筛选；随采随播或密封贮藏
麻栎	壳斗黄褐色	10月	薄摊稍阴干，水选；沙藏或流水贮藏
国槐	果实暗绿色，皮紧缩发皱	11~12月	用水泡去果皮晒干，或带皮晒干；干藏
桉树	蒴果青绿转为褐色，个别微裂	8~9月至翌年2~5月	蒴果阴干，振动或打击脱粒；干藏
木荷	蒴果黄褐色木质化，果壳微裂	10~11月	蒴果阴干；干藏
臭椿	翅果黄色	10~11月	晒干，筛选；干藏
刺槐	荚果褐色	9~11月	晒干打碎荚皮，风选；干藏
香椿	蒴果褐色	10月	揉搓，去壳取种，阴干；干藏
苦楝	核果灰黄色	11~12月	水泡去皮或带皮晒干；干藏或沙藏
白蜡	翅果黄褐色	10~11月	晒干，筛选；干藏
枫杨	翅果褐色	9月	稍晒，筛选；沙藏
悬铃木	聚合果黄褐色	11~12月	晒干，揉出种子；干藏

续表

树种	果实或种子成熟特征	采种期	种子脱粒处理及贮藏方法
泡桐	蒴果黑褐色	9~10月	阴干；脱粒；密封贮藏
紫穗槐	荚果红褐色	9~10月	晒干，风选或筛选；干藏
五角枫	翅果黄褐色	10~11月	晾干；干藏
乌桕	果实黑褐色	11月	暴晒去壳，碱水去蜡，晒干；干藏
杜仲	果壳褐色	10~11月	阴干；干藏
棕榈	果皮青黄色	9~10月	阴干脱粒；沙藏
女贞	果皮紫黑色	11月	洗去果皮，阴干种子，筛选；沙藏
香樟	浆果果皮黑紫色	11~12月	揉搓果皮，阴干，水选；沙藏
枇杷	果皮杏黄色	5月下旬	除去果肉，洗净稍晾干；随播随种；不贮藏
广玉兰	果黄褐色	10月	除去外种皮，随即播种或层积沙藏
紫薇	果黄褐色	11月	阴干搓碎取出种子；干藏
石楠	果红褐色	11月中旬~12月	搓去果皮；沙藏
雪松	球果浅褐色	9~10月	晒干后取出种子；干藏
合欢	荚果黄褐色	9~10月	晒干打碎荚皮，风选；干藏
紫荆	荚果黄褐色	10月	晒干打碎荚皮，风选；干藏
海棠	果黄或红色	8~9月	除去果肉，洗净，水选，晾干；沙藏
无患子	果黄褐色有皱	11~12月	除去果皮，阴干；沙藏
青桐	果黄色有皱	9~10月	阴干，风选；沙藏
南洋楹	荚果变黑，干燥开裂	7~9月	荚果晒干，打碎果皮；干藏
金钱松	球果淡黄或棕褐色	10月中下旬	球果阴干，翻动，脱出种子，干藏

（五）采集方法

1. 地面收集

大种粒脱落时不易被风吹散的树种，如栎类、栗、胡桃、楸等，都可以待其脱落后在地面收集。为了便于收集，在种实脱落前宜对林内地表杂草和死地被物加以清除。还可以用撼动树干的方法，促使种实脱落，在地面收集。

2. 植株上采集

可用各种机器、工具直接在植株上采收。

（1）机器采收

美国用摇树机在湿地松种子园采种，机械安装在有自动传送设备的底盘上，有一个钳夹装置可夹住90 cm粗树干撼动树干，摇落80%的湿地松球果。摇树机把球果振落后，用真空吸果机收集，或用反伞状承受器将种子收集在一起运走，效果相当于人工采种数10倍。

德国的"肖曼"振动式采种机，由摇动头、举升臂、支承架及液压系统等几部分组成。振动头上有夹持器的振子。夹持器的两侧用橡胶或尼龙作衬垫，以防损伤树干。夹持树干的最大直径为50~55 cm。举升臂的最大升起高度为 3~4 m。振动头可绕连接点旋转 345°。总重 650 kg（拖拉机重量不计在内）。

苏联 OcunoB 用振动机抖落树高 10~12 m，直径为 18~22 cm 的槭树、白蜡、刺槐、皂角等翅果、荚果。振动器固定在距地 3.7~4.2 m 处，能振落槭、皂角 80%~85%，白蜡 65%~75%。频率 15 周/s~22 周/s。两次振动最好，第一次 20 s，间隙 30~40 s，然后再振 25~35 s。不同树种因果柄与枝条连接处坚实程度不同，选择不同最佳时间振落。如杉木、振落球果不易，而当球果刚张开时，振动树冠，种子飞落。

南京林业大学林机教研室研制成功的杉木种子振落机，轻便效果好。

(2) 树上采种

常用的有几种：①绳套上树采种。因携带方便，操作简单，不受地形地势制约，是常用的立木采种方法。②脚踏蹬上树。利用钢铁制成带有尖齿的脚踏工具，作业时上部绑在腿的内侧，下部则与脚绑牢，利用脚踏蹬内侧的尖齿扎入树皮，以能承受人体重量为准。脚左右交替蹬树，双手抱树干攀登上树。③上树梯上树。利用竹木或钢铝轻合金制成的双杆梯或单杆椅，都是安全的上树工具。

(3) 直接采收

植株低矮的品种，可直接用手或借助采种钩、镰等工具，在地面上采收。草本园林植物多采用此方法采收。

二、园林植物种子（实）的调制

种子调制的目的是为了获得纯净的、适于播种或贮藏的优良种子。

种子调制的内容包括：脱粒、净种、干燥、去翅、分级等。种子采集后应尽快调制，以免发热、发霉而降低种子品质。调制种子的方法因种子的类型不同而不同。种子处理的方法必须恰当，方可保证品质。

（一）种子的脱粒

种子脱粒的方法因其特性的不同而异。

1. 球果类脱粒

大多数针叶树球果，由于高温、干燥，球果失水、果鳞张开，种子落出。球果脱粒多采用干燥脱粒法。调制时环境湿度高能降低种子品质，故调制球果时要及时排出湿气。

(1) 人工加热干燥法

使用球果烘干炉人工加热干燥。球果烘干炉的体积各不相同，小的像柜子，大的像个建筑物。一般都有热源、经由对流或强力通风控制热空气流通的装置，以及一些浅盘、搁板，或使球果接受流动空气的其他设备。热源分为硬燃料（球果皮、木屑、煤）、液体（煤油）、电能。热源将空气低热送入密闭的干燥窑内。球果在筛架上失水开裂后，种子落入接种器中，或经过震动脱粒。完善的球果调制设备有预干室、干燥窑、脱粒、去翅、净种等一系列机械自动化设备。

(2) 自然晾晒干燥法

借助于日晒加温、通风，使球果失水，籽粒脱出。如将球果摊放在干燥光平的地上或席上晾晒。近年来，一些园林单位所设的专用晾晒场，工作方便。晾晒时要经常翻动球果，促其开裂；遇雨或夜间要覆盖好以免雨露淋湿，延长脱粒时间。待鳞片开裂，种子自然脱出，未脱净的球果再继续摊晒，直到种粒全部脱净。有的球果如落叶松忌用棍棒敲打，以免球果被敲打后更难开裂。自然干燥法所调制的种子，质量高，不会因调制温度过高而降低种子品质。此法作业安全，且日光又有灭菌作用，适用于果鳞较薄，较软、成熟较早的球果，如落叶松、云杉、侧柏、杉木、水杉、油松等。

2. 干果类脱粒

开裂或不开裂的干果均需清除果皮、果翅，取出种子并清除各种碎枝残叶等杂物。凡干果类含水量低的可用"阳干法"，即在阳光下直接晒干，而含水量高的种类一般不宜在阳光下晒干，而要用"阴干法"。另外，有的干果类晒干后可自行开裂，有的需要在干燥的基础上进行人为加工处理。

(1) 蒴果类

如丁香、溲疏、紫薇、木槿、醉鱼草、白鹃梅、金丝桃等含水量很低的蒴果，采后即可在阳光下晒干脱粒净种。含水量较高的蒴果，如杨、柳等采收后，一般不能暴晒且应立即放入避风干燥的"飞花室"内，风干3~5天，当多数蒴果开裂后，即可用柳条抽打，使种子脱粒，过筛精选。

(2) 坚果类

坚果类一般含水量较高，如橡栎类、板栗、榛子等坚果在阳光暴晒下易失去发芽力，采后应立即进行粒选或水选，除去蛀粒，然后放于通风处阴干。堆铺厚度不超过20~25 cm，要经常翻动。当种实湿度达到要求程度时即可贮藏。

(3) 翅果类

如槭树、榆树、白蜡、臭椿、杜仲、枫杨等树种的翅果，在处理时不必脱去果翅，干燥后清除混杂物即可。其中杜仲、榆树的翅果在阳光下暴晒会失去发芽力，故应用"阴干法"进行干燥。

（4）荚果类

一般含水量低，故多用"阳干法"处理，如刺槐、皂荚、紫荆、紫藤、合欢、相思树、锦鸡儿、金雀花等，其荚果采集后，直接摊开暴晒3~5天。有的荚果晒后则裂开脱粒，有的则不开裂。不开裂的荚果应用棍棒敲打或用石滚压碎荚果皮进行脱粒，清除杂物即得纯净种子。

（5）蓇葖果类

如牡丹、玉兰、绣线菊、珍珠梅、风箱果等。除牡丹和玉兰等只能稍阴干后便层积贮藏或播种外，绣线菊等一般树种均可晒后进行清理贮藏。

3. 肉质果类脱粒

肉质果类包括核果、浆果、聚合果等，其果或花托为肉质，含有较多的果胶及糖类，容易腐烂，采集后必须及时处理，否则会降低种子的品质。一般多浸水数日，有的可直接揉搓，再脱粒，净种，阴干后贮藏。

少数松柏类具胶质种子，系因假种皮富含胶质的缘故。此类种子用水冲洗难以奏效，如三尖杉、榧树、紫杉等，可用湿砂或用苔藓加细石与种实一同堆起，然后揉搓，除去假种皮，再干藏。

一般能供食品加工的肉质果类，如苹果、梨、桃、樱桃、李、梅、柑橘等可从果品加工厂中取得种子，但种子一般在45℃以上的温度条件下丧失发芽能力。因此，只能在45℃以下冷处理的条件下所得的种子才能供育苗使用。

从肉质果中取得的种子，含水量一般较高，应立即放入通风良好的室内或阴棚下晾4~5天。在阴干的过程中，要注意经常翻动，不可在阳光下暴晒或雨淋。当种子含水量达到一定要求时，即可播种、贮藏或运输。至于柑橘、枇杷、杧果等种子更不能阳干，且无休眠期，故以洗净晾干1~2天后进行播种为好。

（二）种子去翅、净种及种粒分级

1. 去翅

松、云杉、落叶松等种子带翅。为了便于贮藏和播种，脱粒后要去翅。手工去翅是在麻袋揉搓或在筛内戴上手套揉搓，然后用风车或簸箕净种。

有的树种种子去翅很简单，先把种子弄湿，再把它们干燥。这样处理一下，种翅分离，然后风扬去翅。

2. 净种

去掉夹杂物如鳞片、果屑、果枝、叶碎片、空粒、土块、异类种子等的加工称净种。通过净种提高种子净度。根据种子和夹杂物的重量大小不一，采用风选、筛选、水选等方法。

风选时，利用风力将饱满种子与夹杂物分开。工具有风车、簸箕等。

筛选时，先用大孔筛使种子与小夹杂物通过，大夹杂物截留，倾出。再用小孔筛将种子截留，尘土和细小杂物通过。

水选时，利用种粒与夹杂物比重不同，将有夹杂物的种子在筛内浸入慢流水中。夹杂物及受病虫害的、发育不良的种粒上浮漂去，良种则下沉。经水选后的种子不宜暴晒，只宜阴干。

3. 种粒分级

同批的种子净种后将种子按大小进行分级，通常分为大、中、小三级，用不同孔径的筛子筛选种子。这对育苗工作很有意义。试验证明，种粒越大者越重，其发芽率越高。如油松种子分级后测定：大粒种子的千粒重49.17 g，发芽率91.5%，小粒种子的千粒重只有23.9 g、发芽率87.5%。试验也证明，大粒种子育出的苗木的质量好于小粒种子。经过分级的种子，播种后出苗整齐，苗木生长发育也较均匀，成苗率高，便于抚育管理。

三、园林植物种子（实）的贮藏

（一）贮藏的目的

在我们采集园林树木种子（实）时，有些可随采随播，这包括一般春季成熟，多油脂或未离母体即行发芽的种子，例如杨、柳、榆、桑、柑橘、紫檀等。但有更多树种的种子不可能立即播种；如秋天采集的种子常须经过贮藏，到翌年春播，而且不少树种有大小年现象，小年结实极少甚至收不到；个别树种如竹类等，则很少开花结实。为了完成每年的育苗任务，必须把一部分种子贮藏起来，以备歉收或无收之年育苗用。所以，采种之后到播种这段时间内，需将种子贮藏在适当的环境条件下，使其在播种时品质不至降低，而且能最大限度地保持其发芽率。因此，贮藏种子的目的就是为了保持种子的发芽率，延长种子的寿命，以适应生产的需要。

（二）保持种子生活力的原理

种子成熟后，在尚未脱离母树之前即转入休眠状态，休眠状态一直延续到其获得萌发条件为止。贮藏种子即是处于这种休眠状态的种子，虽然处于休眠状态，但仍进行着极其缓慢的新陈代谢活动。首先是微弱的呼吸作用，休眠种子进行呼吸作用就是消耗贮藏的营养物质，同时种子内部的化学成分也相应地发生变化。呼吸作用进行得越强时，贮藏物质的消耗越多，从而引起种子重量的减轻和发芽率的降低。人为控制种子的呼吸作用，使种子的新陈代谢活动处于最低限度是保证种实品质不因贮藏而显著降低发芽率的关键。例如，根据郑光华1962年的报告，榆树种子通常只能保持2~3月；如将种子充分干燥并加氯化钙密封，置于0~5℃条件下贮藏，则在1 421天（近4年）后，发芽率尚达70%。

因此，种子贮藏的关键，是依不同园林树种与品种的不同要求，给予不同种子以最适宜的环境条件，使种子的新陈代谢处于最微弱的程度，即控制其生命活动而又不使其停止生命活动，并设法消除导致种子变质的一切因素，以最大限度地保持种子的生命力。

（三）种子的寿命

种子在一定环境条件下保持生活力的期限称种子的寿命。一般指整批种子生活力显著下降即发芽率降至原来的50%时的期限为种子的寿命，而不以单个种子至死亡的期限计算。

各树种种子在自然条件下保持生命力时期的长短不一，可归纳为以下3类。

1. 天然长寿的种子

寿命为10~100年或更长些，如豆科的刺槐、合欢、中国槐等，种皮致密，气干状态含水量低，用普通干藏法可保持生活力10年以上。法国巴黎博物馆的合欢种子155年还有生活力。

2. 天然中寿种子

寿命为3~10年。多数针叶树如松、云冷杉、落叶松，阔叶树的槭树、水曲柳、椴树等，一般条件下可保持生活力3~5年或更长。

3. 短寿的种子

寿命在3年以内。杨、柳等在室温下生活力0.5~1月完全丧失。

种子的寿命是相对的、可变的。掌握和控制住影响寿命长短的因子，短寿的可延续到中寿，中寿的可延至长寿，反之长寿中寿种子可变为短寿。美国用2~4℃密封保存桦木种子，经8年后仍有30%以上的发芽率。

(四) 影响种子生活力的内在因素

1. 种子生理解剖性质

不同树种种子的生理解剖性质不同，其寿命也不同。一般情况下，含脂肪、蛋白质多的种子寿命要长一些。如松属及豆科种子，因为脂肪、蛋白质在呼吸过程中，转变为可利用状态所需的时间比淀粉长，而且所释放的能量已能满足种子生命活动的要求。这样，在单位时间内，所消耗的物质就比淀粉少，维持种子生命活动的时间较长。此外，如刺槐、皂荚等含脂肪、蛋白质多的种子，其种皮致密，不易透水、透气，也利于种子生活力的保持。它们在一般情况下贮藏几十年还能具有发芽力。含淀粉多的种子寿命较短，如壳斗科树种成熟后其内部仍进行着旺盛的新陈代谢作用，再加上种子内含物少和成熟期在初夏，气温较高等因素，这类种子如不及时做特殊处理，则几个月甚至几周即全部丧失发芽力。

同一树种由于产地不同种子寿命也不同，这是由于树木生长发育的气候、土壤条件不同，使形成的种子在生理解剖构造等方面的性质也产生了差异，因而对贮藏条件的适应性就有所不同，一般产自北方的种子比南方的要长一些。

2. 种子的含水量

含水量高的种子代谢作用加强，呼吸作用剧烈，大量消耗贮藏物质。据测定，种子随含水量的逐渐增加，呼吸作用的强度几乎成倍增加，如桧柏种子含水量从8%增加到13.8%时，呼吸作用强度增加9倍。由于强烈的呼吸作用，放出大量的热能和水分，进一步提高了种子的温度和湿度，更进一步促进了呼吸作用，因而种子就很容易丧失发芽力。如广东林业局以杉木种子做实验测得种子含水量在5.4%时，贮藏后发芽率不变，当含水量为12.9%时，用同样的方法贮藏同样的时间则全部丧失发芽能力。经过充分干燥的种子发芽能力保持得好。少量水分在种子中和蛋白质、淀粉等内含物质处于牢固的结合状态，几乎不参与代谢作用。而且酶在缺少水分的条件下也处于吸附状态，缺乏水解能力。所以，含水量低的种子呼吸作用极其微弱，抵抗外界不良环境的能力强，从而有利于种子的贮藏和生活力的保存。一般种子含水量在4%~14%，其含水量降低1%，种子寿命可增加1倍（经验数字）。

但种子含水量也不是越低越好，过分干燥或脱水过急也会降低某些种子的生活力。如钻天杨的种子含水量在8.74%时，可保存50天，而含水量降低到5.5%时则只能保持35天；壳斗科树木和七叶树、银杏等种子则需较高的含水量才有利于贮藏，如麻栎当含水量低到36.7%时便丧失发芽力，这类种子含水量应保持30%~40%，才适宜进行贮藏。

一般把贮藏时维持种子生活力所必需的含水量称为"种子的标准含水量"。种子在保持标准含水量时最适贮藏，能保持最长时间的生活力。不同树种，其种子的标准含水量也不同（表2-4）。

表2-4 主要园林树木种子标准含水量（%）

树 种	标准含水量	树 种	标准含水量	树 种	标准含水量
油松	7~9	杉木	10~12	白榆	7~8
红皮油松	7~8	椴树	10~12	椿树	9
马尾松	7~10	皂荚	5~6	白蜡	9~13
云南松	9~10	刺槐	7~8	元宝枫	9~11
华北落叶松	11	杜仲	13~14	复叶槭	10
侧柏	8~11	杨树	5~6	麻栎	30~40
柏木	11~12	桦木	8~9		

3. 种子的成熟度

充分成熟的种子含水量低，种皮致密发硬，种子内含物不易渗出，微生物不易寄生，贮藏物质丰富，水分少，呼吸作用微弱。消耗物质少有利于保持种子的寿命，反之则不耐贮藏。

4. 种子的机械损伤度

种子受机械损伤，如擦破种皮，则与外界的接触面积增大，极易使含水量迅速增加，呼吸作用增强。若胚乳暴露在微生物大量生存的场所，便会直接影响种子质量。故机械损伤的种子不利于贮藏。

（五）影响种子生活力的外界条件

1. 温度

一般低恒温1~5℃有利于种子贮藏。温度高，种子呼吸作用加强，消耗了贮藏的营养物质及能量（温度超过60℃则蛋白质凝固变性，酶钝化），使种子容易衰老、变性。试验证明，即使在高湿条件下，如果温度降低，种子寿命也能大大延长。如以空气相对湿度90%为例，贮藏温度为40℃和0℃樟子松、长白落叶松种子，平均寿命由短暂的10天，延至1.5~2年，兴安落叶松种子寿命由7天延至1年。因此，为保存种子的优良品质，国家投资建立低温库是具有重要意义的举措。

国外用液态氮（-196℃）保存种质资源的研究结果表明，其效果的优劣取决于种子含水量。含水量高，水晶大，破坏力强；含水量低，水晶小，有利于生活力的保存。但保存种子绝不是温度越低越好，尤以安全含水量较高的种子不宜贮藏在0℃以下。变温促进种子呼吸，不利于保存。

2. 湿度

种子有较强的吸湿能力，能在相对湿度较高的情况下吸收大量的水分。因此，相对湿度的高低和变化可以改变种子的含水量和生命活动状况，对种子寿命的长短有很大影响。

对一般的树种来说，种子贮藏期以相对湿度较低为宜。相对湿度控制在50%～60%时，有利于多数园林树种种子的贮藏。

3. 通气条件

适宜于干藏的种子。为抑制种子呼吸作用，在含水量较低时尽量少通气（密闭），有利于种子保存。而含水量高的种子，呼吸作用旺盛，空气不流通，氧气供应不足则进行无氧呼吸，产生酒精使种子受害。

无论是有氧还是无氧呼吸，都要释放热能和水分，增加种子的温度。故对含水量高的种子应适当通气、调节温湿度。

4. 生物因子

种子在贮藏过程中常附着大量的真菌和细菌。微生物的大量增殖会使种子变质、霉坏、丧失发芽力。微生物的滋生也需要一定的条件。提高种子纯度，尽量保持种皮完整无损，降低环境的温度和湿度，特别是降低种子的含水量，是控制微生物活动的重要手段。

防止虫害、鼠害也是种子贮藏中需要考虑的问题。

由此可见，影响种子生命力的贮藏条件是多方面的。温度、湿度和通气三项条件之间是相互影响、相互制约的。在不同的情况下，贮藏环境的某些因子都会使种子的状况向着不利于贮藏的方面转化，成为种子腐败的重要原因。但种子的含水量常常是影响贮藏效果的主导因素。因此在贮藏时必须对种子本身的性质及各种环境条件进行综合的分析，采取最适宜的贮藏方法，才能更好地保存种子。

（六）种子贮藏的方法和运输

1. 种子贮藏的方法

依据种子的性质，可将种子的贮藏方法分为"干藏法"和"湿藏法"两大类。

(1) 干藏法

就是将干燥的种子贮藏于干燥的环境中。干藏除要求有适当的干燥环境外，有时也结合低温和密封等条件。凡种子含水量低的均可采用此法贮藏。①普通干藏法。将充分干燥的种子装入麻袋、箱、桶等容器中，再放于凉爽而干燥，相对湿度保持在50%以下的种子室、地窖、仓库或一般室内贮存的方法。多数针叶树和阔叶树种子均可采用此法保存，如侧柏、香柏、柏木、杉木、柳杉、云杉、铁杉、落叶松、落羽杉、水杉、水松、花柏、梓树、紫薇、紫荆、木槿、蜡梅、山梅花等的种子。②低温干藏法。对于一般能干藏的园林树木种子，将贮藏温度降至0~5 ℃，相对湿度维持在50%~60%时，可使种子寿命保持1年以上，但要求种子必须进行充分的干燥。如赤杨、冷杉、小檗、朴、紫荆、白蜡、金缕梅、桧柏、侧柏、落叶松、铁杉、漆树、枫香、花椒、花旗松等的种子，在低温干燥条件下贮存效果良好。为达到低温要求，一般应设有专门的种子贮藏库。③密封干藏法。凡需长期贮存，而用普通干藏和低温干藏仍会失去发芽力的种子，如桉、柳、榆等均可用密封干藏法。采用此法时，将种子放入玻璃瓶等容器中，加盖后用石蜡或火漆封口，置于贮藏室内。容器内可放吸水剂，如氯化钙、生石灰、木炭等。此法可延长种子寿命5~6年，如能结合低温效果更好。

(2) 湿藏法

凡安全含水量大，用干藏法效果不好的树种，如橡、栗、核桃、榛子等种子，贮藏在潮润的环境条件下的方法叫湿藏法。湿藏法又分两种。①坑藏。选择地势较高，排水良好之地挖坑。坑深在地下水位之上，冻层之下。底宽1~1.5 m，坑长随种子量而定。坑底架设木架或铺一层粗沙或石砾。将种沙混合后置于坑内，种沙体积之比为1∶3，含水量约为30%。其上覆以沙土和秸秆等。坑的中央加一束秸秆以便空气流通。贮藏期间，用增加和减少坑上的覆盖物来控制坑内温度，如橡实以0~3 ℃为宜。②堆藏法。室内及室外都可堆藏。选平坦而干燥的空地，打扫干净，一层沙、一层种或种沙混合后堆于其上。堆中放一束草把以便通气。堆至适当高度后覆以一层沙。室外堆藏时，要注意防雨。室内堆藏时，要选阳光不直射的或温度可调节之室。

种子湿藏和混沙催芽颇为相似，但湿藏是保存种子的生活力，催芽是做好发芽的准备，二者的目的不同。一般湿藏的湿度较小，足以维持种子生命不致死即可。而催芽则尽可能给予较充足的水分，以便促进种子内部的物质转化和消除抑制剂。一般催芽的种子沙含水量以50%~60%为宜。湿藏的湿度要小些。湿藏的温度不能太高，否则易引起发芽或霉烂；温度低则引起冻伤。混沙催芽的温度也近似湿藏温度，但催芽可以高温也可以变温，如红松种子的混沙催芽。

(3) 水藏法

某些水生花卉的种子，如睡莲、王莲等必须贮藏在水中才能保持其发芽力。也有在水底淤泥、腐草少，水流缓慢又不冻结的溪涧或河流中流水贮藏的。

2. 种子的运输

运输种子实质上是在经常变化的环境中贮藏种子，环境条件难以控制，因此更应遵守贮藏的基本原则。应当妥善保管、包装、防止种子受到暴晒、雨淋、受潮、受冻、受压。运输应当尽量缩短时间。运输途中应当经常检查。抵达目的地以后，要及时将种子贮藏在适宜的环境中。

四、园林植物种子（实）的品质检验

种子品质包括遗传品质和播种品质两方面。遗传品质是种子的基本品质，但优良的遗传品质只有通过优良的播种品质才能实现。通过种子播种品质的检验，可以判断种子的使用价值，做到合理用种。

(一) 种子检验的几个概念

1. 种批

同一树种，产地的立地条件、母树性状等大体一致，其种子可以作为一个单位接受同一次检验、调运、贮藏。这样的同一批种子称种批。

通常根据种粒大小划分种批限额。特大粒种子，如核桃、板栗、麻栎、油桐等为10 000 kg；大粒种子，如油茶、苦楝等为5 000 kg；中粒种子，如红松、华山松、樟树、沙枣等为3 500 kg；小粒种子，如油松、落叶松、杉木、刺槐等为1 000 kg；特小粒种子，如桉、桑、泡桐、木麻黄等为250 kg。重量超过规定5%时需另划种批。但在园林生产上，种批的概念要小得多，一般从不同颜色、不同高度、不同花期的同种植株上收集的种子，都可作为不同的种批进行检验、调制、贮藏。

2. 初次样品

从种批的一个抽样点上取出的少量样品。

3. 混合样品

从一个种批中抽取的全部大体等量的初次样品合并混合而成的样品。混合样品一般不少于送检样品的 10 倍；若批量小，混合样品至少等于送检样品。

4. 送检样品

按照 GB 2772—1999 中规定的方法和要求的重量，从混合样品中分取一部分供做检验用的种子。净度送检样品的重量至少应为净度测定样品重量的 2~3 倍；含水量测定的送检样品，最低重量为 50 g，需要切片的种类为 100 g。

5. 测定样品

从送检样品中分取，供作某项品质测定用的样品。

（二）样品的抽样

1. 抽样要求

种子检验结果是否正确，取决于样品的代表性和检验的准确性，两者缺一不可，因此抽样是种子品质检验的第一重要步骤。要求按照一定程序，取得一个数量适当的，其中含有与种批相同的各种成分和比例的样品，使之能如实地代表该批种子。一批种子实际上是由不同成分组成的混合物，其中包括大小、轻重不同的种子及各种夹杂物等。由于种子群体存在着这种不整齐性和自然分级现象，各种成分颗粒不可能按比例均匀分布于种子堆中。因此，为了使抽检的样品具有最大的代表性，决不可任意从某一点抽取或掺杂人为挑选的因素，而必须按照一定程序，掌握正确的取样技术，严格遵守取样的有关规定。抽样人员要在种子送检申请表上签字，对所抽取的样品负责。

2. 抽样程序

抽样前，应先了解种子来源、产地、采种时间、加工调制、贮存、运输情况及堆放状况，从中分析出抽样时应注意的问题，为划分种批和抽样做好准备。

然后，仔细察看一个种批各容器或各不同部分间，种子品种是否一致，若有显著差别，应另划种批，或者重新混合均匀后再抽样。

正确的抽样程序分两个阶段。第一个阶段是从一个种批中抽取若干初次样品，充分混合后形成混合样品。第二个阶段是从混合样品中按规定重量分取送检样品，种子检验单位再从送检样品中用一定方法分取一定重量的测定样品。抽取初次样品的部位应全面均匀地分布，每个取样点所抽取的样品数量应基本一致。

3. 抽样强度

袋装（或大小一致、容量相近的其他容器盛装）的种批，下列抽样强度应视为最低要求：5 袋以下每袋都抽，且至少取 5 个初次样品。6~30 袋的抽 5 袋，或者每 3 袋抽取 1 袋。这两种抽样强度中以数量大的一个为准。31~400 袋的抽 10 袋，或者每 5 袋抽取 1 袋。这两种抽样强度中以数量大的一个为准。401 袋以上的抽 80 袋，或者每 7 袋抽取 1 袋。这两种抽样强度中以数量大的一个为准。

从其他类型的容器，或者从倾卸装入容器时的流动种子中抽取样品时，所列抽样强度应视为最低要求（表 2-5）。

表 2-5 抽样强度

种批量	应当抽取的初次样品数
500 kg 以下	至少 5 个初次样品
501~3 000 kg	每 300 kg 一个初次样品，但不少于 5 个初次样品
3 001~20 000 kg	每 500 kg 一个初次样品，但不少于 10 个初次样品
20 000 kg 以上	每 700 kg 一个初次样品，但不少于 40 个初次样品

4. 分样方法

从混合样品中分取送检样品及从送检样品中分取测定样品，可用四分法和分样器法。

（三）送检样品的发送

送检样品用木箱、布袋等容器密封包装。加工时种翅不易脱落的种子，需用木箱等硬质容器盛装，以免因种翅脱落增加夹杂物的比例。供含水量测定的和经过干燥含水量很低的送检样品要装在可以密封的防潮容器内，并尽量排出容器中的空气。种子健康状况测定用的送检样品应装在玻璃瓶或塑料瓶内。

送检样品必须填写两份标签，注明树种、检验申请表编号和种批号，一份放入袋内，另一份挂在袋外。送检样要尽快连同检验申请表寄送种子检验机构。

（四）种子品质检验

1. 净度测定

测定样品中纯净种子重量占测定样品各成分重量总和的百分数。净度是种子播种品质的重要指标，种子净度越高，品质越好，越耐贮藏。净度还是确定播种量的重要依据。

净度测定样品的多少可参照 GB 2772—1999 中规定的样品重量。

检验时将送检样品平摊在种子检验板上，用四分法取出大致符合要求的一个测定样品（一个全样品），或者至少是这个重量一半的两个各自独立分取的测定样品（两个半样品），必要时也可以是两个全样品，称重，然后仔细将纯净种子、其他植物种子和夹杂物分开，分别称重，按下式计算：

$$种子净度(\%) = \frac{纯净种子重}{纯净种子重 + 其他种子重 + 夹杂物重} \times 100$$

净度分析中各个成分应计算到两位小数，在质量检验证书上填写时按 GB/T 8170 精确到一位小数。

净度分析的详细过程请见实验实训部分。

2. 重量测定

种子重量通常是指气干状态下 1 000 粒纯净种子的重量，以克为单位，称为千粒重。千粒重反映种子大小和饱满程度，同一树种的种子，千粒重越大，种子越饱满。千粒重是播种量的重要依据。

千粒重是在净度检验之后，在纯净种子中，用手或数粒器，随机数取 8 个重复，每个重复 100 粒，各重复分别称重（g），再按公式计算出 1 000 粒种子的重量。

重量测定的详细过程，请见实验实训部分。

3. 发芽测定

室内测定种子发芽，是指幼苗出现并生长到某个阶段，其基本状况表明它是否能在正常的田间条件下进一步长成一株合格苗木。种子发芽能力是种子播种品质最重要的指标，只有测定了种子的发芽能力，才能正确判断一个种批的价值。

（1）测定条件

测定条件包括水、气、温、光。①水。水分是发芽的最初动力。种子水分吸水称吸胀，启动种子内部的生理活动。发芽始终要有充足的水分。发芽床的用水不应含有杂质，水的 pH 值应在 6.0～7.5。如果当地的水质不符合要求，可以使用蒸馏水或去离子水。②通气。种子由相对静止状态转入发芽，呼吸强度大大增加，需要源源不断地供给氧气，同时要排出呼吸作用产生的二氧化碳。所以，置床的种子要保持通气良好。③温度。发芽还需要适宜的温度。适宜的温度范围随树种而异。GB 2772—1999中规定的温度一般为20～30 ℃，多为25 ℃；对近1/3的树种还规定变温发芽，变温范围为20～30 ℃，每24 h内，高温8 h，低温16 h，温度转换在3 h内逐渐完成。④光。很多实验表明，植物种子在光照条件下发芽顺利，除非确已证实某个树种的发芽会受到光抑制，否则发芽测定中的每24 h都应给予8 h光照。发芽实验所用的光是不含或极少含远红光的冷白色荧光，光照强度为750～1 250 Lx。对于变温发芽的植物，是在给予高温的那个8 h内提供光照。

（2）发芽测定的准备工作

准备工作包括：①提取测定样品。从净度分析后所得的，经过充分混拌的纯净种子中按照随机原则提取。共取4个100粒，即为4次重复。特小粒种子可用称量发芽法测定，以0.1～1 g为一次重复。②发芽床和发芽设备。发芽床可分纸床、沙床和土床。小粒种子一般用纸床。纸床用滤纸、纱布、脱脂棉，种子排放在床面；中、大粒种子用沙床，作床的沙应当颗粒均匀一致，直径为0.05～0.8 mm，必须无菌无毒，不含任何种子；土床只有在纸床、沙床上发芽的幼苗出现植物毒性症状时才可以使用。发芽设备常用的有发芽盒、直立板发芽盒、发芽箱等。③种子预处理。对测定样品预处理是解除其休眠。一般的种子，可用始温45 ℃水浸种24 h；种皮坚硬、致密的豆科植物种子可用始温80～100 ℃水浸种24 h；长期休眠的种子可用层积催芽法；种皮坚硬的种子可用酸蚀法（浓H_2SO_4）；种皮具有蜡质、油质的种子，可用1%的碱水溶液浸种后脱蜡去脂。无论采用哪种方法进行预处理均应在检验证中注明。为了预防因真菌感染干扰试验结果，试验用的种子必须进行灭菌处理。

（3）置床与管理和观察记载

置床 将经过灭菌及浸种的种子有规则地排放在发芽床上称置床。置床时，种粒之间应保持一定距离，避免病菌蔓延，也便于点数。每个发芽床上贴上标签，注明送检样品号、重复号及置床日期等。

管理 经常检查测定样品及其水分、通气、温度、光照条件。轻微发霉的种粒可以拣出用清水冲洗后放回原处。发霉种粒较多的要及时更换发芽床或发芽容器。

观察记载 发芽情况要定期观察记载。间隔时间由检验机构根据树种和样品情况自行确定，但初次计数和末次计数必须有记载。记载时拣出正常幼苗。不正常幼苗中严重腐坏的幼苗应拣出，其他缺陷的不正常幼苗则应保留在发芽床上直至末次计数。

幼苗基本结构因植物而不同,由根系、胚轴、子叶、初生叶、顶芽以及禾本科、棕榈科的芽鞘等组成。正常幼苗是具备该植物幼苗基本结构,能在土质良好、适宜的环境条件下继续生长成为合格苗木的幼苗。如完整幼苗、带轻微缺陷的幼苗、受到次生性感染的幼苗等。不正常幼苗不具备该植物幼苗基本结构,在土质良好、适宜的环境条件下不能长成合格苗木的幼苗。如损伤苗、畸形苗或不匀称苗、腐坏苗等。

(4) 测定的持续时间

发芽测定的天数自置床之日算起,不包括预处理的时间。各树种发芽测定的持续时间执行 GB 2772—1999 中的规定。如果测定样品在规定的时间里发芽的种粒不多,可以适当延长测定时间。延长的时间最多不应超过规定时间的 1/2。

测定结束后,分别将各次重复的未发芽粒逐一切开,统计新鲜粒、死亡粒、硬粒、空粒、无胚粒、涩粒、虫害粒。

(5) 发芽率的计算

发芽率是指在规定的条件和时间内生成正常幼苗的种子粒数占供检种子总数的百分比。计算公式如下:

$$发芽率 = \frac{n}{N} \times 100\%$$

式中:n——生成正常幼苗的种子粒数;

N——供检种子总数。

称量发芽法的结果用每克样品中生成正常幼苗的种子粒数表示,单位为株/g。

误差检验见实验实训部分。

4. 生活力测定

当需要迅速判断种子的品质,对休眠期长和难于进行发芽试验或是因条件限制不能进行发芽试验的则可采用生活力测定。种子潜在的发芽能力称为种子的生活力。生活力用有生活力的种子数占供试种子数的百分率表示。目前常用的生活力测定方法是染色法,即根据不同的染色原理和种子染色部位确定种子是否具有生活力。

(1) 四唑染色法

常用的四唑是 2,3,5-三苯基氯化(或溴化)四氮唑。其染色原理是,种子的活细胞中有脱氢酶存在,而死细胞中没有脱氢酶,种子浸入无色四唑水溶液，在种胚的活组织中被脱氢酶还原成稳定的、不溶于水的红色物质甲月替。而种胚的死组织中则无此种反应。其反应式为：

$$\underset{\substack{\text{2,3,5-三苯基氯化四氮唑}\\ \text{（无色）}}}{\underset{\substack{|\\ \text{Cl}}}{\underset{\text{N}=\text{N}^+-\text{C}_6\text{H}_5}{\text{C}_6\text{H}_5-\text{C}\underset{}{\overset{\text{N}-\text{N}-\text{C}_6\text{H}_5}{\diagup\diagdown}}}}} \xrightarrow[\text{脱氢酶}]{2[\text{H}]} \underset{\substack{\text{2,3,5-三苯基甲月替}\\ \text{（红色）}}}{\text{C}_6\text{H}_5-\text{C}\underset{\text{N}=\text{N}-\text{C}_6\text{H}_5}{\overset{\text{N}-\text{N}-\text{C}_6\text{H}_5}{\diagup\diagdown}}} + \text{HCl}$$

染色法的操作要求，染色时间，染色溶液的配制，结果鉴定，见实验实训部分。

(2) 靛蓝染色法

靛蓝为蓝色粉末，分子式为 $C_{16}H_8N_2O_2(SO_3)_2Na_2$，是一种苯胺染料，能透过死细胞组织使其染上颜色。染上颜色的种子是无生活力的。因此，根据染色的部位和比例大小能判断种子有无生活力。

5. 含水量测定

种子含水量是指测定样品中种子所含水分的重量占样品原始重量的百分率。测定含水量的目的，是为妥善贮藏和调运种子时控制种子适宜含水量提供依据。

含水量测定常用低恒温烘干法，即将装有种子的样品盒放入已经保持在 103 ± 2 ℃ 的烘箱中烘 17 ± 1 h。也可用高恒温烘干法，烘箱温度保持在 $130\sim133$ ℃，烘干时间为 $1\sim4$ h。

含水类的计算公式为：

$$含水量 = \frac{M_2-M_3}{M_2-M_1} \times 100\%$$

式中：M_1——样品盒和盖的重量（g）；

M_2——样品盒和盖及样品的烘前重量（g）；

M_3——样品盒和盖及样品的烘后重量（g）。

含水量高于17%的种子，可用二次烘干法，将装有种子的样品盒放在70℃的烘箱中预烘 $2\sim5$ h，取出后放在干燥器内冷却，称重；再将预烘过的种子切片，称取测定样品，用低恒温烘干法或高恒温烘干法测定含水量。然后，由两次结果计算含水量。

$$含水量（\%）= S_1 + S_2 - \frac{S_1 \times S_2}{100}$$

式中：S_1——第一次（预先烘干）测定的含水量百分数；

S_2——第二次（恒温烘干）测定的含水量百分数。

含水量测定的详细过程，见实验实训部分。

6. X线检验

X线摄影检验的目的是，以X线图像可见的形态特征为依据，为区分饱满种子、空瘪种子、虫害种子和机械损伤的种子提供一种无损的快速检测方法。检测程序为：①从纯净种子中随机提取100粒为一组，4个重复。②将种子均匀地排放在胶片或相纸上面。③在胶片或相纸上摆放铅字或不透X线的其他标记物，以便区分样品。④曝光。⑤冲洗胶片或相纸。⑥图像判读。饱满粒是具有发芽所需的各种基本组织的种子；空粒是所含种子组织小于50%的种子；虫害粒是内含成虫、幼虫、虫粪或有其他迹象表明遭受过虫害足以影响种子发芽能力的种子；机械损伤粒是皮壳开裂或破损的饱满粒。检测结果以饱满粒、空粒、虫害粒和机械损伤粒的百分率表示，并在质量检验证书"备注"栏填写。

第四节 园林植物的播种育苗

本节主要讲述园林植物播种育苗前的土壤准备和种子准备工作、播种操作技术及播种后的苗床管理要点。

一、播种前的准备

（一）土壤准备

1. 整地

整地可以有效地改善土壤中水、肥、气、热的关系，消灭杂草和病虫害，同时结合施肥，为种子的萌发和根系生长提供良好的环境。

(1) 清理圃地

耕作前要清除圃地上的树枝、杂草等杂物，填平起苗后的坑穴，使耕作区达到基本平整，为翻耕打好基础。

(2) 浅耕灭茬

浅耕灭茬是耕地前的一项表土耕作措施，实际上是以消灭农作物、绿肥、杂草茬口，疏松表土，减少耕地阻力为目的的表土耕作。浅耕深度一般为 5~10 cm。

(3) 耕翻土壤

耕翻土壤是整地中最主要的环节。耕地多在春、秋两季进行。北方一般在秋季浅耕灭茬后半月内进行。在秋季，早春风蚀严重的地方，可进行春耕。春耕常在土壤解冻后立即进行。南方冬季土壤不冻结，可在冬季或早春耕作。耕地的具体时间应视土壤含水量而定。耕地的深度应考虑育苗要求和苗圃条件，播种苗区一般在 20~25 cm，扦插苗区为 25~35 cm。耕地过浅，不利于苗木根系伸长及土壤改良；耕地过深，易破坏土壤结构，也不利于起苗。

(4) 耙地

耙地是在耕地后进行的表土耕作措施。耙地的目的是耙碎土块、混合肥料、平整土地、清除杂草、保蓄土壤水分。耙地一般在耕地后立即进行，但有时为了改良土壤和增加冬季积雪，也可以早春耙地。

(5) 镇压

镇压是在耙地后或播种前后进行的一项整地措施。镇压的作用是破碎土块、压实松土层、促进耕作层毛细管作用等。镇压主要适用于土壤孔隙度大、盐碱地、早春风大地区及小粒种子育苗等。黏重的土地或土壤含水量较大时，一般不镇压，否则造成土壤板结，影响出苗。

2. 作床

为给种子发芽和幼苗生长发育创造良好的条件，便于经营管理，需在整地施肥的基础上，按育苗的不同要求，把育苗地作成育苗床（畦）或垄。

(1) 苗床育苗

苗床育苗的作床时间应在播种前 1~2 周进行。作床前应先选定基线，量好床宽及步道宽，钉桩拉绳作床，要求床面平整。一般苗床宽 100~150 cm，步道宽 30~40 cm，长度不限，以方便管理为度。苗床走向以南北向为宜。在坡地应使苗床长边与等高线平行。一般分为高床和低床两种形式（图 2-1）。

高床　床面高出步道 15~20 cm，床面宽 100 cm，步道一般宽约 40 cm。

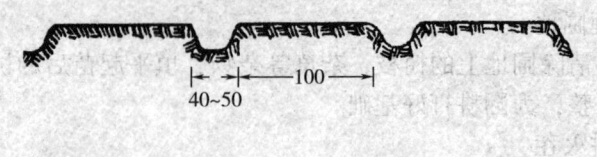

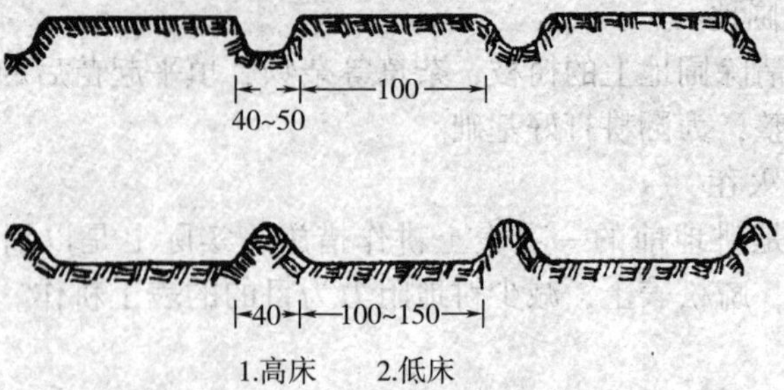

图 2-1 苗床形式（单位：cm）
1. 高床；2. 低床

高床有利于侧方灌溉与排水。一般用在降雨较多、低洼积水或土壤黏重的地区。

低床　床面低于步道 15~20 cm，床面宽 100~150 cm，步道宽 40 cm。低床有利于灌溉，保墒性能好。一般用在降雨较少、无积水的地区。

(2) 大田育苗

大田育苗分为垄作和平作。

垄作在平整好的圃地上按一定距离、一定规格堆土成垄，一般垄高 20~30 cm，垄面宽 30~40 cm，垄底宽 60~80 cm，南北走向为宜。垄作便于机械化作业，适应于培育管理粗放的苗木。南方湿润地匹宜用窄垄。

平作不做床不做垄，整地后直接进行育苗的方式。平作适用于多行式带播，也有利于育苗操作机械化。

(3) 设施容器育苗

为了提高细小粒种子或较珍贵种子的出苗率，生产中常采用在温室等保护设施内进行容器育苗。可用敞口的播种瓦盆、木箱、塑料周转箱、各种规格育苗穴盘，填装特别配制的育苗基质，在人为控制的环境条件下进行集约化育苗生产。现代种苗生产中，已经使用播种育苗生产线，实现育苗工厂化。

3. 土壤消毒

苗圃地的土壤消毒是一项重要工作。生产上常用药物处理和高温处理消毒。

(1) 药物处理

常用药物有：①甲醛。用量为 50 ml/m^2，稀释 100~200 倍，于播种前

10~20天喷洒在苗床上，用塑料薄膜覆盖严密，播前1周掀开薄膜，并多次翻地，加强通风，待甲醛气味全部消失后播种。硫酸亚铁，可配成2%~3%的溶液喷洒于播种床，每亩（667 m²）用量15~20 kg。亦可在播种前灌底水时溶于蓄水池中，也可与基肥混拌使用或制成药土使用。②必速灭。一种新型广谱土壤消毒剂。微粒型颗粒剂。外观灰白色，有轻微刺激味。在土壤含水量为最大持水量的60%~70%，土壤温度10 ℃以上时，施用效果最好。将待消毒的土壤或基质整碎整平，撒上必速灭颗粒，每20 m²用量300 g，浇透水后覆盖薄膜。3~6天后揭膜，再等待3~10天，并翻动2~3次。消毒完的土壤或基质，其效果可维持连续几茬。

此外，还可用辛硫磷等制成药土预防地下害虫；用三氯硝基甲烷和溴化甲醇注射杀灭线虫、昆虫、杂草种子及其他有害真菌，效果显著。

（2）高温处理

常用的高温处理方法有蒸汽消毒和火烧消毒两种。温室土壤消毒可用带孔铁管埋入土中30 cm深，通入蒸汽，土壤需潮润而不过湿，一般认为以82 ℃维持30 min，可杀死绝大部分细菌、真菌、线虫、昆虫以及大部分杂草种子。蒸汽消毒应避免温度过高，否则可使土壤有机物分解，释放出过多的氨和亚硝酸盐及锰等毒害植物。生产上有人采用较低的温度，如60 ℃维持30 min却更为有用，因为这样既可杀死病原体，同时又可留下具有拮抗作用的有益微生物。

对于少量的基质或土壤，可以放入蒸锅内蒸2 h进行消毒，或放在铁板、铁锅内，用火烧烤。30 cm厚的土层，90 ℃维持6 h可达消毒目的。在柴草方便的地方，可用柴草在苗床上堆烧，既消毒土壤，又可增加土壤肥力。

国外有用火焰土壤消毒机对土壤进行喷焰加热处理，可同时消灭土壤中的病虫害和杂草种子。

（二）种子准备

种子准备的目的是科学估算播种量，促进种子发芽迅速、整齐。不同园林植物种子有不同的处理方法。

1. 播种量

播种前首先应确定播种量。播种量影响株距密度，对直播影响更大。如果植株密度太小，产量减少；密度过大，或间苗造成浪费，或降低植株大小和质量。播种量的计算公式为：

$$播种量（g/单位面积）=\frac{单位面积植株数种子发芽率}{每克种子数×种子净度}$$

确定播种量时，力求用最少的种子，生产出最多的苗木。以上公式计算的是最低限度的播种数量，因此还应把苗床预期的损失计算在内。在实际生产中播种量应考虑土壤质地板结、气候冷暖、雨量多少、病虫灾害、种子大小、直播或育苗、播种方式、耕作水平、种子价格等情况，比计算出的播种量要高。目前，国内外采用设施容器育苗，环境条件及管理措施都比较有别于种子萌芽与幼苗生长，有些已实现工厂化生产，可以大大节省种子。

2. 催芽

（1）水浸催芽

多数园林植物种子用水浸泡后会吸水膨胀，种皮变软，打破休眠，提早发芽，缩短发芽时间。在较高温的水中还可杀死种子的部分病原菌。

浸种的水温和时间因树种而异。种粒小且种皮软薄的种子浸种水温较低，种皮厚且致密坚硬的种子浸种水温较高，甚至高达100℃。一般树种浸种水温30~50℃，浸种时间24 h左右。部分园林植物种子的浸种水温和时间见表2-6。

表2-6　部分园林植物种子浸种水温及时间

树　　种	浸种水温（℃）	浸种时间（h）
杨、柳、榆、梓、锦带花	5~20	12
悬铃木、桑树、臭椿、泡桐	30	24
赤松、油松、黑松、侧柏、杉木、仙客来、文竹	40~50	24~48
枫杨、苦楝、君迁子、元宝枫、国槐、君子兰	60	24~72
刺槐、紫荆、合欢、皂荚、相思树、紫藤	70~90	24~48

浸种时，根据种子特点先确定水温，将5~10倍于种子体积的温水或热水倒在盛种容器中，不断搅拌，使种子均匀受热，自然冷却。浸种过程中，一般12~24 h换水一次。坚实种子可如此反复几次直至种皮吸胀。

部分园林植物种子浸种后可直接播种，但还有一些园林植物种子浸种后需要继续放在温暖处催芽。方法是：捞出水浸后的种子，放在无釉泥盆中，用湿润的纱布覆盖，放置温暖处继续催芽，注意每天淋水或淘洗2~3次；或将浸种后的种子与3倍于种子的湿沙混合，覆盖保湿，置温暖处催芽。这两种方法催芽时应注意温度（25℃）、湿度和通气状况。当1/3种子"咧嘴露白"时即可播种。

(2) 层积催芽

把种子与湿润物（沙子、泥炭、蛭石等）混合或分层放置，通过较长时间的冷湿处理，促使其达到发芽程度的方法，称为层积催芽。这种方法能解除种子休眠，促进种子内含物质的变化，帮助种子完成后熟过程，对于长期休眠的种子，出苗效果极其显著，在生产中广泛应用。

层积催芽技术类似种子沙藏法，可以是露天埋藏、室内堆藏、窖藏，或在冷库、冰箱中进行。采用层积催芽时，把种子与其体积2～3倍的湿润基质混合起来，或分层堆放。适合的容器可以是箱子、瓦罐、玻璃瓶（有带孔的盖）或其他容器。杀菌剂可以加入基质中以保护种子。使用的基质可用沙子、泥炭、蛭石、碎水苔等，但以湿润而不太湿，用力一挤能够挤出水来为好。

层积催芽时，如果是干种子应水浸12～24 h，排干，与基质混合，然后贮藏所需的时间。贮藏温度在0～10 ℃。其间，应定期检查，如果干燥，基质需再湿润。大多数种子需要1～4个月的低温湿藏。一些种子在贮藏中后熟末期可能开始发芽，这时应将种子从容器中与基质移开，进行播种。如果播种前种子尚未萌动，可将种子取出，置于温暖（一般15～25 ℃）处催芽，待有部分种子"咧嘴"时再播种。常用园林树种种子层积催芽天数见表2-7。

表2-7　常用园林树种种子层积催芽天数

树　种	催芽天数（天）	树　种	催芽天数（天）
银杏、栾树、毛白杨	100～120	山楂、山樱桃	200～240
白蜡、复叶槭、君迁子	20～90	桧柏	180～200
杜梨、女贞、榉树	50～60	椴树、水田柳、红松	150～180
杜仲、元宝枫	40	山荆子、海棠、花椒	60～90
黑松、落叶松、湖北海棠	30～40	山桃、山杏	80

(3) 变温催芽

在生产中，对于亟待播种而来不及采取层积催芽的，常可采用变温催芽。变温对种子发芽过程能起加速作用，又称快速催芽法。

将浸好的种子与2～3倍湿沙混拌均匀，装盘20～30 cm厚，置于调温室内，保持在30～50 ℃进行高温处理，此时种、沙温度在20～30 ℃或以上。每隔6 h翻倒1次，注意喷水保湿，约经过30天左右，有50%以上的种子胚芽变淡黄色时，即可转入低温处理。低温处理时，种、沙温度控制在0~5℃，湿度在60%左右，每天翻动2~3次，经过10天左右，再移到室外背风向阳处进行日晒，每天注意翻倒、保湿，夜间用草帘覆盖。约经5~6天，种胚由淡黄色变为黄绿色，有大部分种子开始咧嘴，即可播种。

（4）机械破皮催芽

通过机械擦伤种皮，增强种皮的透性，促进种子吸水萌发。在砂纸上磨种子，用锉刀锉种子，用铁锤砸种子，或用老虎钳夹开种皮都是适用于少量的大粒种子的简单方法。小粒种子可用3~4倍的沙子混合后轻捣轻碾。进行破皮时不应使种子受到损伤。

机械损伤催芽方法主要用于种皮厚而坚硬的种子，如山楂、紫穗槐、油橄榄、厚朴、铅笔柏、银杏、美人蕉、荷花等。

（5）药物催芽

用化学药剂或激素处理种子，可以改善种皮的透性，促进种子内部生理变化，如酶的活动、养分的转化、胚的呼吸作用等，从而促进种子发芽。在生产上常用的有硫酸、溴化钾、对苯二酚、赤霉素、萘乙酸、吲哚乙酸、吲哚丁酸、2，4-D等。

用98%浓硫酸浸种皮坚硬的种子，如豆科类5 min，松类、皂荚30 min，漆树种子60 min，浸种后取出用清水冲洗，再放入冷水浸泡两天后，种皮软化膨胀，待露出胚芽，即可播种。用赤霉素发酵液（稀释5倍）处理，浸种24 h，对臭椿、白蜡、刺槐、乌桕、大叶桉等种子，都有较显著的效果，不仅提高了出苗率，而且显著提高了幼苗生长势。利用植物激素浸种时，一定要掌握适宜浓度和浸种时间。浓度过低，效果不明显；浓度过高对种子发芽有抑制作用。

对种皮具有蜡质的种子如乌桕，可用1%的碱溶液或洗衣粉溶液或草木灰溶液浸种除去蜡质。

3. 种子消毒

种子发芽前后防除病害是播种育苗中重要的工作之一。前文已提过土壤消毒，为防止苗木猝倒病，还常采用以下方法进行种子消毒。①甲醛。在播种前1~2天，将种子放入0.15%的甲醛溶液中，浸15~30 min，取出后密闭2 h，用清水冲洗后阴干再播种。②高锰酸钾。用0.5%的高锰酸钾溶液浸种2 h，用清水冲洗后阴干。③次氯酸钙（漂白粉）。用10 g的漂白粉加140 ml的水，振荡10 min后过滤。过滤液（含有2%的次氯酸）直接用于浸种或稀释1倍处理。浸种消毒时间因种子而异，通常在5~35 min。④硫酸亚铁。用0.5%~1%的溶液浸种2 h，用清水冲洗后阴干。⑤硫酸铜。用0.3%~1%的溶液浸种4~6 h，阴干后播种。⑥退菌特。将80%的退菌特稀释800倍，浸种15 min。⑦敌克松。用种子质量0.2%~0.5%的药粉配成药土，然后用药土拌种。

除了上述土壤和种子准备外，播种前还应做好各种工具、用品、机械的调试维修和人员培训及计划安排等工作，使播种工作有条不紊地进行。

二、播种

（一）播种时期

适时播种是培育壮苗、使苗木速生丰产的重要措施之一。播种时期适宜，可使种子顺利发芽并获得相对较长的生长季节，使生产的苗木健壮，抗逆性增强。种子发芽需要适宜的温度、充足的水分和足够的氧气。对于自然气候条件下播种，受温度的影响最大。在我国南方，由于气候四季温暖湿润，全年均可播种。在北方地区，由于冬季寒冷干燥，播种时期受到一定限制。如果在控温温室内进行播种，以后幼苗也栽植于控制温室内，那么随时都可以进行播种了；另外，为了实际生产需要或进行促抑栽培，其播种时期更是发生巨大差别。因此，园林植物的播种时期主要根据其生物学特性和当地气候条件，以及应用的目的和时间来确定。下面就露地栽培，根据播种季节，将播种时期分为春播、秋播、夏播和冬播。

1. 春播

春季是主要的播种季节，适合于绝大多数园林植物种子播种。春播的早晚，以在幼苗不受晚霜危害的前提下，越早越好。近年来，各地区采用塑料薄膜育苗和施用土壤增温剂，可以提早至土壤解冻后立即进行播种。

2. 秋播

秋季也是重要的播种季节，适合于种皮坚硬的大粒种子和休眠期长、发芽困难的种子。秋播后，种子可在自然条件下完成催芽过程，翌春发芽早，出苗整齐，苗木发育期延长，抗逆性增强。秋播要以当年种子不发芽为原则，以防幼苗越冬遭受冻害。一般在土壤结冻以前越晚播种越好。适合秋播的树种有板栗、山杏、油茶、文冠果、白蜡、红松、山桃等。

3. 夏播

夏播主要适宜于春、夏成熟而又不宜贮藏的种子或生活力较差的种子。一般随采随播，如杨、柳、榆、桑等。夏播宜早不宜迟，以保证苗木在越冬前能充分木质化。夏播应于雨后或灌溉后播种，并采取遮阳等降温保湿措施，以保持幼苗出土前后始终土壤湿润。

4. 冬播

冬播是秋播的延续和春播的提前。冬季气候温暖湿润、土壤不冻结、雨量较充沛的地方可以冬播。

值得一提的是，我国各地气温不一样，适宜播种的具体时间也有差别。例如，对于一年生草花，一般北方在4月上中旬播种，而南方春天温度回升早，播种期可比北方提前约1个月；而对于二年生草花，南方约在9月下旬开始播种，北方则可在8月底开始。

（二）播种方法

播种方式大概可分为田间播种、容器播种和设施播种（又可分为设施苗床播种和设施容器播种）3种。

1. 田间播种

田间播种是将种子直接播于床（畦、垄）上，通常绝大多数园林植物种子或大规模粗放栽培均可用此方式。

（1）播种方法

撒播 撒播是将种子均匀地播撒在苗床上的播种方法。撒播主要用于小粒种子，如杨、柳、桑、泡桐、悬铃木等的播种。撒播播种速度快，产苗量高，土地利用充分，但幼苗分布不均匀，通风透光条件差，抚育管理不方便。

条播 条播是按一定株行距开沟，然后将种子均匀地播撒在沟内的播种方法。条播主要用于中小粒种，如紫荆、合欢、国槐、五角枫、刺槐等植物种子的播种。当前，生产上多采用宽幅条播的方法。条播幅宽10~15 cm，行距10~25 cm。条播用种少，幼苗通风透光条件好，生长健壮，管理方便，利于起苗，可机械化作业。

点播 点播是按一定株行距挖穴播种或按一定行距开沟，再按一定株距播种的方法。点播主要适用于大粒种子或种球，如板栗、核桃、银杏、香雪兰、唐菖蒲等植物种子的播种。点播时要注意种子的摆法，使子叶伸出的部位向上或向两侧，以便子叶顺利出土。点播用种量少，株行距大，通风透光好，便于管理。

（2）播种工序

播种 播种前将种子按亩或按床的用量进行等量分开，用手工或播种机进行播种。撒播时，为使播种均匀，可分数次播种，要近地面操作，以免种子被风吹走；若种粒很小，可提前用细沙或细土与种子混合后再播。条播或点播时，要先在苗床上拉线开沟或划行，开沟的深度根据土壤性质和种子大小而定，开沟后应立即播种，以免风吹日晒土壤干燥。播种前，还应考虑土壤湿润状况，确定是否提前灌溉。

覆土 播种后应立即覆土。覆土厚度需视种粒大小、土质、气候而定，一般覆土深度为种子直径的2~3倍，极小粒种子覆土厚度以不见种子为度，小粒种子厚度为0.5~1 cm，中粒种子1~3 cm，大粒种子3~5 cm。黏质土壤保水性好，宜浅播；沙质土壤保水性差，宜深播。潮湿多雨季节宜浅播，干旱季节宜深播。春夏播种覆土宜薄，北方秋季播种覆土宜厚。一般苗圃地土壤较疏松的可用床土覆盖，而土壤较黏重的，多用细沙土覆盖，或者用腐殖质土、木屑、火烧土等。要求覆土均匀。

镇压 播种覆土后应及时镇压，将床面压实，使种子与土壤紧密结合，便于种子从土壤中吸收水分而发芽。对疏松干燥的土壤进行镇压显得更为重要。若土壤为黏重或潮湿，不宜镇压。在播种小粒种子时，有时可先将床面镇压一下再播种、覆土。

覆盖 镇压后，用草帘、薄膜等覆盖在床面上，以提高地温，保持土壤水分，促使种子发芽。覆盖要注意厚度，并在幼苗大部分出土后及时分批撤除。一些幼苗，撤除覆盖后应及时遮阳。

2. 容器播种

容器播种是将种子播于浅木箱、花盆、育苗钵、育苗块、育苗盘等容器中，尤其在花卉生产中对于数量较少的小粒种子多采用这种播种方式育苗。因容器的摆放位置可以随意挪动，容器上可以进行覆盖保湿等特点，所以可获得更高的发芽率和成苗率，减少种子损耗。

（1）播种容器

浅木箱、花盆的应用较多，其形状、大小不一，不再赘述。下面仅就育苗钵、育苗块、育苗盘作简要介绍。见图2-2。

育苗钵 即在钵状容器中装填播种基质，也可直接将基质如泥炭、培养土等压制成钵状。如用聚氯乙烯或聚乙烯制成不同规格的杯状塑料钵；以泥炭为主要成分，再加入一些有机物，用制钵机压制成圆柱形的泥炭营养钵；以纸或稻草为材料制成的纸钵、草钵等。

育苗块 将基质压制成块状，外形一般为立方体或圆柱形，中间有小孔，用于播种或移入幼苗。无论何种基质，压制成的育苗块都要求"松紧适度，不硬不散"。目前国外推广一种压缩成小块状的营养钵，也称"育苗碟"，具有体积小、使用和搬运方便等优点。这种育苗块的种类较多。如基菲7号育苗小块，是由草炭、纸浆、化肥再加上胶状物压缩成圆形的小块，外面包以有弹性的尼龙丝网状物。小块直径4.5 cm，厚7 mm，使用时喷水，便可膨胀而成高5~6 cm的育苗块。

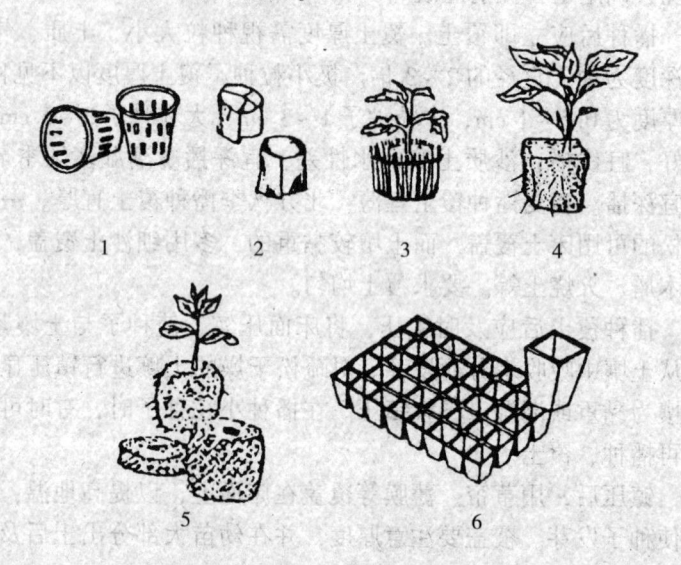

图2-2　各种育苗容器
1. 塑料钵；2. 纸钵；3. 草钵；4. 育苗土块；5. 基肥；6. 穴盘

育苗盘　又叫穴盘、播种盘、联体育苗钵，由聚苯乙烯泡沫或聚乙烯醇等材料制成，具有很多小孔（或称塞子）。小孔呈塞子状，上大下小，底部有排水孔。在小孔中盛装泥炭和蛭石等混合基质，用精量播种机或人工播种，一孔育一苗，亦称普乐格（HLUG）育苗技术。长成的幼苗根系发达，移植时根系连同基质可一起脱出，定植后易成活，生长好，适于专业化、工厂化、商品化生产，成批出售。穴盘的规格有72穴盘（穴孔长×宽×高＝4 cm×4 cm×5.5 cm，下同）、128穴盘（3 cm×3 cm×4.5 cm）、392穴盘（1.5 cm×1.5 cm×2.5 cm）、200穴盘（2.3 cm×2.3 cm×3.5 cm）等。也有为木本植物育苗设计的专用穴盘，主要是在普通穴盘的基础上，增加盘壁的厚度，增强抗老化性，使用寿命可达10年以上，如96T、60T等不同型号。

传统的容器育苗，通常需要一至多次的苗木移植，移植后的幼苗都有一段时间的缓苗期。为了保证移植时幼苗不伤根或少伤根，避免或缩短缓苗期，在现代播种育苗技术中已广泛采用以上各种各样的容器来保护根系，并结合设施栽培，实现园林植物育苗工厂化。我国不少城市及企业也在着力培育种苗产业，逐步实现种苗生产工业化。

（2）播种基质

容器播种或栽培的园林植物生长在有限的容器里，与地栽的植物相比，有许多不利因素，为了获得良好的效果，播种基质最好具有几个特点：第一，有良好的物理、化学性质，持水力强，通气性好；第二，质地均匀，质量轻，便于搬运，其体积在潮湿和干燥时要保持不变，干燥后过分收缩的不宜使用；第三，不含草籽、虫卵，不易传染病虫害，能经受蒸汽消毒而不变质；第四，最好能就地取材或价格低廉。

生产上通常用几种基质材料混合来满足容器播种用土的需要。这种改良后的土壤称为播种基质或人工培养土。由于种种原因，目前国内对播种基质没有一个用得普遍的配方，通常用泥炭、蛭石、珍珠岩、细沙、陶粒、园土等进行选择搭配使用，如我们可将草炭、蛭石、珍珠岩按 1:1:1 混匀作为穴盘育苗培养土。下面介绍国外的两种播种基质配方，供使用者参考。

张英（John Innes）播种用混合土，2 份壤土加 1 份碎泥炭藓加 1 份净细沙。上述混合土中每 11.9 kg^3 加入 0.9 kg 过磷酸钙和 0.45 kg 石灰石粉。因此培养土中含有土壤，必须经蒸汽消毒并过细筛。

GCRI 混合土系英国温室作物研究所开发。播种基质，泥炭、细沙 1:1；盆栽基质，泥炭、细砂 3:1。

（3）播种方法

因播种容器差异较大，下面仅重点介绍瓦盆与穴盘播种方法，其他容器播种可参照进行。

瓦盆播种 选好瓦盆（新瓦盆用水浸泡过，旧瓦盆要浸泡清洗干净，最好消毒过），用破瓦片把排水孔盖上（留有适宜空隙），再放入约 1/3 盆深的干净瓦片、小石子、陶粒或木炭等（以利排水），然后填装基质。把多余的基质用木板在盆顶横刮除去，再用木板稍轻压严基质，使基质表面低于盆顶 1~2 cm。把种子均匀撒在基质上（或大粒种子以点播），然后用木板轻轻镇压使种子与基质紧密接触，根据种子大小决定是否需要再覆基质。浇水用喷雾法或浸盆法，用淋灌法会淹没或冲散种子。浸盆法就是双手持盆缓缓浸于水中，注意水面不要超过基质的高度，如此通过毛细管作用让基质和种子湿润，湿润之后就把盆从水中移出并排干多余的水，将盆置于阴处，盖上玻璃或塑料薄膜，以保持基质湿润。如果是嫌光性种子，覆盖物上需再盖上报纸。

穴盘播种 播种量较少时可采用人工播种方法。将草炭、蛭石、珍珠岩按1∶1∶1混匀，填满育苗盘，稍加镇压，喷透水。播前10 h左右处理种子，可用0.5%高锰酸钾浸泡20 min后，再放入温水中浸泡10 h左右，取出播种，也可晾至表皮稍干燥后播种，但一次处理的种子应尽量当天播完。播种时，可用筷子打孔，深约1 cm，不能太深。播种完一盘后覆盖基质，然后喷透水，保持基质有适宜的湿度。专业穴盘种苗生产企业多采用精量播种生产线，完成从基质搅拌、消毒、装盘、压穴、播种、覆盖、镇压到喷水的全过程，实现商品化、工厂化生产。

3. 设施播种

设施播种，特别是在现代化温室内进行播种，与上述两种播种方式具有更多的好处，如能避免不良环境造成的危害，节省种子，控制并使种子发芽快速均匀整齐，幼苗生长健壮，减少病虫害的发生，使供应特殊季节和特殊用途的生产计划得以实现等。在花卉业发达国家，所有温室和室内植物都在设施内播种育苗，其大规模的花卉生产就是以温室播种育苗生产为基础，而且机械化程度高，例如有专门的播种机，把种子播到盘或钵的小格内。

设施播种的设施有温室、塑料大棚、温床、冷床等。在设施内可用苗床或各种容器进行播种及移植，播种的基质及播种方法与上述容器播种的相同。

在可控温的温室内，可自如地控制种子发芽和幼苗生长对温度的需求，一年四季都可进行播种育苗。现代化温室中，种子发芽后，幼苗给予高温（约30 ℃）、强光（人工光照至少为2 000 lx）、每天至少16 h的光照、人工提高空气中CO_2的浓度（2 000 μg/g）、60%以上的相对湿度，能够充分得到速生优质的苗。

三、播种后的管理

播种后，在幼苗出土前及苗木生长过程中，要进行一系列的抚育管理。采用不同的播种方式，其抚育管理措施也有很多差别。概括起来，其主要技术措施包括：遮阳、间苗与补苗、截根、松土除草、灌溉与排水、施肥、病虫害防治、苗木防寒、幼苗移栽等。

1. 遮阳

遮阳是为了防止日光灼伤幼苗和减少土壤水分蒸发而采取的一项降温、

保湿措施。幼苗刚出土,组织幼嫩,抵抗力弱,难以适应高温、炎热、干旱等不良环境条件,需要进行遮阳保护。有些树种的幼苗特别喜欢庇荫环境,如红松、云杉、紫杉、白皮松、含笑等,更应给予充分的遮阳。遮阳一般在撤除覆盖物后进行,常搭成一个高约 0.4~1.0 m 平顶或向南北倾斜的阴棚,用竹帘、苇席、遮阳网等作遮阳材料。遮阳时间为晴天上午 10 点到下午 5 点左右,早晚要将遮阳材料揭开。每天的遮阳时间应随苗木的生长逐渐缩短,一般遮阳 1~3 个月,当苗木根颈部已经木质化时,应拆除阴棚。

2. 间苗与补苗

为调整苗木疏密,为幼苗生长提供良好的通风、透光条件,保证每株苗木需要的营养面积,需要及时间苗、补苗。

间苗的时间和次数,应以苗木的生长速度和抵抗能力的强弱而定。大部分阔叶树种,如槐树、君迁子、刺槐、榆树、白蜡、臭椿等,幼苗生长快,抵抗力强,可在幼苗出齐后,长出两片真叶时一次间完。大部分针叶树种,如落叶松、侧柏、水杉等,幼苗生长缓慢,易遭干旱和病虫危害,可结合除草分 2~3 次间苗。第一次间苗宜早,可在幼苗出土后 10~20 天进行,第二次在第一次间苗后的 10 天左右,最后一次为定苗,定苗留苗数应比计划产苗数量高 5%~10%。间苗的原则是:间小留大,去劣留优,间密留稀,全苗等距。间苗时间最好在雨后或土壤比较湿润时进行。间苗时难免要带动保留苗的根系,间苗后应及时灌溉,以淤塞间苗留下的苗根空隙,防止保留苗因根系松动而失水死亡。

对幼苗疏密不均或缺苗的现象,要及时补苗。补苗应结合间苗进行,要带土铲苗,植于稀疏空缺处,压实,浇水,并根据需要采取遮阳措施。

3. 截根

截根是用利刀在适宜的深度将幼苗的主根截断。主要适用于主根发达而侧须根不发达的树种。截根能促进幼苗多生侧根和须根,限制幼苗主根生长,提高幼苗质量。一般在幼苗期末进行,截根深度 8~15 cm。有些树种在催芽后就可截去部分胚根,然后播种。

4. 幼苗移栽

幼苗移栽常见于种子稀少的珍贵树种的育苗,和种子极细小、幼苗生长很快的树种育苗,以及穴盘育苗、组培育苗等幼苗的移栽。

桉树、泡桐,以及大田育苗困难的落叶松等,生产上常在专门的苗床上播种,待幼苗长出几片真叶后,移栽到苗圃地上。移栽最好在灌溉后的 1~2 天的阴天进行。移栽时间因树种而异,落叶松以芽苗移栽成活率最高,阔叶树种在幼苗生出1~2片真叶时移栽为宜。移栽时要注意株行距一致，根系伸展，及时灌水。

用浅木箱或瓦盆进行容器播种育苗，由于播得较密，在幼苗生长拥挤之前必须进行移植。移植用的容器和基质可与播种用的相同。移植时可用左手手指夹住一片子叶或真叶，右手拿一竹签插入基质中把整个苗撬起，不要伤根，尽量带土，然后移至容器中。栽植深度要与未移植时的深度相同，间距2~3 cm左右，然后浇定根水。实际生产中，常常需要多次移植，直至苗木出售或定植。

在温室等设施内播种培育出的幼苗，如果要移植至露地栽植，因设施内与露地的气候差异，移出之前必须先经过为期约7~10天的"炼苗"过程，其目的是让幼苗生长受抑制，使其体内糖的积累增多，以便更好地抵抗不良的环境条件。其措施是控制对幼苗的水分供应，降低温度，并逐渐由温室（或温床）移至与露地相同的环境条件下。

总之，幼苗根系比较浅、细嫩，叶片组织薄弱，对高温、低温、干旱、缺水、强光、土壤等适应能力差，因此幼苗移栽后需立即进行管理，根据不同情况，采取遮阳、喷水（雾）等保护措施，等幼苗完全恢复生长后及时进行叶面追肥和根系追肥。

5. 松土除草

松土除草是田间苗木生长期最基本和十分繁重的日常管理工作，而在设施和容器育苗中，则基本上避免了该项操作。

松土即中耕。松土可疏松土壤，减少土壤水分损失，改善土壤结构，同时消除杂草，有利于苗木的生长发育。松土常在灌溉或雨后1~2天进行。但当土壤板结，天气干旱，水源不足时，即使不需除草，也要松土。一般苗木生长前半期每10~15天一次，深度2~4 cm；后半期每15~30天一次，深度8~10 cm。松土要求全面、均匀，不要伤害苗木。

生长季节及时除草。杂草不仅与苗木争夺养分和水分，危害苗木生长，而且还传播病虫害。除草就要"除早、除小、除了"。整地、适时早播、保持合理密度，可以抑制杂草生长。杂草刚刚发生时，容易斩草除根。到杂草开花结实之前必须做一次彻底清除，否则一旦结实，需多次反复或甚至多年清除。除草时应尽量将杂草的地下部分全部挖出，以达到根治效果。若采用人工除草，要做到不伤苗，草根不带土，除草后土壤疏松，同时兼有中耕作用。目前，化学除草剂使用比较广泛，效果好，效率高，但要谨慎选择合适的除草剂和使用适宜的配比浓度。

6. 灌溉与排水

幼苗对水分的需求很敏感，灌水要及时、适量。幼苗期根系分布浅，应"小水勤灌"，始终保持土壤湿润。随着幼苗生长，逐渐延长两次灌水间隔时间，增加每次灌水量。灌水一般在早晨和傍晚进行。灌溉方法较多，高床主要采用侧方灌溉，平床进行漫灌。有条件的应积极提倡使用喷灌和滴灌。喷灌喷水均匀，效果好。滴灌比喷灌更省水，正在逐步推广。

采用容器育苗时，浇水更为重要。因为幼苗生长发育所需水分完全依赖于灌溉，不允许让根部基质完全干燥，基质太湿又容易产生猝倒苗及弱苗。在基质表面有点干燥时就要进行浇水。浇水方法，种子发芽和幼苗生长初期，主要采用浸盆法或喷细雾法，以后也可采用喷灌、滴灌等方法。

排水是雨季田间育苗的重要管理措施。雨季或暴雨来临之前要保证排水沟渠畅通，雨后要及时清沟培土，平整苗床。

7. 施肥

苗期施肥是培养壮苗的一项重要措施。为发挥肥效，防止养分流失，施肥要遵循"薄肥勤施"的原则。施肥一般以氮肥为主，适当配以磷、钾肥。苗木在不同生长发育阶段对肥料的需求也不同，一般来说，播种苗生长初期需氮、磷较多，速生期需大量氮，生长后期应以钾为主，磷为辅，减少氮肥。第一次施肥宜在幼苗出土后1个月，当年最后一次追施氮肥应在苗木停止生长前1个月进行。

施肥方法分为土壤施肥和根外追肥。撒播育苗，可将肥料均匀撒在床面再覆土，或把肥料溶于水后浇于苗床。条播育苗，一般进行沟施，在苗行间开沟，深5～10 cm，施入肥料，覆土浇水。根外追施是将速效肥料溶于水后，直接喷洒在叶面上。根外追肥用量少，肥效快，肥料不易被土壤吸附，常用于补充磷、钾肥和微量元素。根外追肥的浓度要严格控制在2%以下，如尿素0.1%～0.2%，过磷酸钙1%～2%，硫酸铜0.1%～0.5%，硼酸0.1%～0.15%。根外追肥常用高压喷雾器，使叶片的两面都要喷上肥料（尤其是叶背），通常在晴天的傍晚或阴天进行。喷后如遇雨，则需补喷一次。

在容器播种育苗中，幼苗长出真叶后就要进行施肥。如果容器基质本身就已混合肥土（称为肥土混合基质），一般只需要补充氮、磷、钾为主的大量元素。目前国外普遍使用非肥土混合基质，其本身含营养元素很少甚至没有，所以更有利于施肥的控制。施肥的模式通常是先混入些基肥（氮磷钾为主，钙和镁通过施石灰石粉而提供），在以后的生长发育过程中再隔一定时间用一定比例的三要素及微量元素进行补充。通常在使用滴灌时供应施入。

8. 病虫害防治

幼苗病虫害防治应遵循"防重于治，治早治小"的原则，认真做好种子、土壤、肥料、工具和覆盖物的消毒，加强苗木田间抚育管理，清除杂草、杂物。此外，还要认真观察幼苗生长，一旦发现病虫害，应立即治疗，以防蔓延。

9. 苗木防寒

苗木防寒是北方地区田间育苗常用的一项保护措施，在容器和设施播种育苗中无该项任务。我国北方，气候寒冷，早、晚霜时间不稳定，幼苗很容易受到冻害而死亡。苗木防寒，一方面采取春季早播，延长生长期，生长后期控制肥水等措施，促进苗木木质化，以提高苗木本身的抗寒能力；另一方面就是对苗木实施培土、覆盖、熏烟、灌冻水、设风障等措施进行防寒。

第五节　园林植物的扦插育苗

扦插繁殖是利用植物营养器官的再生能力，切取其根、茎、叶等营养器官的一部分，在一定的环境条件下插入土壤、沙或其他基质中，使其生根、发芽成为一个独立的新植株的方法。用扦插的方法繁殖出的苗木（新植株）叫扦插苗。用扦插法育苗所用的繁殖材料（营养器官）叫插穗。这种育苗方法生产的苗木具有能够保持母本优良性状、提前开花结果、技术简单易行的特点，而且繁殖材料充足、成苗迅速，短时间可育成数量多的较大幼苗。因此，这种繁殖方法被广泛应用在园林植物生产中，尤其是那些不结实、种子稀少、种子不易采集或用种子育苗困难的珍贵园林植物种类，扦插育苗是主要繁殖手段之一。扦插繁殖在管理上比较精细，要求必须给予适当的温度、湿度等外界环境条件，才能保证成活、成苗。扦插苗与其他方法所育苗木相比，存在管理上较费工，苗木抗性弱，寿命短，根系较浅（无主根）等缺点。

一、扦插繁殖的原理

扦插育苗，根据插穗种类不同，可以分为不同的方法。用茎（枝）作插穗、近似垂直插入的叫枝插。枝插时，枝条木质化程度高（充分木质化）

的叫硬枝扦插，枝条木质化程度较低（未木质化或半木质化）的叫嫩枝（软枝）扦插。用根作插穗的叫根插（或埋根）；用叶片作插穗的叫叶插；用一芽附带一片叶作插穗的叫叶芽插；用茎干（枝）作插穗平行埋入的叫埋条（或埋干）。插穗种类不同，成活的原理也不同。由于枝插应用最为广泛，下面就重点介绍枝插生根的原理和影响枝插穗生根的因素。

（一）插穗生根的原理

中国林业科学院王涛研究员在《植物扦插繁殖技术》中，根据枝插时不定根生成的部位，将植物插穗生根类型分为皮部生根型、潜伏不定根原始体生根型、侧芽（或潜伏芽）基部分生组织生根型及愈伤组织生根型4种。

1. 皮部生根型

这是一种易生根的类型。属于这种生根类型的植物在正常情况下，随着枝条的生长，形成层进行细胞分裂，形成许多位于髓射线与形成层交叉点上的特殊薄壁细胞群，使与细胞分裂相连的髓射线逐渐增粗，向内穿过木质部中髓射线通向髓部，从髓细胞中取得养分。这些特殊的薄壁细胞群向外分化逐渐形成钝圆锥形的薄壁细胞群，即根原始体。根原始体外端通向皮孔。当枝条的根原始体形成后，剪制插穗，在适宜的环境条件下，经过很短的时间，就能从皮孔中萌发出不定根。因为皮部生根迅速，在剪制插穗前其根原始体已经形成，故扦插成活容易。如杨、柳、紫穗槐及油橄榄的一部分等属于这种生根类型。

2. 潜伏不定根原始体生根型

这是一种最易生根的类型，也可以说是枝条再生能力最强的一种类型。属于这种类型的植物枝条，在脱离母体之前，形成层区域的细胞即分化成为排列对称、向外伸展的分生组织（群集细胞团），其先端接近表皮时停止生长、进行休眠。这种分生组织就是潜伏不定根原始体。根原始体在适宜生根的条件下，就可萌发生成不定根。如榕树、柏类、柳属、杨属等植物都有潜伏不定根原始体。凡具有潜伏不定根原始体的植物，绝大多数为易生根类型。在扦插繁殖时，可以充分利用这一特点，促使其潜伏不定根原始体萌发，缩短生根时间，减少插穗自养阶段中地上部分代谢失调，从而提高插穗的成活率。同时，也可利用某些植物如翠柏、圆柏、沙地柏等具有潜伏不定根原始体的特点，进行3~4年生老枝扦插育苗，缩短育苗周期，在短时间内（1个月）育成相当于2~3年实生苗大小的扦插苗。

3. 侧芽（或潜伏芽）基部分生组织生根型

这种生根型普遍存在于各种植物中，不过有的非常明显，如葡萄，有的则差一些。插穗侧芽或节上潜伏芽基部的分生组织在一定的条件下都能产生不定根。如果在剪取插穗时，下剪口能通过侧芽（或潜伏芽）的基部，使侧芽分生组织都集中在切面上，则可与愈伤组织生根同时进行，有利于形成不定根。

4. 愈伤组织生根型

植物在局部受伤时，受伤部位都有保护伤口免受外界不良环境影响、吸收水分养分继续分生形成愈伤组织的能力。与伤口直接接触的薄壁细胞（活的薄壁细胞），在适宜的条件下迅速分裂，产生半透明的不规则的瘤状突起物，这就是初生愈伤组织。愈伤组织及其附近的活细胞（以形成层、韧皮部、髓射线、髓等部位及邻近的活细胞为主且最为活跃），在生根过程中，由于激素的刺激变得非常活跃，从生长点或形成层中分化产生出大量的根原始体，最终形成不定根。这种由愈伤组织产生不定根的生根类型叫愈伤组织生根型。例如，悬铃木、雪松、桧柏等属于这种生根类型。

这种生根类型的植物，插穗愈伤组织的形成是生根的先决条件。愈伤组织形成后能否进行根原始体的分化，形成不定根，还要看环境因素和激素水平。由于在较长的愈合组织形成和分化成根的过程中，常因外界条件不利，如温、湿度不适宜或病菌等原因，使插穗在扦插期间难以从愈合组织分化出根，致使插穗中途死亡，使这类植物扦插繁殖变得较为困难。如雪松、柏类和部分月季品种。

插穗的生根位置见图2-3。

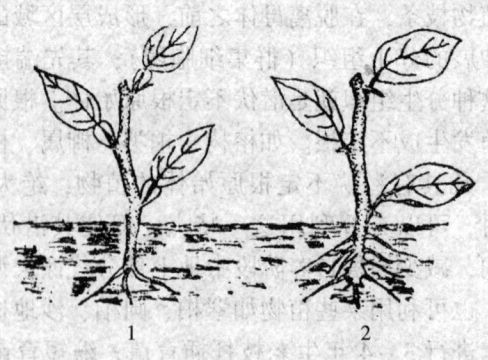

图2-3 插穗的生根位置
1. 酸橙，愈伤组织生根；2. 佛手，皮部生根

5. 嫩枝插穗的生根

嫩枝作插穗时，在扦插前还没有形成根原始体，故其形成不定根的过程和木质化程度较高的插穗有所不同。当嫩枝剪取后，剪口处的细胞破裂，流出的细胞液遇空气氧化，在伤口外形成一层很薄的保护膜，再由保护膜内新生细胞形成愈伤组织，并进一步分化形成输导组织和形成层，逐渐分化出生长点并形成根系。

一种植物的生根类型并不限于一种，有的几种生根类型并存于一种植物上。例如黑杨、柳等4种生根形式全具有，这样的植物就易生根。而只具一种生根型的植物，尤其如愈伤组织生根型，生根则具有局限性。

（二）影响插穗生根的因素

扦插育苗过程是一个复杂的生理过程，影响因素不同，成活难易程度也不同。不同植物、同一植物的不同品种、同一品种的不同个体生根情况也有差异。这说明在插穗生根成活上，既与植物种类本身的一些特性有关，也与外界环境条件有关。

1. 插穗本身的特点

影响插穗生根的内在因素主要有：植物的遗传特性、母树及枝条的年龄、枝条着生的位置及生长发育情况、插穗的长度及留叶面积等。

（1）植物的遗传特性

扦插成活的难易程度与植物的遗传特性有关，不同植物的遗传特性不同。根据不同植物插穗的生根难易程度，可将植物分为4类。

极易生根的植物 如旱柳、沙柳、白柳、北京杨、黑杨派、青杨派、柽柳、沙地柏、偃桧、珊瑚树、沙棘、连翘、木槿、常春藤、扶芳藤、金银花、卫矛、红叶小檗、黄杨、金银木、紫薇、龙吐珠、瑞香、爬山虎、紫穗槐、葡萄、穗醋栗、无花果、石榴、迎春花等。

易生根的植物 毛白杨、新疆杨、银中杨、山杨、刺槐、水蜡树、泡桐、国槐、刺楸、悬铃木、侧柏、扁柏、花柏、铅笔柏、石楮、罗汉柏、罗汉松、五加、接骨木、小叶女贞、石楠、竹子、花椒、茶花、杜鹃、野蔷薇、夹竹桃、绣线菊、猕猴桃、珍珠梅、金缕梅、棣棠、菊花、相思树、彩叶草、一串红等。

较难生根的植物 赤杨、大叶桉、樟树、槭树、榉树、梧桐、苦楝、臭椿、美洲五针松、日本白松、君迁子、米兰、香木兰、树莓、醋栗、枣树、果桑、日本五针松、挪威云杉等。

极难生根的植物：柿树、杨梅、核桃、棕榈、木兰、榆树、桦木、赤松、黑松、栎类、广玉兰、日本栗、槭类、苹果、梨、鹅掌楸、朴树、板栗等。

(2) 母本及枝条的年龄

对于同一种植物，其新陈代谢作用和生活力随年龄增加而递减。如木本植物，随着母本年龄的增大，枝条发育逐渐衰老，细胞能力降低，植物体内源激素与养分的变化，尤其是抑制物质不断增加，从而使其再生能力减弱。一般从幼龄植株上采集的枝条其再生能力比成年植株的强，生根快，生长也好；从未结果植株上采集的枝条，其再生能力比已结果植株的强。所以，对一些木本植物进行扦插育苗时，对母本幼龄化或采集幼龄母本的枝条作插穗是提高扦插生根率的一项技术措施。如楸树的扦插育苗，用一年生播种苗埋干促生大量萌条，采集这些萌条作插穗能明显提高育苗成活率。

枝条年龄越大，再生能力越弱，生根率越低。对绝大多数植物而言，一年生枝的再生能力最强，二年生枝次之，二年生以上的枝条极少能单独进行扦插育苗的。因为其组织较老化，再生能力较低。但是，对那些一年生枝条比较细弱的木本植物进行扦插，为了保证成活，插穗可以带一部分二三年生的枝条。如圆柏、柏等。

(3) 枝条着生的位置及生长发育情况

同一母本上的枝条，遗传特性与母本年龄相同，但其生根能力不同。一般而言，向阳面的枝条生长健壮，组织充实，比背阳面枝条生根好。着生在根颈处的萌条生根能力最强。着生在主干上的枝条比树冠上的枝条生根能力强。树冠内部的徒长枝比一般枝条生根能力强。一年生播种苗上采集的枝条，其枝条生根能力比其他方法繁殖的植株强。

表2-8 池杉枝条不同部位扦插生根情况（个）

植物种类	基 段	中 段	梢 段	结 论
池杉（嫩枝扦插）	80	86	89	梢部好
池杉（硬枝扦插）	91.3	84	69.2	基部好

同一枝条的不同部位以及生长发育情况不同，生根能力也不同。大多数植物以枝条中下部位置的插穗生根成活率高，因为其叶片成熟较早，枝条较

粗壮，芽体饱满，营养物质含量较丰富，为根原始体的形成和生根提供了有利条件；枝条上部由于叶片较小，发育不充实，组织幼嫩，芽体不饱满，营养物质含量较低，不利于生根。如用池杉枝条的不同部位进行嫩枝或硬枝扦插，其结果表明，嫩枝扦插以梢部生根成活率最高，而硬枝扦插则基部效果好（见表2-8）。月季的扦插，以花（花衰败后）下的部位最易生根。

插穗内部贮藏的营养物质多少与插穗生根能力密切相关。因为扦插后到生根前的一段时间内，主要靠插穗本身的营养物质维持生命，枝体内营养物质的多少，与插穗的成活或成活后的生长有着紧密关系。实践证明，生长健壮，发育充实的枝条，贮藏养分丰富，其生根能力也较高；生长细弱，发育不充实，芽体不饱满的枝条，贮藏养分较少，也不利于生根，即使生根苗木生长也会受到影响。所以，采集插穗时，多选择生长健壮，发育充实，营养物质含量丰富的枝条，可以达到提高成活率、确保育苗质量的目的。

(4) 插穗长度及留叶数

插穗长短及留叶数量也影响插穗的生根。插穗长，其本身贮藏的营养物质多，能提高生根成活的数量，利于苗木生长；插穗短，不利于生根及苗木生长。但是，插穗过长，扦插深度增加，会影响其呼吸作用的强度，导致生根困难甚至死亡，在插穗较少情况下，会降低繁殖系数，不利于提高产苗量。在剪取插穗时，应根据植物的生物学特性，找出即不浪费插穗，生根及生长效果又好的最适宜的插穗长度。园林植物扦插育苗时，插穗长度一般为10~20 cm。草本植物较短，通常7~10 cm；木本落叶植物休眠期插穗长15~20 cm；常绿阔叶木本植物及落叶植物生长季的插穗长10~15 cm。

插穗上带叶能进行光合作用，补充碳素营养，供给根系生长发育所需要的养分和生长激素，促进愈合生根。另外，当插穗的新根系未形成时，叶片过多，蒸腾量过大，易造成插穗失水而枯死。故插穗上带一定数量的叶片，有利于生根。不同植物留叶数量不同。一般阔叶植物留2~3片（对）叶；叶片宽大的可留半叶，剪除先端部分；叶小的植物，可以留叶1/3左右。不同地区不同植物种类在应用时，应视具体情况而定。

2. 外界环境条件

影响插穗生根的外界环境条件主要是温度、水分、光照、空气和扦插基质等。各种条件之间即相互影响，又相互制约。为了保证扦插成活，需要合理协调各种环境条件，满足插穗生根及发芽的要求，培养优质壮苗。

(1) 温度

温度对插穗的成活有极大的影响，是限制扦插育苗的一个重要条件。不同植物扦插生根和发芽的适宜温度不一样，扦插时间以及插穗种类不同，对温度的要求也不一样。多数植物的适宜温度在 15~25 ℃范围内，但原产于热带地区的植物和常绿植物比原产于温带的植物要求的适温高。通常在一个地区内，萌芽早的植物要求的温度低，萌芽晚的植物则要求的温度较高，如小叶杨、柳树在 7 ℃左右，而毛白杨则为 12 ℃以上。不同材料的插穗对温度的要求也不同，休眠状态的硬枝扦插对温度的要求偏低，因为在成活前需要消耗插穗贮存的营养物质，促使愈合、生根发芽，过高的温度则能加速插穗内的养分消耗，导致扦插失败。生长季的嫩枝扦插成活前消耗的养分和产生的生根促进物质，主要来自插穗上叶片光合作用所制造的产物。因此，较高温度对嫩枝扦插是有利的。但是，过高的温度（如超过 30 ℃），则抑制生根而导致扦插失败。根据实践经验，扦插繁殖时地温若高于气温 3~5 ℃，有利于插穗先生根后发芽，提高成活率。为了提高地温，创造适宜扦插生根的温度，北方春季常用牛粪、马粪或电热温床增加基质温度。由表 2-9 可以看出，较高的土壤（基质）温度，可促使常春藤及海州常山提前 6~15 天生根，而且生根成活率提高 10%~50%。

表2-9 不同插壤（基质）温度对插穗的影响

树　种	土壤温度（℃）	生根天数（天）	成活率（%）
常春藤	15	24	80
常春藤	21	18	90
海州常山	15	40	50
海州常山	21	25	100

温度的变化受太阳辐射的影响很大，为了提高扦插成活率，现在多采用一些设施和设备来调节温度，如日光温室、塑料大棚、地热线及全光间歇喷雾设备等。

（2）湿度

插穗自身的水分平衡和环境（包括空气和基质）中水分的含量是扦插成活的重要因素之一。在插穗愈合生根或发芽期间，适宜的空气相对湿度和基质含水量对保持插穗水分平衡至关重要。空气干燥（即相对湿度小）和基质含水量低，能加速插穗水分蒸发，使插穗内水分失去平衡，不利成活；空气相对湿度大和基质中水分含量适宜，能减少插穗本身的水分蒸发，利于成活。但是，过高的基质含水量，会导致插床透气性差，不利插穗呼吸作用进行，易使插穗腐烂甚至死亡，不利成活。所以，插床附近的小气候应保持较高的空气相对湿度，尤其是嫩枝扦插时，空气相对湿度应保持在80%~90%，低于65%就容易枯萎死亡。扦插基质的湿度不宜过大，一般保持在田间最大持水量的60%~70%最有利扦插成活。

（3）通气情况

插穗形成愈伤组织和成活的过程，是其进行强烈呼吸作用的过程，这一过程需要足够的氧气。通气情况主要是指插床中的空气状况、氧气含量。通气情况良好，呼吸作用需要的氧气就能得到充足供应，有利于扦插成活。疏松、透气性好的基质对插穗生根具有促进作用。透气性差的黏重土壤或浇水过多的基质，会使其通气条件变差，容易缺氧造成插穗窒息腐烂，不利于生根或发芽（见表2-10）。理想的扦插基质既能保持湿润，又通气良好。不同植物需氧量不同，如杨、柳对氧气的需求较少，插入较深仍能成活。而蔷薇、常春藤则要求较多的氧气，要求疏松透气的基质，或扦插深度较浅。

表2-10 插床含氧量与生根率

含氧量（%）	插穗数（根）	生根率（%）	平均根重 鲜重（mg/mg）	平均根重 干重（mg/mg）	平均根数（条）	平均根长（cm）
标准区	8	100	51.5	11.3	5.3	16.6
10	8	87.5	23.3	5.4	2.5	8.2
5	8	50	17.5	3.1	0.8	2.8
2	8	25	1.4	0.4	0.4	0.7
0	8	0	—	—	—	—

（4）光照

充足的光照能提高插床温度和空气相对湿度，也是带叶嫩枝扦插或常绿植物扦插生根不可缺少的因素。因为光合作用所产生的碳素营养物质和植物生长激素对插穗生根具有促进作用，可以缩短生根时间，提高成活率。但光照强度应适宜。光照过强，会增加基质水分蒸发量，导致插穗水分失去平衡，严重的可能引起枝条干枯或灼伤，降低成活率。生产中常采用适度遮阳或全光照自控喷雾的办法，将温度、湿度及光照控制在最适于插穗生根的范围内。

（5）基质

不同扦插基质对插穗成活的影响是不同的。扦插基质只要无有害物质，能满足水分、通气这两个条件，就有利于生根。目前，扦插繁殖中所用基质有3种状态：气态、液态和固态。

气态基质　把枝条悬挂于相对湿度大的空气中，使其生根发芽甚至成活的方法，叫雾插或气插。这种方法能够充分利用营养空间，使插穗愈合生根快，缩短育苗周期。但这种方法需在高温、高湿中进行，产生的根系较脆弱，所以雾插育苗需通过炼苗方能提高成活率。如榕树、络石等可以用这种基质。

液态基质　将插穗插于水中或营养液中，使其生根成活的方法称为液插或水插。营养液易造成病菌增生，导致插穗腐烂，所以多用水而少用营养液。此法主要用于易生根植物、含有生根抑制剂的难生根植物的扦插育苗。

固态基质　将插穗插于固体物质（或称为插壤）中使其生根成活的方法。是目前生产中最普遍、应用最广泛的扦插基质。目前，国内使用的固体扦插基质有沙壤土、泥炭土、苔藓、蛭石、珍珠岩、河沙、石英砂、炉灰渣、泡沫塑料等。前两种既有保湿、通气、固定作用，还能提供养分；第三、四、五种主要起着保湿、通气、固定作用；后4种只能起着通气固定作用。在生产中，通常采用混合基质使用的方法，以给插穗提供较好的透气保水条件。有些基质（如蛭石、炉灰渣等）在反复使用过程中容易破碎，增多粉末，不利于透气，因此必须定期进行更换或将其筛出，补进新的基质。

基质一般不重复使用，以避免携带病菌造成插穗感染。如需反复使用，应对基质进行消毒。方法主要用0.5%的高锰酸钾、50 ml/m^{2}甲醛加水稀释喷洒后用塑料薄膜覆盖3~5 h密封熏蒸、日光消毒等。

二、扦插前的准备

扦插前的准备是否充分，关系到扦插育苗的成败。扦插前的准备主要有：加强采穗母本的管理，促进插穗营养物质积累、采集并贮藏插穗、插穗生根处理等。

（一）采穗母本的管理

植物体内营养物质积累的多少对插穗成活有重要关系，尤其是含碳化合物与含氮化合物的含量及两者之间的比例对成活有一定影响。插穗内养分积累多，有利于成活。含碳化合物的含量高，而含氮化合物的含量相对较低（即C/N高），对插穗生根比较有利。因此，生产上常采用如下措施来促进采穗母本的营养物质积累。

1. 加强土肥水管理，提高母本的整体营养水平

对于已确定的采穗圃，应在采穗前加强土肥水管理，提高植株整体营养水平。在生长季要注意中耕除草，消除与植物生长有竞争作用的其他植物种类，使采穗母本能充分利用有限的土壤养分和空间光能，为其生长创造适宜的环境条件。另外，要多施肥，尤其是多施磷、钾肥。

2. 采取修剪措施，提高局部养分积累

在植物生长季节，将准备采集的枝条环剥、环割、刻伤或用铁丝、麻绳、尼龙绳等捆扎，阻止枝条上部光合作用制造的碳素营养和生长素向下运输。该措施能提高处理部位以上枝条的养分积累，局部改善插穗养分供应水平。

当预采集种条生长到一定长度时，可以采取摘心、去除花蕾、除萌等措施来减少营养物质的消耗，增加养分的积累。

3. 黄化处理

用黑色的塑料袋或其他遮光效果好的材料将预备作插穗的枝条罩住，使其处在黑暗的条件下，待枝叶生长一定时间后，剪下进行扦插。黄化处理对一些难生根的植物，效果很好。由于枝叶在黑暗的条件下，受到无光的刺激，激发了激素的活性，加速了代谢活动，并使组织幼嫩，因而创造了较有利生根的条件。

（二）插穗的采集与剪制

插穗的采集与剪制主要指采集的时间和部位、剪制的长度、剪口位置和形状等。

1. 插穗的采集

采集插穗应根据植物种类和培植目的选择母本。如乔木树种，应选生长迅速、干形通直圆满、没有病虫害的优良品种的植株作采穗母本；花灌木则要求色彩丰富、花大色艳、香味浓郁、观赏期长的植株作采穗母本；绿篱植物要求分枝力强、耐修剪、易更新的种类作采穗母本；草本植物则根据花色、花形、叶形、植株形态有选择地保留母本的遗传特性等等。

插穗采集时间因扦插方法而异。生长季节的嫩枝扦插，一般在高生长最旺盛期剪取木质化程度较低的幼嫩枝条作插穗；硬枝扦插应在秋季落叶以后至萌芽前采集充分木质化的枝条作插穗。采集过早，营养物质积累不多，或者生长量太小，可利用插穗量较少，导致插穗质量下降或减小繁殖系数；过晚采集，芽膨大，营养物质开始消耗，不利于生根，或枝条木质度过高，不

利于扦插成活。

采集插穗应自生长健壮、没有病虫害、具有优良改善性状、发育阶段较年轻的幼龄植株上采集，从其树冠外围中下部（最好是主干或根颈处的萌条）采集1年生至2年生、芽体饱满的枝条作插穗。生长季节采集的插穗要注意保持其水分，防止失水萎蔫。

2. 插穗的剪制

采集后的扦插材料必须及时进行剪制。剪制插穗主要考虑插穗的长度、插穗上留芽的数量、剪口的位置和形状，以及是否带有叶片等情况。如下图所示。

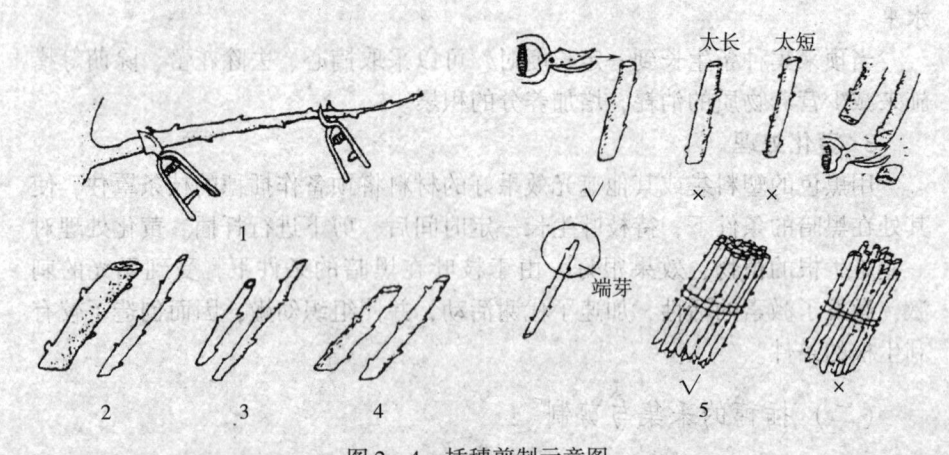

图2-4 插穗剪制示意图
1. 枝条中下部分作插穗最好；2. 粗枝稍短，细梢稍长；3. 易生根植物稍短；
4. 黏土地稍短，沙土地稍长；5. 保护好上端芽

（1）插穗长度

插穗长度既影响扦插成活，也影响扦插繁殖系数。决定插穗长度的主要因素是，插穗要含有一定量的养分；插后深浅适宜；扦插方便并节省扦插材料。

（2）插穗剪口位置

插穗剪口位置不同，影响插穗的生根和体内水分平衡。通常情况下，上剪口应位于芽上1 cm左右（最低不能低于0.5 cm）。如果过高，上芽所处位置较低，没有顶端优势，不利愈合，易造成死桩；如果过低，上部易干枯，会导致上芽死亡，不利发芽。下剪口的位置，在芽的基部、萌芽环节处、带部分老枝等部位，营养物质积累较多，均有利于生根成活。

(3) 插穗剪口形状

插穗的剪口形状与生根及保持插穗本身水分平衡有重要关系。根集中于切面先端，形成偏根，如根据生产经验，大多数上剪口为平面，伤口面积小，能有效保持水分平衡，减少水分蒸发。下剪口为平面，伤口小，可以减少切口腐烂且愈合速度快，生根均匀，如易生根的植物和嫩枝扦插的插穗多采用这种下剪口形状。下剪口也可以是斜面（单斜面或双斜面），如易生根植物扦插育苗时插穗下剪口多用斜面（如图2-5所示）。

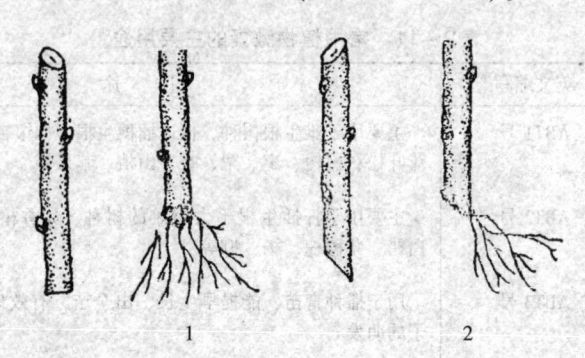

图2-5　剪口形状与生根示意图
1. 下剪口平剪；2. 下剪口斜剪

插穗剪制时要特别注意剪口平滑，防止撕裂；保持好芽，尤其是上芽。

3. 插穗贮藏

插穗剪制后，要将其按直径粗细分级。分级的目的是便于育成的苗木生长整齐，提高商品价值。插穗分级后，每50根或100根捆扎成一捆，并使插穗的方向保持一致，而且下剪口一定要对齐，以利于以后的贮藏、催根以及扦插。对秋冬季节采集的需在春季扦插的插穗应进行贮藏。

贮藏采用沟藏法。选择地势高燥、背风阴凉处开沟，沟深50~100 cm，常依地形和插穗多少而定。沟底先铺10 cm左右的湿沙，再将成捆的插穗，小头（生物学上端）向上竖立排放于沟内。排放要整齐、紧密，防止倒伏。然后，用干沙填充插穗之间的间隙，喷水，保证每一根插穗周围都有湿润的河沙。如果插穗较多，每隔1~1.5 m竖一束草把，以利通气。最后，用湿沙封沟，与地面平口时，上面覆土20 cm，拢成馒头状。贮藏期间要经常检查，并调节沟内温度、湿度。贮藏时间应在土壤冻结前进行，翌春扦插前取出插穗。

（三）剪制插穗后的生根处理

插穗剪制后，常常采用温水浸泡、植物激素处理等方法促进其生根，提高育苗成活率。

1. 植物激素处理

插穗生根处理用的植物激素有 ABT 生根粉、萘乙酸、吲哚乙酸、2，4-D、吲哚丁酸、维生素 B_2 等。常用植物激素的用途见表 2-11。

表 2-11　常用植物激素的主要用途

名　　称	英文缩写	用　　途
ABT 生根粉	ABT1 号	主要用于难生根树种，促进插穗生根。如银杏、松树、柏树、落叶松、榆树、枣、梨、杏、山楂、苹果等
	ABT2 号	主要用于扦插生根不太困难的树种。如香椿、花椒、刺槐、白蜡、紫穗槐、杨、柳等
	ABT3 号	用于播种育苗，能提早生长、出全苗，有效地促进难发芽种子的萌发
	ABT6 号	广泛用于扦插育苗、播种育苗、造林等，在农业上广泛用于农作物、蔬菜、牧草及经济农作物等
	ABT7 号	主要用于苗木伤根后的愈合，提高移栽成活率，以及扦插育苗、造林及农作物和经济作物的块根、块茎
萘乙酸	NAA	刺激插穗生根，种子萌发，提高幼苗移植成活率等。用于嫁接时，用 50 mg/L 的药液速蘸切削面效果较好
2，4-D	2，4-D	用于插穗和幼苗生根
吲哚乙酸	IAA	促进细胞扩大，增强新陈代谢和光合作用；用于硬枝扦插，用 1 000~1 500 mg/L 溶液速浸（10~15 s）
吲哚丁酸	IBA	主要用于形成层细胞分裂和促进生根；用于硬枝扦插时，用 1 000~1 500 mg/L 溶液速浸（10~15 s）

市场上出售的植物激素一般都不溶于水，使用前需要先用少量的酒精或 70 ℃热水溶解，然后兑水制成处理溶液。应用生长激素处理插穗的方法有溶液浸泡和粉剂处理两种。

溶液浸泡法是将先配好的药液装在干净的容器内，然后将捆扎成捆的插穗的下切口浸泡在溶液中至规定的时间，浸泡深度为 3 cm 左右。溶液浸泡的方法有两种，一种是低浓度（20~200 mg/L）、长时间（6~24 h）浸泡；

另一种是高浓度（4 000~10 000 mg/L）、短时间（2~10 s）速蘸。草本植物所需浓度可更低些，一般为 5~10 mg/L，浸泡 2~24 h。

粉剂处理是将 1 g 生长激素与 1 000 g 滑石粉混合均匀制成粉剂，将插穗下切口浸湿 2 cm，蘸上配好的粉剂即插。一般 1 g ABT 生根粉能处理插穗 4 000~6 000 根。扦插时注意不要擦掉粉剂。

2. 温水浸泡

用温水（30~35 ℃）浸泡插穗基部数小时或更长时间，可除去部分抑制生根的物质，促进生根。如用温水浸泡松类、单宁含量高的插穗，能除去部分松脂和其他抑制生根物质，促进生根，效果明显。如云杉浸泡 2 h，生根率可达 75% 左右。

3. 化学药剂处理

用化学药剂处理插穗，能显著增强其新陈代谢作用，促进插穗生根。常用的化学药剂有酒精、高锰酸钾、蔗糖、醋酸、二氧化锰、氧化锰、硫酸镁、磷酸等。如用 1%~3% 酒精或者用 1% 酒精和 1% 的乙醚混合液浸泡 6 h，能有效地除去杜鹃类插穗中的抑制物质，大大提高生根率。如用 0.05%~0.1% 的高锰酸钾溶液浸泡硬枝 12 h，不但能促进插穗生根，还能抑制细菌的发育，起消毒作用。水杉、龙柏、雪松等插穗用 5%~10% 的蔗糖溶液浸泡 12~24 h，可直接补充插穗的营养，有效地促进生根（见表 2-12）。

表 2-12 插穗化学药剂处理方法

处理药剂名称	浓度（%）	处理时间（h）
流水（清水）		24~72
温水（30~35 ℃）		2~24
酒精	1~3	6
酒精+乙醚	1+1	2~6
高锰酸钾	0.1~1	12~24
硝酸银	0.05~0.1	12~24
消石灰	2~5	12~24

但是，必须注意的是，应用生长激素、化学药剂处理插穗时，应严格掌握浓度和时间。浓度过大，不但不能刺激生根，反而起抑制作用，如 2,4-D 在高浓度时是一种生长抑制剂，可以作除草剂；浓度过低，处理后生根效果不明显。另外，用生长激素、化学药剂处理插穗后的生根效果因树

种而不同；即使同一种植物，处理幼龄植物比成龄的效果好，处理幼嫩的组织比木质化的好。

总之，在扦插前应该对插穗进行适当处理，来提高插穗内生根促进物质的含量和营养物质的浓度、减少生根抑制物质的含量、增加水分含量，使插穗更易成活。

三、扦插

插穗种类不同，扦插育苗方法也不同。扦插育苗方法主要有：硬枝插、嫩枝插、叶插、叶芽插、根插（埋根）、埋条（埋干）等。

（一）硬枝扦插

硬枝扦插是指利用充分木质化的插穗进行扦插的育苗方法。此法技术简便、成活率高、适用范围广。大多数园林植物都可用硬枝扦插，特别是落叶木本园林植物的扦插，生产上应用极为广泛。

1. 扦插时期

春、秋两季均可扦插，一般以春季扦插为主。春季扦插宜早，掌握在萌芽前进行，北方地区可在土壤化冻后及时进行。秋季扦插在落叶后、土壤封冻前进行，扦插应深一些，并保持土壤湿润。冬季硬枝扦插需要在大棚或温室内进行，并注意保持扦插基质的温度。

2. 插穗

采用硬枝扦插时，通常是在秋季当年新梢已充分木质化后采集插穗。插穗可以随采随插，也可以经过贮藏至春季萌芽前再扦插。

3. 扦插技术

对于插穗生根比较困难的植物，可以在沙床或温床上密集扦插，待插穗生根后再移栽到大田苗床或容器里。对于插穗生根容易的植物，可以直接插到大田苗床或容器里。在大田苗床上扦插，一般株距为 20～30 cm，行距为 30～60 cm。扦插可以用直插，也可以用斜插。短插穗、生根较易、土壤疏松的应直插；长插穗、生根困难、干旱土壤可斜插或直插。斜插的倾斜角度不超过60°。

硬枝扦插时，用干插法。插床的水分一般较少，扦插后再浇水。插穗应全部插入基质，保证其上切口与地面平齐或略高于地面。由于插穗下剪口位于无菌的地层深处，可以充分利用适宜生根的深层土温（冬季可保持 10 ℃，夏季可保持 20 ℃左右）和深层土壤水分。因此成活率较高，在较短的时间内能培养成所需大苗。采用此法时若方法不当则导致材料浪费：如果扦插过深，插穗下剪口部位通气不良，易导致腐烂，生根较少，甚至死亡；插穗过长、扦插过深，移植困难。扦插深度应根据扦插植物生根的难易、插穗的长度以及土壤的性质决定。

为避免扦插基部皮层破损，可用其他方法进行扦插：①直接插入法。在土壤疏松、插穗已催根处理的情况下，可以直接将插穗插入苗床。②开缝或锥孔插入法。在土壤黏重或插穗已经产生愈伤组织，或已经长出不定根时，要先用铁锹开缝或用木棒开孔，然后插入插穗。③开沟浅插封垄法。适用于较细或已生根的插穗。先在苗床上按行距开沟，沟深10 cm、宽15 cm，然后在沟内浅插、填平踏实，最后封土成垄。

不管用哪种方法进行扦插育苗，最重要的是要保证插穗与基质能够紧密的结合，插后及时压实、灌水，保持苗床湿润。

（二）嫩枝扦插

嫩枝扦插是应用在生长期中半木质化或未木质化的插穗进行扦插育苗的方法。由于嫩枝内薄壁细胞组织多，水分含量高，有丰富的生长激素和可溶性糖类、氨基酸等，酶的活性很强，因此有利于插穗生根成活。此法常应用于硬枝扦插不易成活的植物、常绿植物、草本植物和一些半常绿的木本观花植物。

1. 扦插时期

嫩枝扦插一般在生长季节应用，只要当年生新茎（或枝）长到一定程度即可进行。原则是新茎（或枝）的木质化程度不能过高。如果时间过早，当年生长量较小，可以利用的茎（枝）量太少，会造成消耗过大但实际繁殖量不高的结果。

2. 插穗

嫩枝扦插，一般采用随采随剪随插的方法。由于扦插时气温较高，蒸发量大，因此采集插穗应在阴天无风或清晨有露水、下午16：30以后光照不很强烈的时候进行。草本植物的插穗应选择枝梢部分硬度适中的茎条。若茎过于柔嫩，易腐烂；过老，则生根缓慢。如菊花、香石竹、一串红、彩叶草等。木本园林植物应选择发育充实的半木质化枝条。顶端过嫩，扦插时不易成活，应剪去不用，然后视其长短剪制成若干个插穗。

采集的嫩枝应在阴凉处迅速剪制插穗。穗长一般应该有2～4个芽，长度在5～10 cm为宜。叶片较小时保留顶端2～4片叶，叶片较大时应留1～2

片半叶，其余的叶片应摘去。如果叶面积过大时，由于蒸腾量过大而使其凋萎，反不利于成活，可剪去叶片的 2/3 左右（见图 2-6 所示）。在采集、制穗期间，注意用湿润物覆盖嫩枝，以免失水萎蔫。

图 2-6　嫩枝扦插的插穗与扦插情况

采制嫩枝插穗后，一般要用能促进生根的激素类进行生根处理，但要注意浓度宜稍低些，不可过高。

3. 扦插技术

嫩枝扦插通常采用低床，用湿插法进行，即先将苗床或基质浇透水，让其充分吸足水分，然后再扦插。这种方法可以防止插穗下端幼嫩组织损伤，有利于保持插穗水分平衡和使其与基质紧密结合。多汁液植物应切口干燥后扦插，以防染病腐烂。扦插密度以插后叶面互不拥挤重叠为原则，株行距一般为 5~10 cm 左右，采用正方形布点。

扦插深度一般为插穗长度的 1/3~1/2。因枝条柔嫩，扦插基质要求疏松、精细整理，最好以蛭石、河沙、珍珠岩等材料为主（见图 2-7）。

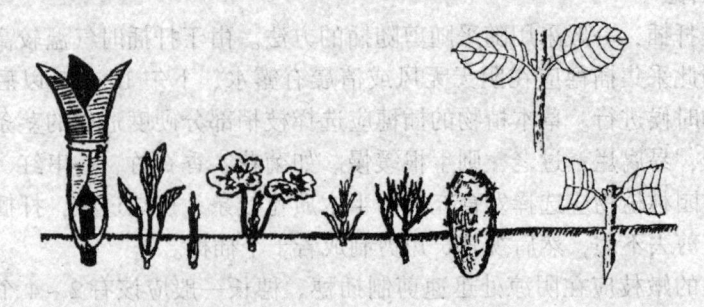

图 2-7　嫩枝扦插

扦插后，为了防止嫩枝萎蔫，要注意通风、遮阳、保持较高的空气相对湿度，以利生根成活（见图2-8）。

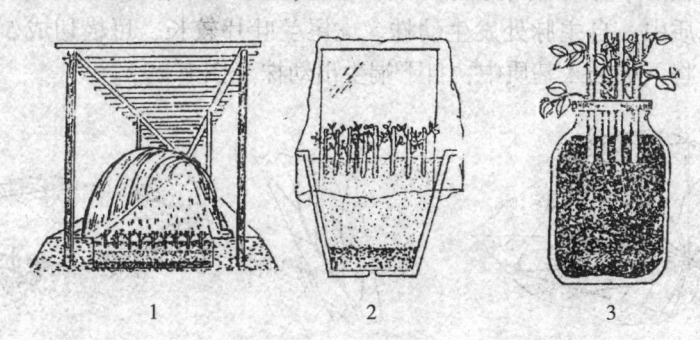

图2-8　嫩枝插法
1. 塑料棚扦插；2. 大盆密插；3. 暗瓶水插

蔓生植物枝条长，在扦插中可以将插穗平放或略弯成船底形进行扦插。

仙人掌与多肉多浆植物，剪取后应放在通风处晾干数日再扦插，否则易引起腐烂。

（三）叶插

叶插是用全叶或其一部分作插穗的扦插育苗方法。凡能自叶上发生不定芽及不定根的植物都能进行叶插。叶插穗生根部位因植物种类不同而不同，有的在叶脉处、有的在叶缘处、有的在叶柄处，故扦插时需将生根部位插入基质中或贴近基质。如秋海棠是从叶脉处产生根和芽；落地生根从叶缘处产生根和芽；豆瓣绿、大岩桐、四季秋海棠等是从叶柄基部发生不定芽。叶插穗必须具有肥厚的叶肉或粗大的叶脉，并且发育充实。根据叶插时叶片的放置方法，可以将叶插分为叶片扦插、叶柄扦插两种。

1. 叶片扦插

叶脉发达、切伤后易生根的种类，常用叶片扦插。可采用叶片平置法：切去叶柄，将叶片平铺于基质上，用铁针或竹针固定在沙面上，叶片下部与基质紧接，即以整个叶片作为插穗。此法又称全叶插，如落地生根、蟆叶海棠、大岩桐等叶脉粗壮的植物，叶片边缘过薄处可适当剪去一部分，以减少水分蒸发。然后根据主脉和粗壮侧脉分布状况，在叶片支脉近主脉处切断数处，将叶片平铺在插床面上，使叶片与基质密切接触用竹签等固定，以便能在支脉切匀处生根，在下端生出幼小植株。

也可将叶片切割数块（每块上应分别具有主脉和侧脉），分别进行扦插，称之为片叶插。采用此法时，每块叶片上形成一个新植株，如虎尾兰、豆瓣绿、秋海棠等均可用此法。豆瓣绿叶厚而小，沿中脉分切左右两块，下端插入基质中，自主脉处发生幼株。虎尾兰叶片较长，可横切成5 cm左右的小段，将下端插入基质中，自下端生出幼株（图2-9）。

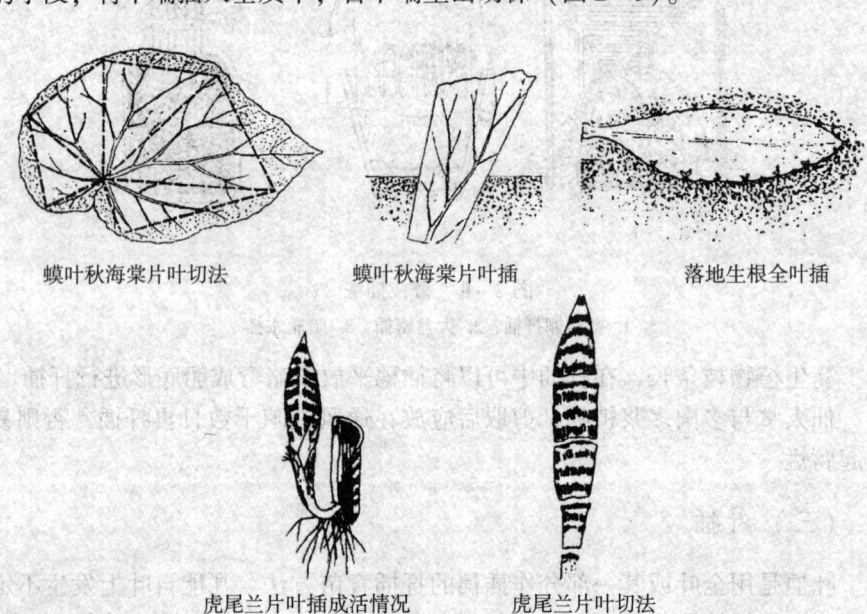

蟆叶秋海棠片叶切法　　　蟆叶秋海棠片叶插　　　落地生根全叶插

虎尾兰片叶插成活情况　　　虎尾兰片叶切法

图2-9　叶片扦插

2. 叶柄扦插

叶柄发达、易生根的种类，用叶柄扦插法。叶柄插法是：将叶柄插入基质中，叶片立于基质面，叶柄基部发生不定芽和根系，形成新的个体。如大岩桐、苦苣苔、球兰、豆瓣绿、非洲紫罗兰、菊花等均可用此法。可以带全叶片；也可剪除半张叶片，带半叶扦插。大岩桐、豆瓣绿等是从叶柄基部先发生小球茎，然后生根发芽，形成新的个体。扦插时，将叶柄基部直插基质中，叶片立于基质面上（图2-10）。

（四）叶芽插

用叶芽或者生叶芽的一小段枝条作插穗扦插的方法称叶芽插。插穗上仅具一芽一叶。扦插时，芽的对面略削去皮层，将插穗插入基质中，叶片露出基质，芽梢隐没于基质中，以免阳光直射。叶芽扦插，是在茎部表皮破损处

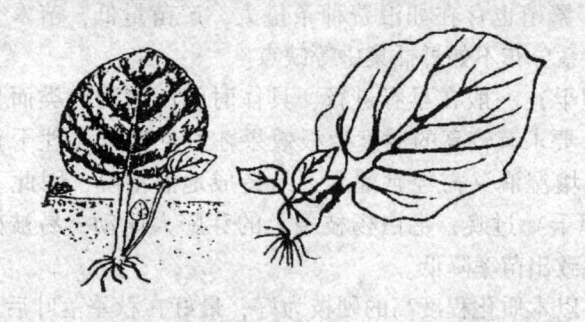

图 2-10　叶柄插

愈合生根，腋芽萌发成为新植株。此法也用于叶插不易产生不定芽的种类，如橡皮树、柠檬、山茶、桂花、天竺等（图 2-11）。

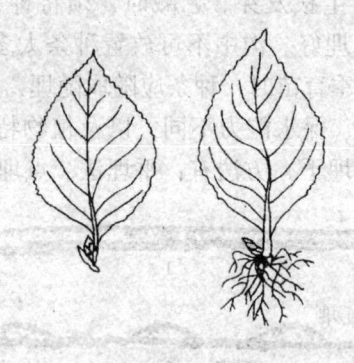

图 2-11　叶芽插

叶插和叶芽插多在温室内进行，需要精细管理，注意遮阳，防止失水。

（五）埋条（埋干）

埋条育苗是将不带根的生长健壮的一年生枝条或带根的一年生苗干全部平埋土壤表层，使其生根发芽，形成一些新植株，待苗木长到一定高度，再将母条逐一切断，使之成为独立植株的一种方法。埋条繁殖的原理与枝插基本相同，差异在埋条的种条较枝插穗长，体内营养物质含量高。这种方法的优点在于：种条上一处生根，所有芽都能萌发生长，容易成活；枝条全部埋于土中，能减少枝条的蒸腾，保持体内水分平衡；枝条内营养物质充足，在较长时间内供种条生根消耗，有利于生根成活。因此，埋条（埋干）多用于扦插成活率不高的植物，如毛白杨、悬铃木、楸树等植物的繁殖。但是，埋条（埋干）繁殖也存在如浪费种条量大，产苗量低，苗木分布不均，且土壤中苗木根系分布不如扦插集中等缺点。

埋条（埋干）一般在早春进行，具体时间因植物种类而异。如毛白杨埋条（埋干）要求有较高的温度生根效果才好。埋条（埋干）过早，气温偏低为保持土壤湿润又需经常灌水，易造成地温下降，因此不利于生根发芽。埋条（埋干）过晚，毛白杨枝条上的芽膨大萌动，易被碰落，造成枝条上缺芽而导致出苗率降低。

埋条材料以木质化程度高的硬枝为好，最好在秋季落叶后采取。采枝不宜太晚，以免受风吹袭造成枝条内水分减少，影响成活率。枝条采回后，选择优良枝条，并剪去细弱或木质化程度低的梢头部分，将选取出的种条方向放一致，按粗细分级（每100根打成一捆）打捆，放入假植沟中贮藏，以利春季种条埋入土壤后生根发芽。贮藏时，须将种条平放于沟中，一层种条，一层湿沙（或土）埋好。沟中不可放置种条太多，以防早春气温回升，造成种条受热腐烂。春季育苗时，种条应随取随埋，避免失水。

由于土壤疏松程度、保水能力不同，以及植物特性不同，埋条（埋条）方法也不相同。埋条（埋干）方法有：平埋法、点埋法两种（图2-12）。

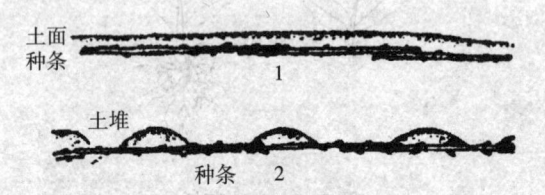

图2-12 埋条（埋干）示意图
1. 平埋法；2. 点埋法

1. 平埋法

是将种条全部埋于土中的方法。一般用低床，床宽1.2~1.4 m，长10~20 m。按行距50~80 cm开沟。沟深3~4 cm，宽6 cm左右。种条平放沟内。放条时，根据种条的粗细、长短、腋芽着生的情况，合理放条，并使多数芽向上或位于枝条两侧。为防止因枝条上缺芽出现断垄现象，如枝条充裕，可采取双条并埋的办法，即将两根种条合理搭配（梢对梢、基部对基部），使芽均匀分布。放枝条时如遇上弯曲条，可在弓弦处剪一切口，使种条伸直。然后覆土1.5~2 cm，踩实、灌水。灌水后进行检查，如有种条露出，应再覆土。

这种方法主要适用于沙质土壤和萌芽粗壮的植物。埋土厚薄要均匀，如不均匀，易造成覆土薄的地方，灌水易冲出枝条或易导致枝条缺水死亡；覆土厚的地方，幼芽不易出土，影响苗木产量。

2. 点埋法

点埋法与平埋法的不同之处是埋土方法有所不同。点埋法是在种条发芽处不埋土，使芽暴露在外，其他地方用土埋，即隔一段埋一段。这种方法可以加强保水能力，减少灌水次数，以利保持地温；出苗快且整齐，株距规则，有利于定苗；土壤保水效果较好。缺点是操作效率低，比较费工。方法是按一定行距开沟，深3 cm左右，种条平放后，在其上每隔40 cm左右，堆成一长20 cm，高10 cm左右的小土丘，其他部位种条裸露在外（裸露部位至少有2~3个芽）。这种方法解决了平埋覆土过浅易于、过深不利幼芽萌发出土的弊端，能利用露天较高的温度发芽生长，土丘内保留的枝条发根。在枝条连接处的土堆间距可大些，切口用土埋严。

埋条（埋干）之后，还需要加强管理来提高成活率和增加成苗量。埋条后应立即进行灌水，使土壤与种条紧密结合。以后要经常浇水，使土壤保持湿润。浇水的间隔时间以保持湿润、避免地温过低为准，一般每隔5~6天浇灌一次。浇灌时水流要缓。水流过急易将埋条冲出，或把埋条淤埋过深，都会影响成活，造成缺苗断垄。因此，在埋条未生根发育之前，要经常检查覆土情况，扒除过厚积土，或在原埋条处开沟，埋好冲出的种条，掩埋露出的种条。

埋入土壤的种条易在基部最先产生根系，而很少发芽，即根上无苗；不埋入土的部位，其上易发芽长枝，但生根量很少，为此应采取适宜的方法加以避免。方法是：当幼苗长到10~15 cm时，结合中耕除草，于幼苗基部培土，促使幼苗发生新根。当幼苗长至40 cm左右时，腋芽开始大量萌发，为使苗木加快生长，应该及时除蘖。一般除蘖高度为1.2~1.5 m左右，不可太高，以防苗木干茎细弱。

（六）根插（埋根）

根插（或埋根）育苗是利用根的再生和发生不定根的能力，将其插入土中繁殖成苗的方法。凡根蘖性强的植物，如泡桐、楸树、火炬树、杨树、香椿、枣树、迎春、玫瑰、黄刺梅等，均可用此法育苗。

种根应在植物（树木）休眠时从青、壮年母本植物的周围挖取，也可利用苗木出圃时修剪下来的和残留在圃地中的根段。根穗粗 0.5~2.5 cm，长 10~20 cm。为区别根穗上下切口，在剪穗时可剪成上平下斜口。将剪好的根穗按粗度分级打捆、贮藏备用（贮藏方法见硬枝插）。

根插（或埋根）育苗多用低床，也可用高垄。因根穗柔软，不易插入土中，通常先在床内开沟，将根穗垂直或倾斜埋入土中，上面覆土 1~2 cm。扦插时注意不要将上下切口倒转，防止倒插。插后镇压，随即灌水，并经常保持土壤湿度，一般经 15~20 天即可发芽出土。泡桐根系多汁，插后容易腐烂，应在扦插前放置在阴凉通风处存放 1~2 天，待根穗稍微失水萎蔫后再插。插后适当灌水，但不宜太湿。

（七）鳞片扦插

一些无法用枝条、叶片扦插的鳞茎花卉，如无被鳞茎百合、贝母等可以直接剥取肉质鳞叶（鳞片）进行扦插育苗。方法是：选取成熟的大鳞茎，阴干数日后，将肥大健壮的鳞片剥下，斜插于基质中，使鳞片内侧朝上，鳞片上部微露基质层外，保持温度 20 ℃。经过一段时间，即可于鳞片基部生长出子球与根系，再经过 3 年的培育即可养成大球。此法可利用鳞片较多的条件，提高繁殖系数。

四、扦插后的管理

扦插后，为提高成活率，应保持基质和空气中有较高的湿度（嫩枝扦插要求空气湿度更重要），以调节插穗体内的水分平衡，同时保持基质中良好的通气效果。为此，无论哪种扦插环境，最初保证成活的管理措施都要围绕这两个条件进行。

（一）浇水

大田扦插的植物多具备易生根、插穗营养物质充足这两个条件，且多为硬枝扦插，气候变化符合扦插成活要求。因此，通常在扦插后立即灌足第一次水，使插穗与土壤紧密接触。浇水后，注意做好保墒与松土。未生根之前地上部展叶的，应摘去部分叶片，减少养分消耗，保证生根的营养供给。为促进生根，可以采取地膜覆盖、灌水、遮阳、喷雾、覆土等措施保持基质和空气的湿度。嫩枝扦插最好采取喷雾装置，保持叶片水分处于饱和状态，使插穗处于最适宜的水分条件下。

（二）除萌与摘心

培育主干的园林植物苗木，当新萌芽苗长到 15~30 cm 高时，应选留一个生长健壮、直立的新梢，而将其余萌芽条除掉，即除萌。除萌是达到培育优质壮苗目的的重要措施。

对于培育无主干的植物苗木，应选留 3~5 个萌芽条，除掉多余的萌芽条；如果萌芽条较少，在苗高 30 cm 左右时，应采取摘心的措施，来增加苗木枝条量，以达到不同的育苗要求。

（三）温度管理

早春地温较低，需要覆盖塑料薄膜或铺设地热线等措施增温催根。夏秋季节地温高，气温更高，需要通过喷水、遮阳等措施进行降温。在大棚内喷雾可降温 5~7 ℃，在露天扦插床喷雾可降温 8 ℃~10 ℃。采用遮阳降温时，一般要求遮蔽物的透光率在 50%~60%。

采用温室、大棚育苗时，能保证有较高的空气湿度和温度，还可以进行一定的调节，而且插床的基质具有通气良好、持水力强的特点，因此既可用于硬枝扦插，也可用于叶插、嫩枝扦插。扦插之后，当插穗生根展叶方可逐渐开窗流通空气，降低空气湿度，使其逐渐适应外界环境。棚内温度过高，可通过遮阴网降低光照强度、减少热量吸收，或适当开天窗通风降温、喷水降温。待插穗成活并适应外界环境之后，再逐渐移至栽植区栽培。

在空气温度较高、阳光充足的生长季节，可采用全光照自动间歇式喷雾扦插床进行扦插。此法主要用于嫩枝扦插。插后，利用白天阳光充足进行光合作用，以间歇喷雾的自动控制装置来满足插穗对空气湿度的要求，保证插穗不萎蔫又有利于生根。插壤以无营养、通气保水的基质为主。在扦插枝成活后，为保证幼苗正常生长，应及时起苗移栽。

（四）田间管理

在扦插苗生根发芽成活后，插穗内的养分已基本消耗尽，则需要充足供应肥水，满足苗木生长对水分和矿物质营养的需求。必要时，可以采取叶面喷肥的办法。插后，每隔 1~2 周喷洒 0.1%~0.3% 的氮磷钾复合肥。采用硬枝扦插时，可将速效肥稀释后随浇水施入苗床。

田间管理的另一项内容是配合松土进行除草，为苗木根系生长创造适宜的环境条件。除草的方法有化学除草剂除草和人工除草两种。除草的原则是除早、除小、除了。

此外，还要加强病虫害防治，消除病虫危害对苗木生长的影响，提高苗木生长的质量。冬季寒冷地区还要采取越冬防寒措施。

五、全光雾插育苗技术

全光雾插育苗技术是全光照喷雾嫩枝扦插育苗技术的简称，是在全日照条件下，不加任何遮阳设施，利用半木质化的嫩枝插穗和排水通气良好的插床，并采取自动间歇喷雾的现代技术，进行高效率的规模化扦插育苗的方法。这种方法是当前国内外广泛采用的育苗新技术，具有能充分利用自然条件、生根迅速、苗木生长快、育苗周期短、生产成本低廉和苗木培育接近自然状态、易适应移栽后的环境，可实现专业化、工厂化和良种化的大规模生产等优点，是今后林业、园林、园艺、中草药等行业育苗现代化的发展方向。

（一）嫩枝扦插的生根特性

在全光照喷雾条件下进行带叶扦插育苗时，插穗首先产生不定根，待形成根系后才逐渐发芽长出新的枝和叶。这是嫩枝插穗具有的先生根后发芽的特点。

插穗的叶片能进行光合作用。由于植物的极性作用，将光合产物转移到插穗基部，使得插穗基部积累许多生根物质，为生根提供了丰富的物质基础。

从外部条件看，强烈的阳光照射，温度升到 27 ℃以上时，便会抑制芽的发育和生长。这时，虽然间歇喷雾能降低空气温度，但温差变化很大，仍不利于芽的生长。而基质内的温度比较稳定，有利于生根。同时，长日照和较高的空气温度，有利于生长素等生根物质的形成和发挥作用。这些外在因素也为插穗先生根创造了环境条件。

（二）全光雾插的设备类型

目前，在我国广泛采用的自动喷雾装置有 3 种，包括电子叶喷雾设备、双长悬臂喷雾装置和微喷管道系统，其构造的共同点都是由自动控制器和机械喷雾两部分组成。

1. 电子叶喷雾设备

电子叶喷雾设备主要包括进水管、贮水槽、自动抽水机、压力水筒、电磁阀、控制继电器以及输水管道和喷水器等。使用时，将电子叶安装在插床上。由于喷雾，电子叶上形成一层水膜，便会接通两个电极，控制继电器的电磁阀关闭，使水管上的喷头自动停止喷雾。之后，由于蒸发，电子叶上的水膜逐渐消失。一旦水膜断离两个电极，电流也被切断。此时，由控制继电器支配的电磁阀打开，又继续喷雾。这种随水膜干燥情况而自动调节插床水分的装置，在叶面水分管理上是比较合理的。它最大的成功是根据插穗叶片对水分的生理需要而自控间歇喷雾，这对插穗生根非常有利。

2. 双长悬臂喷雾装置

1987年，我国自行设计的对称式双长臂自压水式扫描喷雾装置，采用了新颖实用的旋转扫描喷雾方式和低压折射式喷头，正常喷雾不需要高位水压，在160 m² 喷雾面积内，只需要 0.4 kg/cm² （39.2 kPa）以上水压即可。

对称双长臂旋转扫描喷雾装置的工作原理是：当自来水、水塔、水泵等水源压力系统 0.5 kg/cm² （49.03 kPa）的水从喷头喷出时，双长悬臂在水的反冲作用下，绕中心轴顺时针旋转进行扫描喷雾。它的主要构造和技术指标包括水分蒸发控制仪、喷雾系统等。

3. 微喷管道系统

微喷灌是近些年发展起来的一门新技术。采用微喷管道系统进行扦插育苗，具有技术先进、节水、省工、高效、安装使用方便、不受地形影响，喷雾面积可大可小等优点。其主要结构包括：水源、水分控制仪、管网和喷水器等。插床附近最好修建水池，一般 333.3 m²，不低于 6 m³。水压在 4 kg/cm² （392.2 kPa）以上，出水量在 7 000 L/h 左右。

（三）插床与基质

全光雾插育苗有自己特殊构造的苗床。苗床选在地势平坦，排水良好，四周无遮光物体的地方。选用架空苗床或沙床。

1. 架空苗床

架空苗床的优点是可以对容器底部根系进行空气断根；增加了容器间的透气性；减少基质的含水量；提高了早春苗床温度；便于安装苗床的增温设施。

建造架空苗床的方法是：地面用一层或两层砖铺平（不用水泥以利渗水和环保）。地面上面砌 3~4 层砖高度的砖垛。砖垛之间的距离根据育苗盘尺寸确定。每个插床砖垛的顶面应在一个水平面上，上面摆放育苗托盘。一般在 4 个苗床中央修 1 个共用水池。这是最省工省料的设计方案，如图

2-13所示。

图2-13　全光雾插架空苗床图

育苗托盘用塑料或其他材料制作，底部有透气孔。育苗容器码放在托盘上面，这样有利空气断根，有利于实现育苗过程机械化运输。

2. 沙床

沙床的优点是能使多余的水分自由排出，但散热快、保温性能差。在早春、晚秋和冬季育苗时，应采用保温性能好的基质或增设加温设备和覆盖物。

建造沙床的方法是：沿床的外周用砖砌高为40 cm的砖墙，砖墙底层留多处排水孔。床内最下层铺小石子，中层铺煤渣，上层铺纯净的粗河沙。沙床上安装自动间歇喷雾装置。每次喷水能使插床基质内变换一次空气。如图2-14所示。

图2-14　沙床示意图

3. 基质

全光雾插的育苗基质主要有：河沙、蛭石、珍珠岩、炉渣、锯末、碳化稻壳、草炭等。

（四）全光雾插的育苗技术

1. 采插穗

在植物生长季节，从采穗圃经幼化管理的树上或从生长势健壮的枝条上剪取当年萌发的带数枚叶片的嫩枝作插穗。

2. 扦插

插穗扦插在露天自然全光照的架空育苗床上。育苗床安装"全光自动喷雾扦插育苗设备"。在喷雾水中添加必要的药剂。全光育苗生根过程中一直保持叶片不萎蔫、不腐烂，基质不过湿。在这种条件下很多难生根的植物都可以生根。扦插技术同嫩枝扦插。

中国林业科学院林业研究所工厂化育苗研究开发中心许传森研究、创造了轻质网袋容器育苗技术。采用此法育苗时，插穗生长在装有轻型基质、肥料的纤维网袋容器内，通过人为控制，调节水分、养分、光照等条件，使插穗生根，长成幼小植物。植株连同基质、容器一起移栽。图 2-15 所示为根系生长情况。

图 2-15　轻质网袋容器育苗生根与根系生长情况

轻质网袋容器扦插育苗的核心技术是：架空苗床、空气修根。其技术要点主要有：①采用架空苗床。架空苗床的建造技术见图2-13所示。②应用可分解纤维网袋。纤维网袋的主要成分为可分解的纤维物质。植物根系可以穿透网袋，生长不受影响。移栽时，不需脱去网袋，网袋在土壤中自行分解。网袋有幅宽150 mm和170 mm两种规格，能满足育苗需求。③容器灌装与切割。纤维网袋内装灌无污染的绿色环保轻型基质。④扦插或播种。将灌装并按要求切割后的网袋放在托盘上，进行扦插或播种育苗。方法与嫩枝扦插、播种育苗的技术相同。⑤空气修根。在全光喷雾条件下，插床空气湿度大，根系容易从容器侧壁伸出。当大部分插穗根系伸出时要停止喷雾，使根系萎蔫干枯，促进侧根的生长。经过一到二次空气断根处理，容器基质里面的根系和基质交织在一起形成富有弹性的根团。

第六节　园林植物的嫁接育苗

嫁接是将准备繁殖的具有优良性状的植物体营养器官，接在另一株有根植物的茎（或枝）、根上，使两者愈合生长，形成一新的独立植株的方法。嫁接所用的优良性状植物的营养器官叫接穗，接受接穗的有根的植物叫砧木。用嫁接的方法培育出的苗木叫嫁接苗。嫁接苗的砧穗组合常以"穗/砧"表示。例如"毛白杨/加杨"表示嫁接在加杨砧木上的毛白杨嫁接苗。嫁接繁殖具有能保持母本优良性状、提高植物观赏价值、增加苗木抗逆性和适应性、扩大繁殖系数、改变树型、恢复树势、更新品种等其他育苗方法没有的优点。尤其是用其他方法不宜繁殖的植物种类，嫁接繁殖更具有不可替代的优势。但是，嫁接繁殖也有一定的局限性和不足之处，如受亲缘关系的限制，技术复杂难掌握，苗木寿命较短，需要人力物力投入较大等。

一、影响嫁接成活的因素

植物嫁接能否成活，主要决定于砧木和接穗亲和力的强弱、结合部分形成层的再生能力以及嫁接技术水平和环境条件。

（一）亲和力

亲和力是指砧木和接穗双方愈合并生长成新植株的能力。也就是砧木和接穗在内部组织结构上、生理上和遗传性上彼此相近，并能相互结合形成统一的代谢过程的能力。亲和力强的植株之间嫁接容易成活，并且能正常生长发育。反之，不亲和的植物或亲和力差的植物相互嫁接不易成活，或者即便成活也生长发育不良，易从接口处劈折，或是易过早死亡。

亲和力强弱与砧/穗间的亲缘关系相关。一般来说，亲缘关系越近亲和力越强。例如，同品种或同种间的嫁接亲和力最好，这种嫁接组合叫共砧（本砧）嫁接。像油松接于油松，杉木接于杉木，板栗接于板栗等都属于共砧嫁接。同属不同种之间的嫁接，一般也较亲和，像苹果接于海棠，梨接于杜梨等。不同属之间嫁接，比较困难。不同科之间嫁接，更加困难，目前生产上尚未应用。但亲缘关系的远近与亲和力的强弱之间的关系也不是绝对一致的。影响亲和力的还有其他因素，特别是砧穗两者在代谢过程中代谢产物和某些生理机能的协调程度都对亲和力有重要的影响。所以，在生产上也存在亲缘关系虽近而嫁接亲和力却较差的现象。例如，中国板栗接在日本板栗上，西洋梨接在褐梨上，中国梨接在西洋梨上等表现不亲和；核桃接于枫杨上，桂花接于小叶女贞上，虽然是不同属的植物，可是亲和力很好，已为生产所采用。嫁接育苗常用的接穗与砧木见表2–13。

表2–13 常用接穗与砧木

接穗	砧木	接穗	砧木	接穗	砧木
桂花	小叶女贞	广玉兰	白玉兰	板栗	麻栎
碧桃	毛桃	麦李	山桃		茅栗
紫叶李	山桃		海棠		枫杨
樱花	野樱桃	苹果	新疆野苹果	核桃	核桃楸
羽叶丁香	北京丁香		山荆子		野核桃
枣树	酸枣	梨	杜梨	李	山杏
大叶黄杨	丝棉木		棠梨		山桃
龙爪榆	榆树	梅花	梅	樱桃	山桃
龙爪柳	柳树				野樱桃
龙爪槐	国槐	牡丹	芍药	山楂	野木瓜
金枝槐	国槐	牡丹	木瓜	山楂	野山楂
无刺槐	刺槐	柿树	君迁子		黄蒿
红花刺槐	刺槐	蟹爪兰	仙人掌	菊花	茼蒿
楸树	梓树	龙桑	桑		铁杆蒿
郁李	山桃	黄瓜	黑籽南瓜	梅花	梅
蝴蝶槐	国槐	柿树	君迁子		山桃

（二）形成层细胞的再生能力

对于有亲和力的植物，嫁接的成活与否，主要是依靠砧木和接穗形成层细胞的再生能力。形成层是位于木质部和韧皮部之间再生能力很强的薄壁细胞层。它不仅在正常生长情况下进行细胞分裂，向内形成木质部，向外形成韧皮部和皮层，使植物加粗生长；而且在植物受到创伤后，还有形成愈合组织，把伤口保护起来的功能。木本植物的髓射线薄壁细胞、髓心及韧皮部的薄壁细胞也具有恢复分生机能形成愈合组织的能力。

嫁接后，砧木和接穗接口周围具有分生能力的细胞在激素的作用下开始分裂生长，形成愈伤组织，进而愈伤组织相接，将双方的形成层连接起来，形成新的形成层，再逐渐分化形成新的木质部和韧皮部及输导组织，将双方原来的输导组织沟通。最后，愈伤组织外部的细胞分化成栓皮细胞把砧穗接合部的栓皮细胞连接起来而真正愈合成活，形成一个新的植株。

（三）嫁接技术水平

嫁接技术水平的高低是影响嫁接成活的一个重要因素，体现在嫁接技术的正确性和熟练程度两个方面。嫁接操作应牢记"齐、平、快、紧、净"五字要领。

1. 齐

齐就是指砧木与接穗的形成层必须对齐，以使愈伤组织能尽快形成并分化成各组织系统，成为沟通上下部分的水分和养分的输送途径。

2. 平

平是指砧木与接穗的切面要平整光滑，最好一刀削成，不能呈锯齿状，否则影响砧穗的吻合。

3. 紧

紧是指砧木与接穗的切面必须紧密地结合在一起。

4. 快

快是指操作的动作要迅速，尽量减少砧穗切面失水。对含单宁较多的植物，快可减少单宁被空气氧化的机会。

5. 净

净是指砧穗切面保持清洁，不要被泥土污染。

嫁接刀具必须锋利，保证切削砧穗时不撕皮和不破损木质部，又提高工效。

(四) 环境条件

嫁接成活的环境因素主要是温度和湿度。在适宜的温度、湿度和良好的通气条件下进行嫁接，有利于愈合成活和苗木生长发育。

(1) 温度

温度对愈伤组织形成的快慢和嫁接成活有很大的关系。在适宜的温度条件下，愈伤组织形成快且易成活。温度过高或过低，都不适宜愈伤组织的形成。一般来说，在一定的温度范围内（4~30℃），温度高比温度低愈合快。例如，北京地区枝接，在3月中旬嫁接，30天才能愈合，而在4月上旬嫁接，24天就能愈合。一般植物在25℃左右嫁接最适宜。但不同物候期的植物，对温度的要求也不一样，物候期早的比物候期迟的适温要低，如桃、杏在20~25℃最适宜，葡萄24~27℃最适宜，而山茶则在26~30℃最适宜。春季进行枝接时嫁接先后次序的安排，主要依物候期的早晚来确定。

(2) 湿度

湿度对嫁接成活的影响很大。空气湿度接近饱和，对愈合最为适宜。砧木因根系能吸收水分，通常能形成愈伤组织。但接穗是离体的，愈伤组织内薄壁组织嫩弱，不耐干燥，湿度低于饱和点，会使细胞干燥，时间一久，便会引起死亡。水分饱满的细胞比萎蔫细胞更有利于愈伤组织增殖。因此，生产上用接蜡或塑料薄膜保持接穗的水分，有利于组织愈合。土壤温度、地下水的供给也很重要。嫁接时，如土壤干旱，应先灌水增加土壤湿度，一般土壤含水量在14.1%~17.5%时最适宜。

(3) 空气

空气是愈伤组织生长的一个必要因子。砧木与接穗之间接口处的薄壁细胞增殖，形成愈伤组织，需要有充足的氧气。且愈伤组织生长、代谢作用加强，呼吸作用也明显加大，空气供给不足，代谢作用受到抑制，便不能生长。因此，低接用培土保持湿度时，土壤含水量大于25%时就会造成空气不足，影响愈伤组织的生长，嫁接难以成活。空气中氧的含量低于12%时妨碍愈合作用。

(4) 光线

光照对愈伤组织生长起着抑制作用。在黑暗条件下，接口处愈伤组织生长多且嫩、颜色白、愈合效果好；在光照条件下，愈伤组织生长少且硬、色深，造成砧穗不易愈合。因此，在生产中，嫁接后创造黑暗条件，有利于愈伤组织的生长，促进嫁接成活。

二、嫁接前的准备

嫁接前的准备工作主要有：砧木的选择与培育、接穗的采集与贮藏、嫁接工具的准备等。准备工作做得是否充分，决定嫁接育苗的成败。

（一）砧木的选择与培育

砧木对嫁接苗以后的生长发育、株体大小、开花早晚、果实产量与质量、观赏价值等都有很大影响，而且与嫁接成活关系密切。

1. 砧木的选择

嫁接时，选择适宜的砧木是保证嫁接达到生产目的的重要途径。砧木的选择要考虑以下几个方面。①砧木要能适应当地的气候条件与土壤条件，本身要生长健壮、根系发达、具有较强的抗逆性，如抗寒、抗旱、抗涝、抗风、抗污染、抗病虫害等的能力要强。②砧木与接穗的亲和力要强。砧木必须对接穗的生长、开花、结果、寿命等有很好的作用，嫁接植株能反映接穗原有的优良特性。③砧木繁殖方法要简便，繁殖材料来源要丰富，易于成活，生长良好。砧木的规格要能够满足园林绿化对嫁接苗高度、粗度的要求。

2. 砧木的培育

砧木可通过播种、扦插等方法培育。生产中多以播种苗作砧木，这是因为播种苗具有根系发达、抗逆性强、寿命长等优点，而且便于大量繁殖。

播种苗培育，一般是在早春进行播种，而且时间越早越好，土壤解冻后即可进行。为了提高地温，促进苗木生长，可以加盖小拱棚。苗木定植时，应保持规则的株行距，以便于嫁接操作。砧木苗除应适时灌溉、施肥、中耕除草，保持其生长旺盛外，还应通过摘心等控制苗木高度的措施，促使其茎部加粗，并将苗木嫁接部位和枝叶及早摘除，以便于嫁接操作。芽接季节，如因天气干旱，树液流动缓慢，皮层与木质部分离困难时，可于嫁接前一周进行灌水。通过这些措施，可以早嫁接、提高嫁接成活率。

嫁接用砧木苗通常选用1~2年生、地径为1~2.5 cm的规格。有特殊要求的除外，如嫁接龙爪槐、龙爪榆、龙爪柳、红花刺槐等高接换头且对苗干高度有一定要求的，规格通常为干高2.2 m以上，胸径3~4 cm。子苗（芽苗）嫁接所用砧木则是刚刚萌芽的幼苗。因此，砧木苗的培育，要根据不同植物种类、不同嫁接方法的要求，生产出合格的、优质的、大量的苗木，满足生产的需要。

（二）接穗的采集和贮藏

1. 接穗的采集

接穗的采集，必须从栽培目的出发，选择品质优良纯正、观赏价值或经济价值高，生长健壮，无病虫害的壮年期的优良植株为采穗母本。最好从采穗母本的外围中上部，选向阳面，光照充足，发育充实的 1～2 年生的枝条作为接穗。一般采取节间短、生长健壮、发育充实、芽体饱满、无病虫害、粗细均匀的 1 年生枝条较好；但有些树种，2 年生或年龄更大些的枝条也能取得较高的嫁接成活率，甚至比 1 年生枝条效果更好，如无花果、油橄榄等，只要枝条组织健全、健壮即可。针叶常绿树的接穗则应带有一段 2 年生的老枝。这种枝条嫁接成活率高，且生长较快。春季嫁接应在休眠期（落叶后～翌春萌芽前）采集接穗并适当贮藏。若繁殖量小，也可随采随接。常绿树木、草本植物、多浆植物以及生长季节嫁接时，接穗宜随采随接。

2. 接穗的贮藏

春季嫁接用的接穗，一般在休眠期结合冬季修剪将接穗采回，每 100 根捆成一捆，附上标签，标明树种或品种、采条日期、数量等，在适宜的低温下贮藏。可放在假植沟或地窖内。在贮藏期间要经常检查，注意保持适当的低温和适宜的湿度，以保持接穗的新鲜，防止失水、发霉。特别在早春气温回升时需及时调节温度，防止接穗芽体膨大，影响嫁接效果。对有伤流现象、树胶、单宁含量高等特殊情况的接穗用蜡封方法贮藏，如核桃、板栗、柿树等植物接穗，用此法贮藏效果很好。其方法是：将枝条采回后，剪成 8～13 cm 长（一个接穗上至少有 3 个完整、饱满的芽）的接穗；用水浴法将石蜡溶解，即将石蜡放在容器中，再把容器放在水浴箱或水锅里加热，通过水浴使石蜡熔化；当蜡液达到 85～90 ℃时，将接穗两头分别在蜡液中速蘸，使接穗表面全部蒙上一层薄薄的蜡膜，中间无气泡；然后将一定数量的接穗装于塑料袋中密封好，放在 -5～0 ℃的低温条件下贮藏备用。一般万根接穗耗蜡量为 5 kg 左右。翌年随时都可取出进行嫁接。存放半年以上的接穗仍具有生命力。这种方法不仅有利于接穗的贮藏和运输，而且可有效地延长嫁接时间，在生产上具有很高的实用性。

多肉植物、草本植物及一些生长季嫁接的植物接穗应随采随接，不需预先收集贮藏。木本植物芽接时，接穗采取后，为了防止水分蒸发，只保留长 0.5 cm 的叶柄，叶片全部剪去，放入水桶或用湿润的毛巾包裹等方法作短时间的保存。如需长途运输或较长时间贮藏，则需要先让接穗充分吸水，用浸湿的麻袋包裹后，再装入塑料袋运输。运输途中还要经常检查，不断补充水分，防止接穗失水。对暂时不能用完的接穗，要放在凉爽、湿润的条件下贮藏备用。

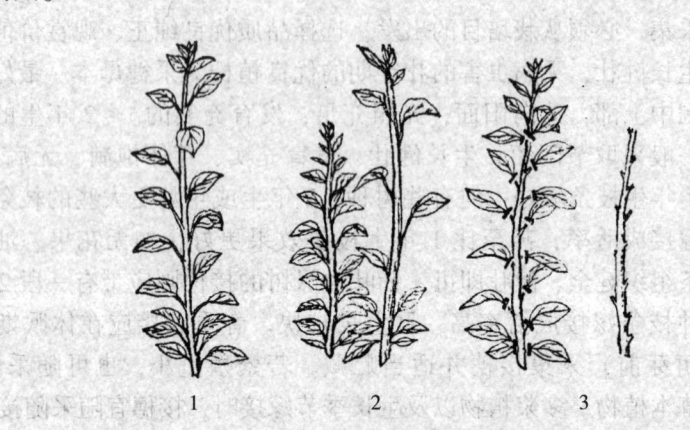

图 2-16 生长季节插穗的剪制
1. 适宜做接穗的新梢；2. 不适宜做接穗的新梢；3. 去除叶片

贮藏的接穗，嫁接前还应检查其生活力。采用当年新梢作接穗的，应看枝梢皮层有无皱缩、变色现象。芽接还要检查是否有不离皮现象。若有这种现象，说明接穗已丧失生活力，不能用于生产，要重新采集接穗。对贮藏越冬的接穗要抽样削面，插入湿度、温度适宜的沙土中。若 10 天内形成愈合组织，即可用来嫁接，否则应予以淘汰。经低温贮藏的接穗，在嫁接前的 1~2 天放在 0~5 ℃的湿润环境中进行活化。经过活化的接穗，接前再用水浸 12~24 h，能提高嫁接成活率。

（三）嫁接用工具的准备

在选择好砧木和采集好接穗后，嫁接前应准备好嫁接所用的工具、绑扎和涂抹材料、油石等必需用品。

1. 嫁接工具

嫁接方法不同，砧木大小不同，所用的工具也有不同。嫁接工具主要有嫁接刀、修枝剪、手锯、手锤等。嫁接刀可分为芽接刀、枝接刀、单面刀片、双面刀片等。为了提高工作效率，并使嫁接部位平滑、嫁接面紧密接合，有利愈合和提高嫁接成活率，应正确使用工具。刀具要求锋利。

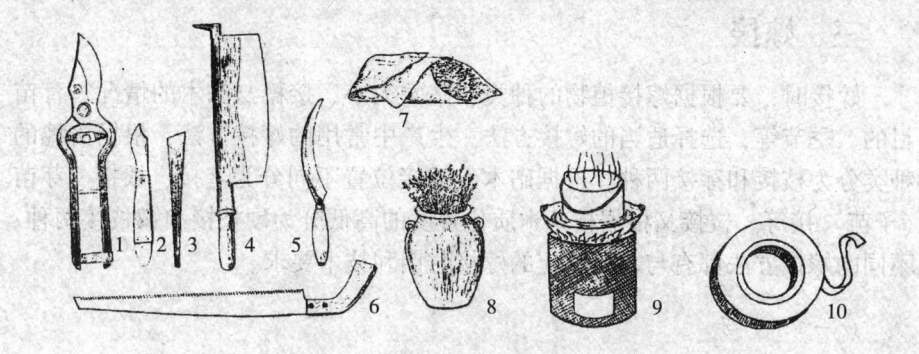

图 2-17 嫁接的用具

1. 修枝剪；2. 芽接刀；3. 枝接刀；4. 大砍刀；5. 弯刀；6. 手锯；
7. 包接穗湿布；8. 盛接穗的水罐；9. 熔化接蜡的火炉；10. 绑扎用的材料

2. 绑扎和涂抹材料

绑扎材料常用蒲草、马蔺草、麻皮、塑料薄膜等，以塑料薄膜应用最为广泛，其保温、保湿性能好且能松紧适度。用其他生物材料（如麻皮、蒲草、马兰草等）绑扎，很易分解，不用解绑，尤其是用根作砧木时具有较大优势。选用厚薄适宜的塑料布，裁成宽度在1 cm左右，长度随砧木粗度而定的细长条，每100条捆成一捆待用。如果过厚，不易绑扎紧，过薄则易断裂，均不利嫁接成活。如果嫁接时相对湿度低，可再加套塑料袋起到保湿作用。

涂抹材料，通常为接蜡或泥浆，用来涂抹嫁接口，以减少嫁接部位丧失水分，防止病菌侵入，促使愈合，提高嫁接成活率。泥浆用干净的生黄土，加水搅拌成稠浆状即可。接蜡分为固体接蜡和液体接蜡两种。

固体接蜡的原料为松香4份、黄蜡2份、兽油（或植物油）1份，按比例配制而成。先将兽油（或植物油）加热至沸，再将松香、黄蜡倒入充分溶化，然后倒入冷水中冷却，凝固成块。使用前加热熔化。

液体接蜡的原料是松香（或松脂）8份、凡士林（或油脂）1份。两者一同加热，待全部溶解后，稍稍放冷，再放入酒精，数量以起泡沫但泡沫不过高，发出"滋""滋"的声音为适宜，然后再注入1份松节油，最后再流入2~3份酒精，边注边搅拌，即成液体接蜡。液体接蜡使用方便，用毛笔蘸取涂抹切口，酒精挥发后即能形成蜡膜。液体接蜡易挥发，需用容器封闭保存。

三、嫁接

嫁接时，要根据嫁接植物的种类、砧木大小、接穗与砧木的情况、育苗目的、季节等，选择适当的嫁接方法。生产中常用的嫁接方法，根据接穗的种类分为枝接和芽接两种，根据砧木上嫁接位置不同分为茎接、根接、芽苗（子苗）接等。枝接又根据枝条木质化程度的高低分为硬枝接和嫩枝接两种。不同的嫁接方法都有与之相适应的嫁接时期和技术要求。

（一）枝接

用枝条作接穗进行的嫁接叫枝接。根据嫁接形式可以分劈接、切接、靠接、髓心形成层对接、舌接、腹接、桥接等。枝接的优点是成活率高，苗木生长快。群众说"当年赶母"，就是说枝接的嫁接苗当年能赶上砧木的大小。但是，枝接消耗的接穗多，对砧木粗度有一定的要求，嫁接时间也受到一定限制。枝接时间一般以春季顶芽刚刚萌动时进行最为理想，这时树液开始流动，接口容易愈合，嫁接成活率高；但含单宁较多的核桃、板栗、柿树等，以在砧木展叶后嫁接为好；龙柏、翠柏、偃柏等，应在夏季新梢刚停止生长时嫁接为宜。如果用接穗木质化程度较低的嫩枝嫁接，应在夏季新梢生长至一定长度时进行。过早，枝条生长量小，可利用的接穗少；过晚，则枝条木质化程度太高。

1. 劈接

劈接是最常用的枝接方法。通常在砧木较粗、接穗较小时使用。根接、高接换头和子苗（芽苗砧）嫁接均可使用。方法如图 2-18 所示。

（1）削接穗

把采下的接穗去掉梢头和基部不饱满芽的部分，截成长 5~8 cm，至少有 2~3 个芽的枝段。然后从接穗下部 3 cm 左右处（保留芽）削成两长马耳形的楔形斜面。削面长 2.5~3 cm，接穗一侧薄一侧稍厚。削面要平整光滑，才容易和砧木劈口紧靠，使两面形成层易连接愈合，这是嫁接成活的关键。

（2）劈砧木

将砧木在离地面一定高度、光滑处剪（锯）断，并削平剪口，用劈接刀从其横断面的中心通过髓心垂直向下劈深 2~3 cm 的切口。注意劈时不要用力过猛，要轻轻敲击劈接刀刀背或按压刀背，使刀徐徐下切；不要让泥土或其他东西落进劈口内。

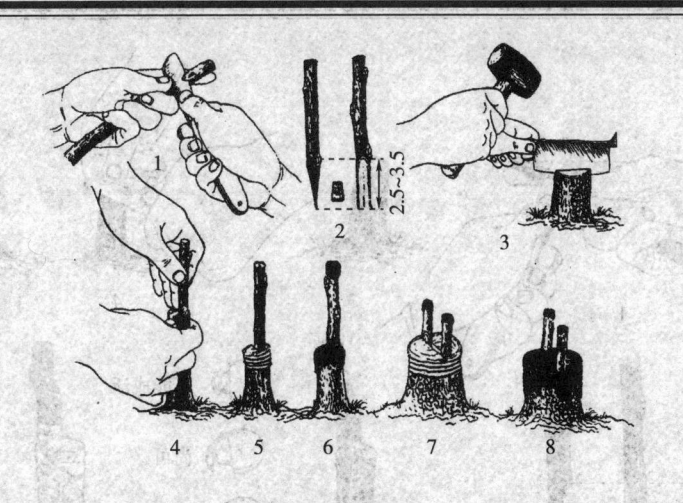

图 2-18 劈接示意图（单位：cm）

1. 削接穗；2. 接穗削面；3. 劈开砧木；4. 插入接穗；5、7. 绑扎；6、8. 涂石蜡

(3) 插接穗

用劈接刀的楔部撬开劈口，将削好的接穗轻轻地插入砧木劈缝，使接穗形成层与砧木形成层对准。如接穗较砧木细，要把接穗紧靠一边，保证至少有一侧形成层对齐。砧木较粗时，可同时插入 2 个或 4 个接穗。插接穗时，不要把削面全部插进去，要露出 2~3 mm 的削面在砧木外。这样接穗和砧木的形成层接触面大，有利于分生组织的形成和愈合。接穗插入后用塑料薄膜条、麻皮或马蔺草把接口绑紧。绑扎时注意不要触动接穗，以免两者形成层错开。为防止接口失水影响嫁接成活，接口可培土覆盖、用接蜡封口或加塑料袋保湿。

2. 切接

切接是枝接中最常见的方法之一。通常在砧木粗度较细时使用，方法如图 2-19 所示。

(1) 削接穗

削接穗时，接穗上要保留 2~3 个完整饱满的芽。将接穗从下芽背面，用切接刀向内切一深达木质部但不超过髓心的长切面，长 2~3 cm。再于该切面的背面末端削一长 0.8~1 cm 的小斜面。削面必须平滑，最好是一刀削成。

(2) 切砧木

砧木宜选用 2 cm 粗的幼苗，稍粗些也可以。在距地面 7~10 cm 处或适

园林植物栽培与养护

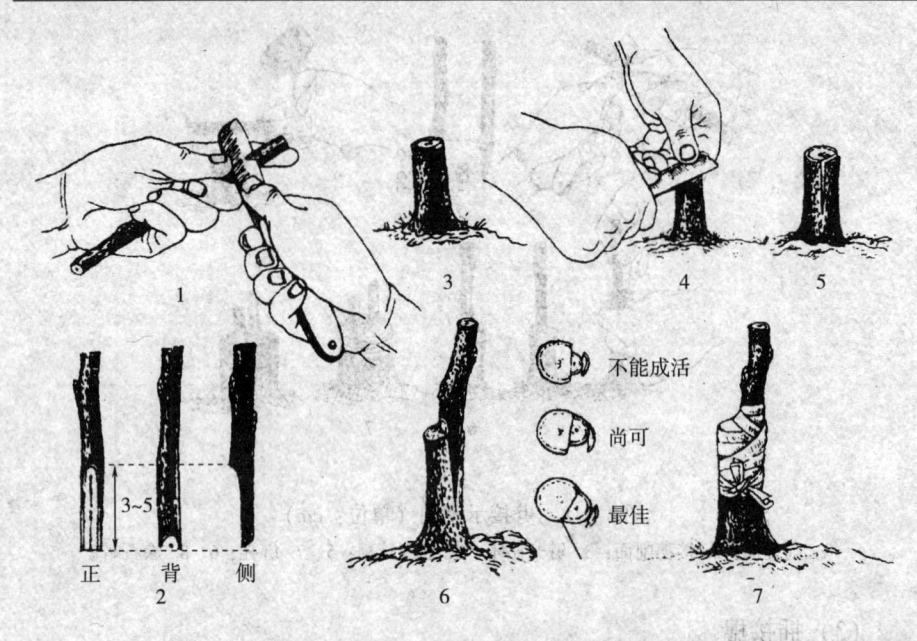

图2-19 切接示意图（单位：cm）
1. 削接穗；2. 接穗切面；3. 砧木剪断后的削肩；
4、5. 切砧木切口；6. 拉入接穗及其正误；7. 绑扎

宜高度处断砧，削平断面，选较平滑的一面，用切接刀在砧木一侧（略带木质部，在横断面上为直径的1/5～1/4）垂直向下切，深度2 cm～3 cm。

（3）插接穗

将接穗削好的长削面向里插入砧木切口中，使双方形成层对准密接。接穗插入的深度以接穗削面上端露出0.5 cm左右为宜，俗称"露白"。如果砧木切口过宽，可对准一边形成层，然后用塑料条由下向上捆扎紧密，这样可兼有使形成层密接和保湿作用。必要时，可在接口处封泥或接蜡，或采用土埋办法，以减少水分蒸发，达到保湿目的。

3. 靠接

主要用于培育一般嫁接难以成活的珍贵树种，要求砧木与接穗均为自养植株，且粗度相近。在嫁接前还应将两者移植到一起。方法如图2-20所示。

（1）削切口

在生长季节（一般6～8月），将作砧木和接穗的植物靠近，然后在作

124

砧木和接穗相邻的光滑部位的植物体上选光滑无节方便操作的地方,各削一长、宽相等的削面。削面长 3~6 cm,深达木质部,露出形成层。

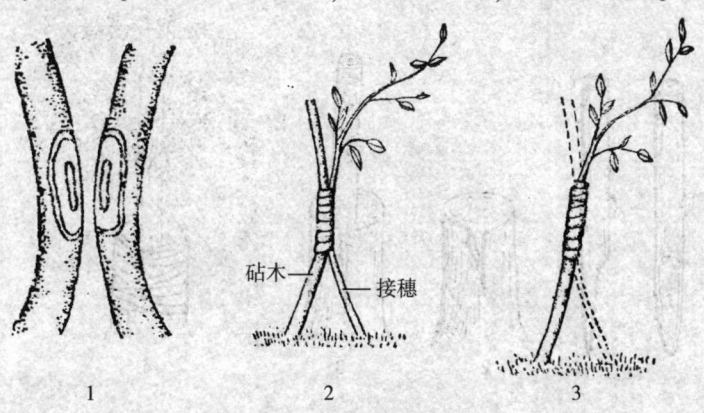

图 2-20 靠接示意图
1. 砧、穗切削；2. 结合绑扎；3. 成活后剪砧木和接穗

（2）靠砧穗

使砧木、接穗的切口靠紧、密接,双方形成层对齐,用塑料薄膜绑缚紧。待愈合成活后,将砧木从接口上方剪去,接穗从接口下方剪去,即成一株嫁接苗。采用这种方法嫁接的砧木与接穗均有根,不存在接穗离体失水问题,故易成活。即使不成活,二者仍是完整的独立植株。

4. 插皮接

是枝接中最易掌握、成活率最高、应用也较广泛的一种嫁接方法。要求在砧木较粗,且皮层易剥离的情况下采用。在园林苗木生产上用此法高接和低接的都有。方法如图 2-21 所示。

（1）削接穗

在接穗下芽的 1~2 cm 背面处,削一 2~3 cm 长的斜面,再在斜面的后尖端削 0.6 cm 左右的小斜面。

（2）切砧木

一般在距地面 5~8 cm 处剪断砧木,用快刀削平断面。选平滑顺直处,将砧木皮层由上而下垂直划一刀,深达木质部,长约 1.5 cm,顺刀口用刀尖向左右挑开皮层。有的砧木也可不划这个口,用楔形的竹签插入砧木木质部和韧皮部中间,然后拔出竹签,作插接穗的地方。如接穗太粗,不易插入,也可在砧木上切一个 3 cm 左右上宽下窄的三角形切口,便于把接穗插入，使马耳形的长斜面贴紧木质部外缘形成层。

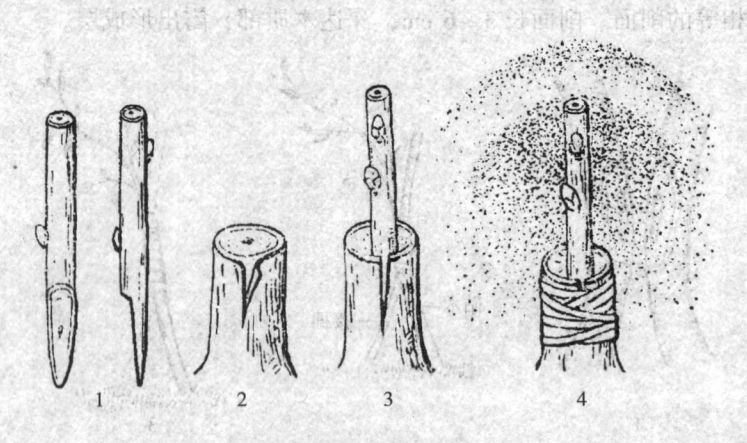

图 2-21 插皮接示意图
1. 削接穗的正侧面；2. 砧木削法；3. 插接穗；4. 绑扎及覆土

（3）插接穗

把接穗插入切口，使削面在砧木的韧皮部和木质部之间。接时，将削好的接穗在砧木切口处沿皮层和木质部中间插入，长削面朝向木质部，并使接穗背面对准砧木切口正中。接穗插入时要轻、注意"留白"。如果砧木较粗或皮层韧性较好，砧木也可不切口，直接将削好的接穗插入皮层即可。最后，用塑料条（宽 1 cm 左右）绑缚。如高接龙爪槐、龙爪榆、龙爪柳等，可以同时接上 3~4 个接穗，均匀分布，成活后即可作为新植株的骨架。为提高成活率，接后可以在接穗上套袋保湿。

5. 髓心形成层对接

多用于针叶树种的嫁接。以砧木的芽开始膨胀时嫁接最好，也可在秋季新梢充分木质化时进行嫁接。方法如图 2-22 所示。

（1）削接穗

剪取带顶芽长 8~10 cm 左右的 1 年生枝作接穗。除保留顶芽以下十余束针叶和 2~3 个轮生芽外，其余针叶全部摘除。然后从保留的针叶 1 cm 左右以下开刀，逐渐向下通过髓心平直切削成一削面，削面长 6 cm 左右，再将接穗背面斜削一小斜面。

（2）切砧木

利用中干顶端 1 年生枝作砧木。在略粗于接穗的部位摘掉针叶。摘去针叶部分的长度略长于接穗削面。然后从上向下沿形成层或略带木质部切削，削面长、宽皆同接穗削面，下端斜切一刀，去掉切开的砧木皮层，斜切长度同接穗小斜面相当。

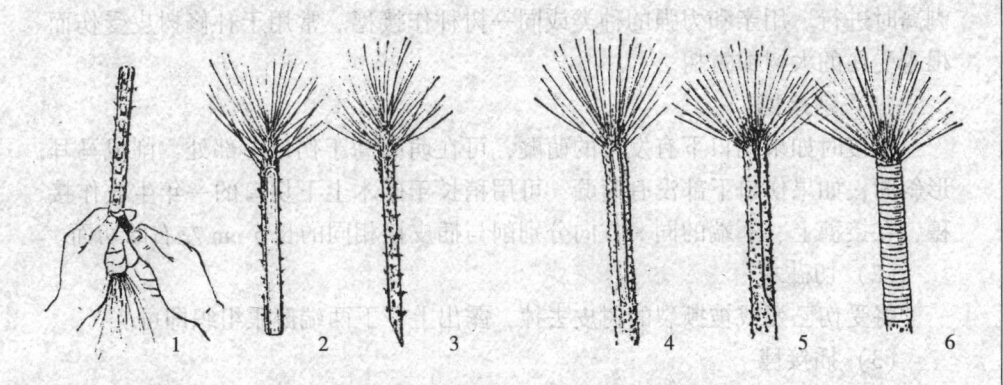

图 2-22 髓心形成层对接示意图
1. 削接穗；2. 接穗正面；3. 接穗侧面；4. 切砧木；5. 砧、穗贴合；6. 绑扎

（3）插接穗

将接穗长削面向里，使接穗与砧木之间的形成层对齐，小削面插入砧木切面的切口，最后用塑料薄膜条绑扎严紧。待接穗成活后，再剪去砧木枝头。为保持接穗萌发枝的生长优势，可用摘心法控制砧本各侧生枝的生长势。另外，对针叶树采用髓心形成层对接法进行地面嫁接或顶梢嫁接，有利于克服嫁接苗偏冠现象。在嫁接时剪砧，形同切枝法，称"新对接法"，如图 2-23 所示。此法对杉木和松类都有良好的效果。

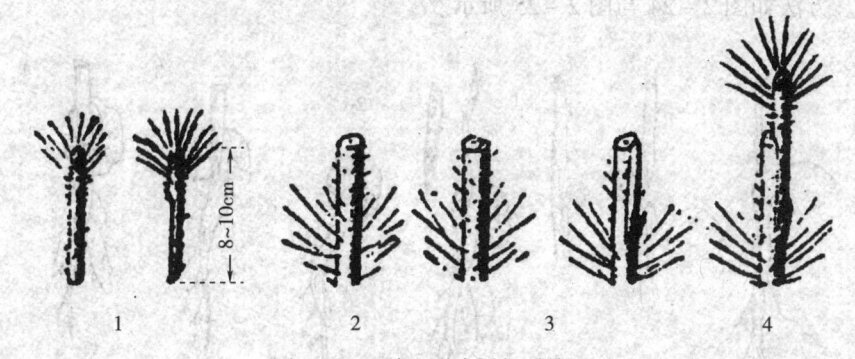

图 2-23 髓心形成层新对接法
1. 接穗；2. 剪砧；3. 切砧；4. 砧穗结合

6. 桥接

桥接是利用插皮接的方法，在早春树木刚开始进行生长活动，韧皮部易剥离时进行。用亲和力强的种类或同一树种作接穗。常用于补修树皮受伤而根未受伤的大树或古树。

（1）削接穗

桥接时如果伤口下有发出的萌蘖，可在萌蘖高于伤口上部处，削成马耳形斜面；如果伤口下部没有萌蘖，可用稍长于砧木上下切口的一年生枝作接穗，在接穗上、下端的同一方向分别削与插皮接相同的长 5 cm 左右的切面。

（2）切砧木

将受伤已死或被撕裂的树皮去掉，露出上、下两端健康组织即可。

（3）插接穗

接穗插入伤口上下插入，再用 1.5 cm 长小铁钉钉住插入的接穗的削面，然后用电工胶布贴住接口，或用塑料布系住接口，以减少水分散失。如果伤口下有萌蘖，只一头接（称一头接）；如果伤口下无萌蘖，接穗两端均插入，叫两头接。如伤口过宽，可以接 2~3 条，甚至更多的接穗，称为多枝桥接。

7. 芽苗砧（子苗）嫁接

芽苗（子苗）嫁接是用刚发芽、尚未展叶的胚苗作砧木进行的嫁接。主要应用于核桃、板栗、银杏、香榧、文冠果、油茶等大粒种子的植物。采用芽苗（子苗）嫁接可以大大缩短育苗时间，同时芽苗无伤流现象，不含单宁、树胶等影响嫁接成活的物质，成活率高。但操作较精细，技术难度较高。方法如图 2-24 与图 2-25 所示。

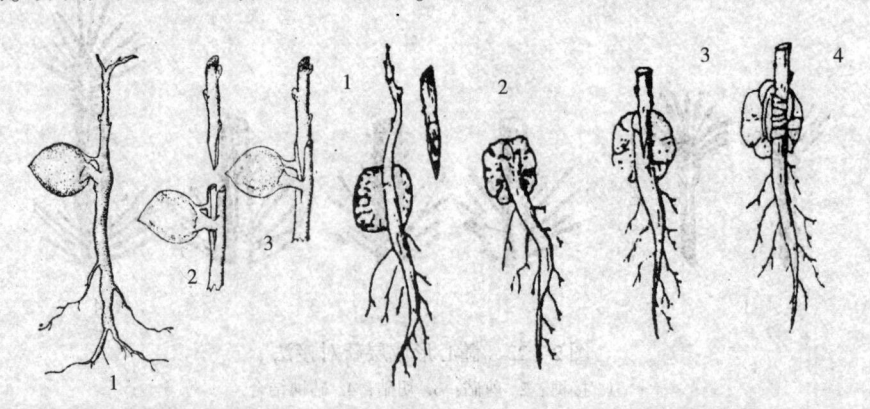

图 2-24　银杏子（芽）苗砧嫁接　　图 2-25　板栗芽苗砧嫁接

(1) 削接穗

根据芽苗粗度选择接穗，截取带有2～3个芽的一段接穗长6～10 cm，下部削成楔形，削面长1.5 cm左右。

(2) 切砧木

将已层积催芽的大粒种子播种在室内湿润的沙土或苔藓的箱中，保持室温在21～27 ℃。在胚苗第一片叶子即将展开时，用双面刀片在子叶柄上方1.5 cm左右处切断砧苗，再用刀在横切面中心纵切深1.2 cm左右的切口，但不要切伤子叶柄。

(3) 插接穗

将与砧木粗度一致的接穗下切口插入砧木切口中，结合处用嫁接夹夹紧或用普通棉线绑紧，但要注意不可挤伤幼嫩的胚苗。嫁接后将嫁接苗假植在透光密封保湿的容器中，将嫁接部位埋住。待接穗开始萌动前移至荫棚培育。也可直接移栽在通透良好的圃地中，用塑料棚保湿。注意喷水，遮阴和适当通风。

8. 根接

用根作砧木进行枝接叫根接。可以用劈接、切接、靠接等方法。根接常常在秋冬季节的室内进行，结合苗圃起苗收集砧木。

(1) 削接穗

根接的接穗，可以削成劈接、切接、靠接的削面。与劈接、切接、靠接的插穗要求相同。

(2) 切砧木

砧木要求收集并剪制成粗度1～2 cm、长15 cm左右的根砧。切法与劈接、切接、靠接的砧木要求相同。

(3) 插接穗

将接穗与砧木结合，用麻皮、蒲草、马蔺草等能分解不用解绑的材料绑扎，并用泥浆等封涂，起到保湿作用。根接的绑扎最好不要用塑料条，因为它不会自然降解，需要解绑；如不解绑，塑料绑扎条就会影响生长。接后埋于湿沙中促其愈合，成活后栽植。根接一般于秋、冬季节在室内进行。如牡丹的嫁接，用芍药根做砧木。

(二) 芽接

用芽作接穗进行的嫁接称为芽接。芽接的优点是节省接穗，一个芽就能繁殖成一个新植株；对砧木粗度要求不高，1年生砧木就能嫁接；技术容易掌握，效果好，成活率高，可以迅速培育出大量苗木。即使嫁接不成活对砧木影响也不大，可立即进行补接。但芽接必须在木本植物的韧皮部与木质部能够剥离时方可进行。常用的芽接方法有：带木质部嵌芽接、"T"字形芽接、方块状芽接等。

1. 嵌芽接

带木质部嵌芽接也叫嵌芽接。此种方法不仅不受树木离皮与否的季节限制，而且用这种方法嫁接，接合牢固，利于嫁接苗生长，已在生产上广泛应用。方法如图2–26所示。

（1）取接芽

接穗上的芽，自上而下切取。先从芽的上方1.5~2 cm处稍带木质部向下斜切一刀，然后在芽的下方1 cm处横向斜切一刀，取下芽片。

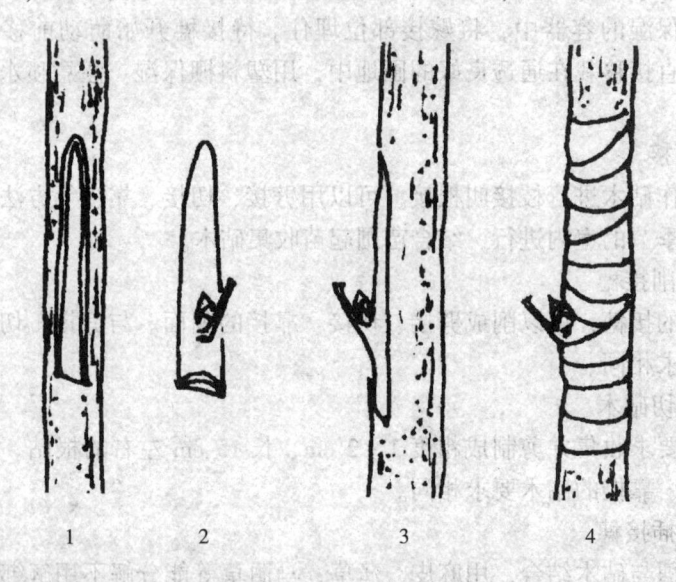

图2–26　嵌芽接示意图
1. 切砧木；2. 取接芽；3. 插入芽片；4. 绑扎

（2）切砧木

在砧木选定的高度上，取背阴面光滑处，从上向下稍带木质部削一与接芽片大小均相等的切面。再将切面上部的树皮切去，下部留0.5 cm左右。

（3）插接穗

将芽片插入切口使两者形成层对齐，再将留下部分贴到芽片上，用塑料条绑扎好即可。

2. "T"字形芽接

这是目前应用最广的一种嫁接方法,需要在夏季进行。方法如图 2-27 所示。

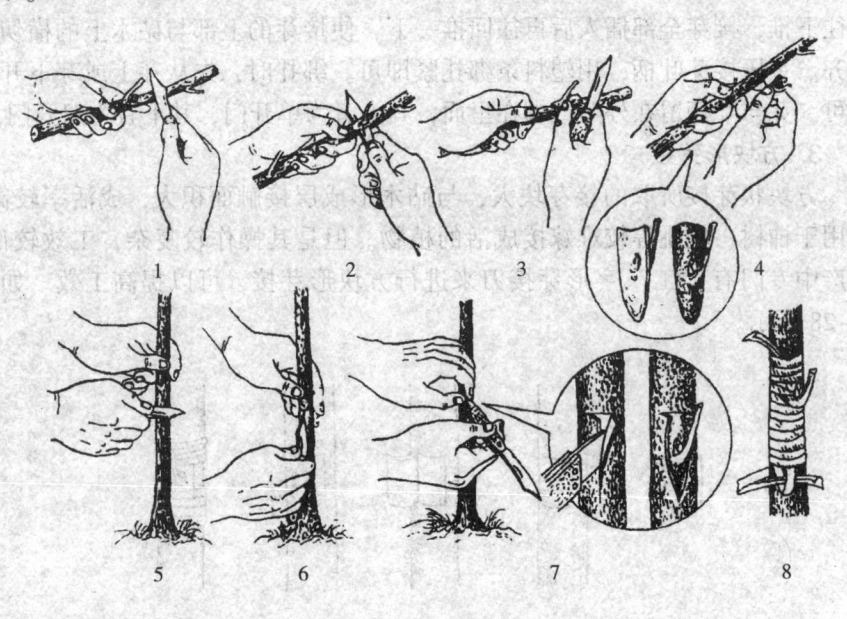

图 2-27 "T"字形芽接示意图
1、2、3、4. 取接芽片；5、6. 砧木切口；7. 撬开皮层嵌入芽片；8. 用塑料条绑扎

(1) 取接芽

在已去掉叶片仅留叶柄的接穗枝条上,选健壮饱满的芽。在芽上方 1 cm 左右处先横切一刀,深达木质部；再从芽下 1.5 cm 左右处,从下往上削,略带木质部,使刀口与横切的刀口相连接,削成上宽下窄的盾形芽片。用手横向用力拧,即可将芽片完整取下。如果接芽内带有少量木质部,应用嫁接刀的刀尖将其仔细地剔除。

(2) 切砧木

在砧木距离地面 7~15 cm 处或满足生产要求的一定高度处,选择背阴面的光滑部位,去掉 2~3 片叶。用芽接刀先横切一刀（较长）,深达木质部；再从横切刀口往下垂直纵切一刀,长 1~1.5 cm,使刀口仅把韧皮部切断即可,不要太深,在砧木上形成一"T"字形切口。切砧木切口时要注意,刀子不要在砧木上乱划动,以防使形成层受到破坏。

(3) 插接穗

左手拿接芽片，捏住叶柄并使其朝上，右手拿嫁接刀，用芽接刀骨柄轻轻地挑开砧木的韧皮部，迅速地将接芽插入挑开的"T"形切口内，压住叶柄往下推，接芽全部插入后再往回推一下，使接芽的上部与砧木上的横切口对齐。手压接芽叶柄，用塑料条绑扎紧即可。绑扎时，先从芽上或芽下开始均可。芽与叶柄留在外边或绑在里面，其上者为单开门，其下者为双开门。

3. 方块形芽接

方块状芽接所取的接芽块大，与砧木形成层接触面积大，成活率较高。多用于柿树、核桃等较难嫁接成活的植物。但是其操作较复杂，工效较低。生产中专门有"工"字形芽接刀来进行方块形芽接，可以提高工效。如图2-28所示。

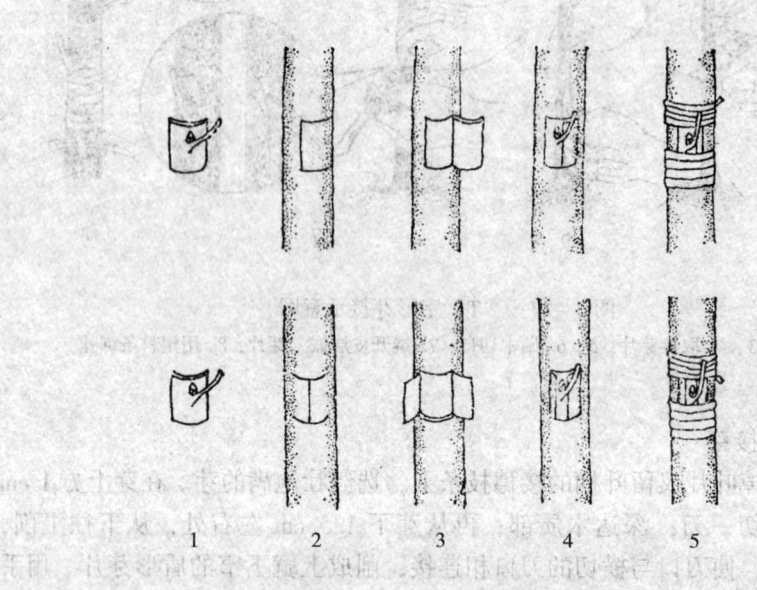

图2-28 方块形芽接示意图
1. 取接芽；2. 切砧木；3. 扒开韧皮部；
4. 嵌入芽片；5. 绑扎

(1) 取接芽

用"工"字形芽接刀在饱满芽等距离的部位横切一下，深达木质部；再在芽位两侧各切一刀，也深达木质部，将接穗取成一长方形的接芽块。

(2) 切砧木

在砧木上适当高度，选一光滑部位，去掉几片叶片。用"工"字形芽接刀切横向的两个切口；再在两切口中间或一侧纵切一仅把韧皮部切断的切口。纵切一刀在中间的，切口成"工"字形状，砧木韧皮部可以向两侧打开的，叫"双开门"。纵切一刀在一侧的，切口成"]"形状，砧木韧皮部只能向一侧打开的，叫"单开门"。

插接芽 用刀尖轻轻将砧木的韧皮部的切口挑起，把长方形的接芽嵌入，将砧木韧皮部覆盖在接芽上，用塑料条绑扎紧即可。

（三）草本植物嫁接

不同的草本植物嫁接方法不同。

1. 瓜类、茄果类嫁接

这类植株较嫩，嫁接工具用双面刀片、嫁接夹等。现在多采用劈接和靠接等方法。瓜类为双韧维管束构造，以木质部为中心内外都有韧皮部，以同心方式分布于茎的周围。嫁接后砧木与接穗的另一侧也轻轻地削破皮再接，可增加愈合面积，提高成活率。

（1）靠接

是目前瓜、茄类植物嫁接育苗中最普遍采用的一种方法。它简单易学，容易掌握，成活率高，已被广大群众接受。方法如图2-29所示。

削接穗 在接穗苗第一片真叶展开时进行。将接穗子叶正下方，距子叶1.5 cm处，向上切一个30°角的斜口，深度达茎粗的4/5。

切砧木 先削砧木苗。在砧木子叶完全展开，苗高5~7 cm时进行。切下砧木的生长点，在

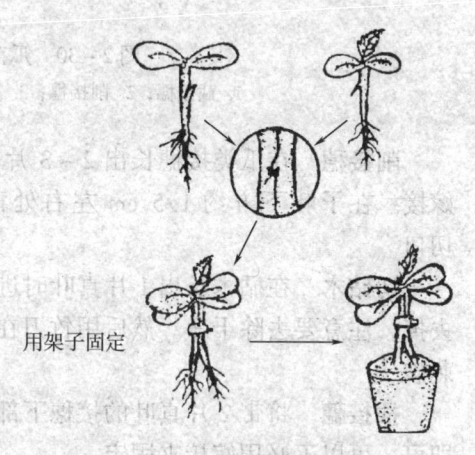

图2-29 瓜类靠接示意图

与子叶伸展方向相平行的子叶下方0.5~1.0 cm处，下40°斜切一长0.7 cm左右的斜口，深以达茎粗的3/5为度。刀片要利，切口才能光滑，利于愈合。

插接穗 将两个斜口对合在一起，使接穗子叶排在砧木子叶之上，并呈"十"字形，然后用嫁接夹固定，并使砧木茎朝外，接穗茎向里。通过夹子的斜面，可以把接口挤压得很紧。

（2）劈接

是成活率较靠接更高的一种嫁接方法。劈接的优点是嫁接部位较高，不易因浇水等原因而造成接口进水而致嫁接失败，但操作技术难度较大。如图 2-30 所示。

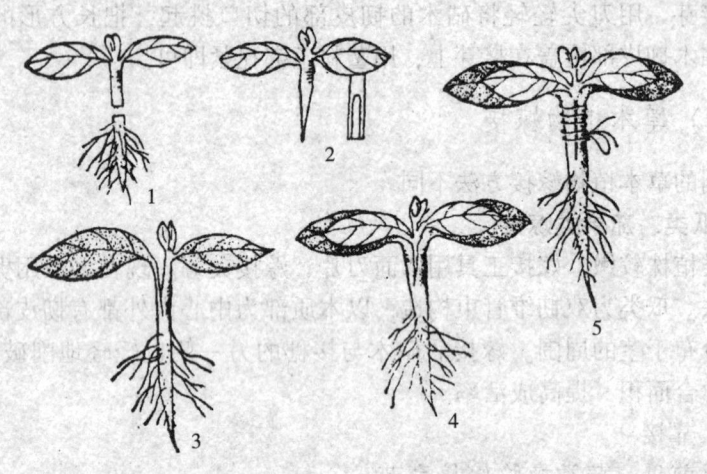

图 2-30　瓜苗劈接示意图
1. 截接穗；2. 削接穗；3. 劈砧木；4. 插入；5. 绑扎

削接穗　在瓜类接穗长出 2~3 片真叶、茄类接穗长出 5 片真叶时进行嫁接。在子叶下方约 1.5 cm 左右处截断接穗，削一长 1 cm 左右的楔形切口。

切砧木　在砧木长出 1 片真叶时进行。将砧木的生长点用双面刀片小心去掉，注意要去除干净。然后用竹刀在两片子叶中间纵刺，不要把砧木表皮刺破。

插接穗　将带 2 片真叶的接穗下部楔形部分插入砧木切口，将竹刀取出即可。可以不必用嫁接夹固定。

2. 菊花嫁接

用黄蒿、铁杆蒿等生长旺盛的植物做砧木，用大立菊做插穗，进行多次枝接，并通过扎制的方法，做成菊花伞、菊花宝塔、菊花圆镜、菊花球等各种大造型，提高观赏价值。

（1）接穗准备

接穗选用中花型的品种，有利于增加花朵的数量和大小，品种根据需求可单一一种，也可多色品种配置。将接穗前端部分叶片剪去，减少水分蒸发，离顶 5~6 cm 处向下削成楔形。

(2) 砧木准备

在 3—4 月将生长健壮的黄蒿等，从陆地移进大花盆中，加强水肥管理，并按所需要高度摘心定形，培养成主枝粗壮、侧枝繁茂，符合设计要求的砧木。砧木需要嫁接的部分，把枝条的顶剪去，留 5~10 cm，但要注意枝条不宜过老，以免造成枝条空心，嫁接成活率下降。砧木横断面纵切一刀。

(3) 插接穗

将接穗插入砧木中，用塑料条等绑扎紧。根据黄蒿生长情况，每隔 10 天，一层一层地嫁接，最后封顶。

接后，注意遮阴，避免蒸发量过大，一般 7~8 天即可成活。此后，及时除去砧木的萌芽。待接穗出现花蕾后按设计要求用竹圈、竹竿作支架固定起来。

(四) 仙人掌类植物嫁接

仙人掌类植物嫁接应使维管束相接才能成活。5—6 月是嫁接的适宜时间。嫁接的方法主要有平接、劈接和斜插接 3 种。

1. 平接法

球形仙人掌类多采用平接的方法。先把砧木的顶部横切削平，再把四周的皮肉呈 30°向外向下削掉，然后把接穗下部平整地切掉 1/3，并按切削砧木的方法将接穗向上向外斜削一圈。将接穗平放在砧木的切口上，髓部对准，维管束相接，然后用线绳连同花盆一起绑扎固定，置半阴、干燥处养护。方法如图 2-31 所示。

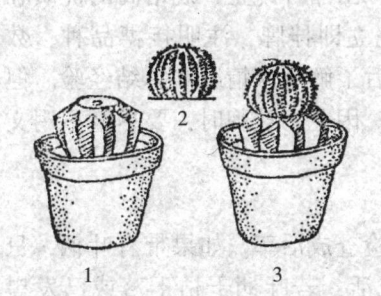

图 2-31 仙人球平接法示意图
1. 削砧木；2. 削接穗；3. 接穗与砧木对准；4. 绑扎

图 2-32 仙人掌的嫁接
1. 砧木；2. 接穗；3. 固定

2. 劈接法

常用于嫁接蟹爪兰等具扁平茎节的悬垂性种类。方法是，先将砧木留一定高度横切，在其顶部中心向下直切1~2 cm的切口。将接穗下端两面斜削成楔形，长度与砧木切口相等，露出维管束。然后，将接穗插入砧木髓部，使两者维管束对齐，最后用仙人掌长刺或竹针插入，在插接处横刺固定即可。放在半阴干燥处养护。方法如图2-32所示。

3. 斜插接法

多用于仙人掌或三棱剑作砧木，嫁接仙人指或蟹爪兰等扁平接穗。为了快速成型，常在一个砧木上接上几个接穗。方法是，先将砧木斜向髓心切一刀，切口要深入髓心，或者切口通过刺座。接穗削法同劈接法，然后斜插入切口，最后用刺固定。

嫁接完毕后，将盆放在温暖湿润、无直射阳光处，约1周后即能成活，并去固定的刺。嫁接成活与砧木接穗是否紧密接触关系很大，故应绑紧。为了防止接穗被勒坏，在不妨碍接穗顶部刺丛时可用软纸或棉花衬垫，然后再绑扎。必要时，还可"加压"，如用松紧带或牛皮筋将嫁接植株连盆一道纵向绑紧，或在接穗顶部加铁螺母等重物。

四、接后的管理

苗木嫁接后，要加强管理，才能提高成活率。不同于其他育苗方法的措施主要有：挂牌、成活率的检查、剪砧、解绑、补接、抹芽与除萌、日常田间管理等。

1. 挂牌

挂牌的目的是防止嫁接苗品种混杂，生产出品种纯正、规格高的优质壮苗。嫁接时，同品种接穗安排在一起，接完立即挂牌，注明接穗品种、数量、贮藏情况和嫁接日期、方法等，以便日后了解生产情况和总结经验。但是，要防止因挂牌而造成的经营机密的丧失。因此，挂牌时，要尽量不用文字，多用一些代号和字母来表示。

2. 检查成活率

对于生长季的芽接，接后7~15天即可检查成活率。如果带有叶柄，只要用手轻轻一碰，叶柄即脱落的，表示已成活；若叶柄干枯不落或已发黑的，表示嫁接未成活。不带叶柄的接穗，若芽已经萌发生长或仍保持新鲜状态的即已成活（如图2-33所示）；若芽片已干枯变黑，没有萌动迹象，则表明已经嫁接失败。秋季或早春的芽接，接后不立即萌芽的，检查成活率可以稍晚进行。

枝接或根接的，一般在嫁接后1个月左右检查成活率。若接穗保持新鲜，皮层不皱缩不失水，或接穗上的芽已经萌发生长，表示嫁接成活。根接的在检查成活情况时，须将绑扎物解除；嫁接时培土的，将土扒开检查。芽萌动或新鲜、饱满，切口产生愈合组织的，表示成活，应将土重新盖上，以防受暴晒死亡。新芽长至2～3 cm时，即可扒开覆土。

图2-33　检查芽接成活

3. 解除绑缚物

生长季节接后需立即萌发的芽接和嫩枝接，结合检查成活率要及时解除绑扎物，以免接穗生长受到抑制。方法是在接穗芽的背部，用锋利的刀片将绑扎物划破即可。不可划刀过深，过深易将砧木划破。当时不需立即萌发的，解除绑扎物可以稍晚，只要不影响接穗芽萌发即可。

枝接由于接穗较大，愈合组织虽然已经形成，但砧木和接穗结合常常不牢固，因此解除绑扎物不可过早，以防因其愈合不牢而自行裂开死亡。一般在接芽开始生长时先松绑，当接穗芽生长至4～5 cm时，将套在塑料袋或纸袋先端剪一个小洞，使幼芽经受外界环境的锻炼并逐渐适应4～5天后再脱袋。在接穗萌芽生长半月之后，即长30 cm左右时，再解绑。

4. 剪砧

剪砧是指在嫁接育苗时，剪除接穗上方砧木部分的一项措施。枝接中的腹接、靠接和芽接的大部分方法，需要剪砧，以利接穗萌芽生长。

采用"T"字形、方块形芽接等嫁接方法时，芽多在当年萌发，因此剪砧要早，一般在嫁接后立即进行，不必等成活后再进行。如果嫁接部位以下没有叶片，可以先折砧（即将砧木的木质部大部分折断，仅留一少部分的韧皮部与下部相连接），等接穗芽萌发后，长至10 cm左右时再剪砧。折砧的好处是：接穗萌芽前，砧木被折部分的叶片仍然可以继续制造养分输送到根系以满足其生长的需要，而砧木根系吸收的养分则不能运送到折断部分以上，只供接穗和砧木根系生长需要，有利于嫁接成活。尤其如桃、杏等，用先折砧、再剪砧的方法，能明显提高成活率。

剪砧可以一次完成，也可以分两次完成。一次完成的，一般在接穗芽上1 cm左右，过高不利于接穗芽萌发，过低容易造成接穗芽的失水死亡。如

图2-34所示。分两次完成的，第一次可以稍高些，在接穗上方2~3 cm；第二次在正常位置剪砧。折砧一般在接穗芽上2~3 cm，折后再剪的高度与剪砧时一样。

秋季嫁接，当年不需芽萌发而要在翌春才萌发的，应在萌芽前及时剪砧。

5. 抹芽和除萌

剪砧后，由于砧木和接穗的差异，砧木上常萌发许多蘖芽，与接穗同时生长或者提前萌生。蘖芽会与接穗竞争并消耗大量的养分，不利于接穗成活和生长。为了集中养分供给接穗生长，要及时抹除砧木上的萌芽和萌条。如果嫁接部位以下没有叶片，也可以将一部分萌条留1~2片叶摘心，促进接穗生长。待接穗生长到一定程度再将这些萌条剪除。抹芽和除萌一般要反复进行多次。

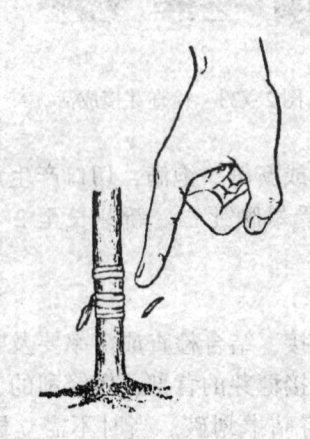

图2-34 剪砧位置示意图

6. 补接

嫁接失败后，应抓紧时间进行补接。如芽接失败且已错过补接的最好时间，可以采用枝接补接；对枝接失败未成活的，可将砧木在接口梢下处剪去，在其萌条中选留一个生长健壮的进行培养，待到夏、秋季节，用芽接法或枝接法补接。

7. 立支柱

接穗在生长初期很细嫩，在春季风大的地方，为防止接口或接穗新梢风折和弯曲，应在新梢生长至30~40 cm时立支柱。防止风吹倒或吹折新梢。方法如图2-35所示。

8. 常规田间管理

嫁接成活后，根据苗木生长状况及生长规律，应加强肥水管理，适时灌水、施肥、除草松土、防治病虫害，促进苗木生长。

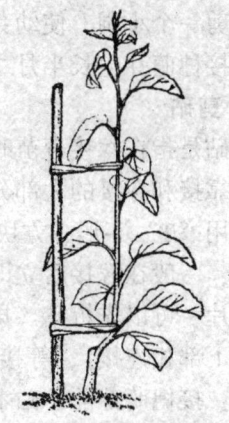

图2-35 立支柱示意图

第七节 园林植物的组织培养育苗

一、组织培养概述

组织培养是指在无菌和人工控制的条件下，将植物体的离体活组织部分，接种到培养瓶中的培养基上，使其形成完整植株的繁殖方法。利用组织培养技术进行园林植物种苗生产具有以下优点。

1. 繁殖速度快

从理论上推算，一个茎尖一年内可增殖几十万倍。这对加速新品种的推广更为有利。作为新品种，往往因繁殖材料少，影响了向生产推广的速度。若利用茎尖组织进行组织培养繁殖，便可以在短期繁殖大量幼苗，使新品种能在短期内推广到生产中去，也能使种苗生产企业获得显著的经济效益。

2. 繁殖脱毒苗

长期无性繁殖的植物都容易感染病毒。植株感染病毒后会造成生活力衰退，产量降低，品质变劣，导致品种退化。利用茎尖分生组织（0.2～0.3 mm）进行组织培养，可以脱掉病毒，培养出无病毒苗（或称为脱毒苗）。脱毒苗长势强健，抗逆性强，产花量高，品质优，经济效益也会显著提高。

3. 不受季节限制

采用组织培养方法繁殖苗木可以不受季节限制，一年四季均可进行，在人工控制的条件下实现育苗工厂化，可根据市场需要随时提供幼苗。

组织培养虽然具有如此多的优点，但需要实验室、设备、药品等，操作及培养技术比其他方法要求高，育苗成本相对较高。目前，主要用于商品价值较高或采用常规繁殖方法不易繁殖的名优花卉种苗生产，如洋兰、红掌、香石竹、观赏凤梨等。

二、组织培养繁殖的基本原理

植物组织培养是根据植物细胞全能性的理论发展起来的一项新技术。细胞全能性是指植物体中每个具有完整细胞核的细胞，都具有该植物的全部遗传信息和产生新的完整植株的能力。在植物个体生长发育的过程中，从一个受精卵可产生具有完整形态和结构、机能的植株。同样，植物的体细胞也具备遗传信息的传递、转录和翻译的能力。在一个完整植株上某部分体细胞只是表现一定的形态，具有一定的功能，这是由于它们受到具体器官和组织所在环境的束缚，其遗传力并没有丧失。体细胞一旦脱离原来所在的器官或组织，成为离体状态时，在一定的营养、激素和环境条件的作用下，就表现出全能性，而生长发育成完整的植株。

三、组织培养的条件

（一）组织培养室的建立

1. 组织培养室的规划设计

（1）准备室

准备室的工作内容多，处理事务数量大，设计时面积需适当大些。一般将准备室分成两间，一间用作器具的洗涤、干燥、存放，蒸馏水的制备，培养基的配制、分装、包扎、高压灭菌等，同时兼顾试管苗的出瓶、清洗与整理工作；另一间用于药品的存放、天平的放置及各种药品的配制。

（2）接种室

接种室主要用于无菌条件下的工作，也称无菌操作室。主要用作培养材料的表面灭菌、外植体的接种、无菌材料的继代转苗、生根培养等。无菌室要求干爽、安静，清洁明亮，使室内保持良好的无菌或低密度有菌状态。

（3）培养室

培养室是培养试管苗的场所，一般配置空调机控制室内温度保持恒温条件。在培养架上安装普通白色荧光灯作为光源。要求室内空气洁净、干燥。

2. 主要设备及器材

（1）培养基制备的设备与器材

制备培养基的设备与器材包括：①天平：感量 0.1~0.01 g 天平用于称量大量元素、琼脂和蔗糖等，感量 0.001 g 天平用于称量植物激素、微量元素、维生素等。②酸度计：配制培养基时用酸度计来测定和调整培养基的 pH 值。也可用 pH 值为 5.0~7.0 的精密试纸来代替。③蒸馏水器：用来制取蒸馏水。去离子水是用离子交换器制备的，成本低廉，但不能除去水中的有机物。④冰箱：用于存放培养基母液、生物试剂等。⑤烘箱：用于烘干玻璃器皿。⑥高压灭菌锅：用于培养基、无菌水、接种器械的灭菌消毒。类型有小型手提式、中型立式和大型卧式等。⑦晾瓶架：用于放置晾干玻璃器皿。⑧水槽：供洗涤玻璃器皿等用。⑨实验台：用于配制培养基等操作。

⑩药品柜：存放化学试剂等。⑪玻璃器皿：烧杯（100 ml、250 ml、500 ml、1000 ml），量筒（10 ml、100 ml、500 ml），三角瓶（50 ml、100 ml、125 ml），容量瓶（100 ml、250 ml、500 ml、1000 ml），培养皿（100 ml、150 ml），广口瓶（250 ml、500 ml），吸管（0.5 ml、1 ml、2 ml、5 ml、10 ml）等。

（2）无菌接种的设备与器材

无菌接种设备与器材包括：①超净工作台：由鼓风机、过滤板、操作台、紫外线灯和照明灯等部分组成。在工作状态下，它可过滤掉空气中大于 0.3 μm 的尘埃、真菌和细菌孢子，保持工作环境干净无菌。②接种工具：有镊子、剪刀、解剖刀、酒精灯及双目实体解剖镜。常用的镊子有尖头镊子和枪形镊子。尖头镊子用来解剖和剥离茎尖，枪形镊子用来接种外植体和转移培养物。剪刀有解剖剪和弯头剪，用于剪取外植体材料。解剖刀用于切割分离培养材料。酒精灯用于金属接种工具的灭菌和在其火焰无菌圈内进行无菌操作。双目实体解剖镜用于茎尖生长点的剥离。

（3）培养设备

培养设备是指专为培养物创造适宜的光照、温度、湿度、气体等条件的设备，包括：①空调机：通过升温及降温来保持培养室温度的相对恒定。②定时器：供控制光照时间用。③除湿机：供改善培养室湿度用。④培养架：供放置培养瓶用。培养架的骨架可用万能角钢组装而成，其规格为高 2~2.5 m，长 1 m，宽 0.5 m，层间距 30~40 cm，用平板玻璃作横隔板，每层上方配制两支功率为 30 W 的日光灯，侧面安装拉线开关控制照明。⑤光照培养箱：供光照培养用，多用于外植体分化培养和试管苗生长。

（二）培养基的成分

1. 培养基的基本组成

用于植物组织培养的培养基种类已有几十种，但基本组成都包括无机营养元素、有机附加成分、碳素、琼脂、生长调节剂、水等。

（1）无机营养元素

无机营养元素包括大量元素与微量元素。大量元素包括氮、磷、钾、钙、镁、硫等。它们是植物细胞中构成核酸、蛋白质、酶系、叶绿素以及生物膜所必不可少的营养元素。微量元素包括铁、硼、锰、锌、铜、钼、氯等。它们在植物细胞生命活动过程中，以酶系中的辅基形式起着重要作用。

（2）有机附加成分

包括维生素、肌醇、氨基酸等。维生素以辅酶的形式参与酶系的活动，对细胞中的蛋白质、脂肪、糖代谢等活动起重要的作用,主要有硫胺素、吡哆素、烟酸、生物素等。肌醇本身没有促进生长的作用,但有助于活性物质发挥作用并参与糖代谢,能促进培养物快速生长。氨基酸主要有甘氨酸、丙氨酸、丝氨酸、谷氨酰胺、酪氨酸或水解酪蛋白等。它们能促进不定芽、胚状体的分化。

(3) 糖

糖是培养物不可缺少的碳源和能源,还可维持一定的渗透压。其中最好的是蔗糖,其次是葡萄糖和果糖。愈伤组织与不定芽诱导最适的蔗糖浓度为3%。

(4) 琼脂

琼脂是培养基中起支持作用的一种胶体凝固剂。它具有无毒、无味、化学性质稳定、遇热液化、冷却后固形化,可使各种可溶性物质均匀地扩散分布等特性。一般用量为0.5%~0.8%,培养基偏酸时用量可酌量增加。加热时间过长,环境温度过高均会影响固化。

(5) 植物生长调节剂

又称植物激素,对培养中外植体的形态建成(即不定芽、胚状体、不定根等)起重要而明显的作用。常用的主要有三大类:细胞分裂素类、生长素类及赤霉素类。①细胞分裂素类:包括激动素(KT)、6-苄氨基嘌呤(6-BA)、玉米素(ZT)等。其作用强弱依次为ZT>BA>KT。它们都具有促进细胞分裂、延缓组织衰老、诱导不定芽分化等作用。②生长素类:包括有吲哚乙酸(IAA)、吲哚丁酸(IBA)、萘乙酸(NAA)、2,4-D等。其作用强弱依次为2,4-D>NAA>IBA>IAA。它们能促进不定根分化。低浓度2,4-D有利于胚状体的分化。③赤霉素类:通常采用的是从赤霉菌发酵液中提取的赤霉酸(GA3),它不利于不定芽、不定根的分化,但能促进已分化芽的伸长生长。

(6) 水

水是生命所必不可少的,也是细胞的主要组成成分之一。水使细胞质呈胶体状态、活化状态,是细胞中各种生理、生化反应的介质,并为植物体提供氢、氧元素。在研究工作中宜选用蒸馏水或饮用纯净水。工厂化大量生产时,可考虑用来源方便的水源,但要水质较软、清洁、无毒害,配制培养基不会产生沉淀。

(7) pH值

培养的植物材料大多数要求弱酸性的培养基环境,一般应将培养基的

pH 值用 1 mol 的盐酸或氢氧化钠调整到 5.6~5.8 的范围内，有时到 6.0。少数喜酸性植物要调至 4.6~5.4。

(8) 其他成分

培养基中的其他成分有：①天然生长促进物质：在离体胚珠和胚培养中，采用天然生长促进物质，如椰子汁、酵母提取液、柑橘汁、番茄汁、麦芽提取液、黄瓜汁等，能取得较好的效果。②药用炭：药用炭具有强大的吸附能力，主要吸附非极性物质和色素等大分子，以减少一些有害物质的影响。通常使用浓度为 0.5~10 g/L。③防止酚类物质污染的添加剂：植物组织会在切割时溢泌一些酚类物质。酚类物质接触空气中的氧气后，自动氧化或由酶类催化氧化为相应的醌类，产生可见的茶色或褐色，这就是酚污染。这些物质渗出细胞外就造成自身中毒，使培养的材料生长停顿，失去分化能力，最终变褐死亡。常用的抗酚类氧化试剂有半胱氨酸及其盐酸盐、抗坏血酸、谷胱甘肽等。

2. MS 培养基（Murashige 和 Skoog，1962 年）

见表 2-14 所示。

表 2-14　MS 培养基的主要成分

化合物	浓度（mg/L）	化合物	浓度（mg/L）
$CaCl_2 \cdot 2H_2O$	440	$CuSO_4 \cdot 5H_2O$	0.025
KNO_3	1 900	$CoCl_2 \cdot 6H_2O$	0.025
$MgSO_4 \cdot 7H_2O$	370	甘氨酸	2
NH_4NO_3	1 650	盐酸硫胺素	0.4
KH_2PO_4	170	盐酸吡哆素	0.5
铁盐	5（mL）	烟酸	0.5
$MnSO_4 \cdot 4H_2O$	22.3	肌醇	100
$ZnSO_4 \cdot 7H_2O$	8.6	蔗糖	30 000
H_3BO_3	6.2	琼脂	6 000~10 000
KI	0.83	pH 值	5.8
$Na_2MoO_4 \cdot 2H_2O$	0.25		

*铁盐：7.45 g Na_2-EDTA（乙二胺四乙酸钠）和 5.57 g $FeSO_4 \cdot 7H_2O$ 溶于 1 L 水中，每升培养基取此液 5 ml。

3. 米勒培养基（Miller，1962年）

见表2-15所示。

表2-15 米勒培养基的主要成分

化合物	浓度（mg/L）	化合物	浓度（mg/L）
$Ca(NO_3)_2 \cdot 4H_2O$	347	H_3BO_3	1.6
KNO_3	1 000	KI	0.8
$MgSO_4 \cdot 7H_2O$	35	甘氨酸	2
NH_4NO_3	1 000	盐酸硫胺素	0.1
KH_2PO_4	300	盐酸吡哆素	0.1
$Na_2-Fa-EDTA$	32	烟酸	0.5
$MnSO_4 \cdot 4H_2O$	4.4	蔗糖	30 000
$ZnSO_4 \cdot 7H_2O$	1.5	琼脂	6 000~10 000
HCl	65	pH值	6.0

4. 尼许培养基（Nitsch，1969年）

见表2-16所示。

表2-16 尼许培养基的主要成分

化合物	浓度（mg/L）	化合物	浓度（mg/L）
$CaCl_2$	166	叶酸	0.5
KNO_3	509	生物素	0.5
$MgSO_4 \cdot 7H_2O$	185	甘氨酸	2
NH_4NO_3	720	硫胺素	0.5
KH_2PO_4	68	吡哆素	0.5
铁盐	同MS	烟酸	0.5
$MnSO_4 \cdot 4H_2O$	25	肌醇	100
$ZnSO_4 \cdot 7H_2O$	10	蔗糖	20 000
H_3BO_3	10	琼脂	6 000~10 000
$CuSO_4 \cdot 5H_2O$	0.025	IAA	0.1
$Na_2MoO_4 \cdot 2H_2O$	0.025		

5. H 培养基

见表 2-17 所示。

表 2-17 H 培养基的主要成分

化合物	浓度（mg/L）	化合物	浓度（mg/L）
$CaCl_2 \cdot 2H_2O$	166	叶酸	0.5
KNO_3	950	生物素	0.05
$MgSO_4 \cdot 7H_2O$	185	甘氨酸	2
NH_4NO_3	720	硫胺素	0.5
KH_2PO_4	68	吡哆素	0.5
铁盐	同 MS	烟酸	5
$MnSO_4 \cdot 4H_2O$	25	肌醇	100
$ZnSO_4 \cdot 7H_2O$	10	蔗糖	20 000
H_3BO_3	10	琼脂	6 000~10 000
$CuSO_4 \cdot 5H_2O$	0.025	pH 值	5.5
$Na_2MoO_4 \cdot 2H_2O$	0.25		

6. 改良 White（怀特）培养基

见表 2-18 所示。

表 2-18 改良 White（怀特）培养基的主要成分

化合物	浓度（mg/L）	化合物	浓度（mg/L）
$Ca(NO_3)_2 \cdot 4H_2O$	300	MoO_3	0.000 1
KNO_3	80	$CuSO_4 \cdot 5H_2O$	0.001
$MgSO_4 \cdot 7H_2O$	720	甘氨酸	3
$Fe_2(SO_4)_3$	2.5	硫胺素	0.1
KCl	65	吡哆素	0.1
Na_2SO_4	200	烟酸	0.3
$MnSO_4 \cdot 7H_2O$	7	肌醇	100
$ZnSO_4 \cdot 7H_2O$	3	蔗糖	20 000
H_3BO_3	1.6	琼脂	6 000~10 000
$Na_2H_2PO_4 \cdot H_2O$	16.5	pH 值	5.6

7. N6 培养基[*]

见表 2-19 所示。

表 2-19 N6 培养基的主要成分

化合物	浓度（mg/L）	化合物	浓度（mg/L）
$CaCl_2 \cdot 2H_2O$	166	KI	0.8
KNO_3	2 830	琼脂	6 000~10 000
$MgSO_4 \cdot 7H_2O$	185	甘氨酸	2
$(NH_4)_2SO_4$	463	盐酸硫胺素	1.0
KH_2PO_4	400	盐酸吡哆素	0.5
H_3BO_3	1.6	烟酸	0.5
$MnSO_4 \cdot 4H_2O$	4.4	pH 值	5.8
$ZnSO_4 \cdot 7H_2O$	1.5	蔗糖	50 000

*此培养基适用于单子叶植物花药培养。

（三）环境条件

1. 温度

培养物生长的最适温度同该植物生长所需最适温度基本上是一致的，通常培养温度控制在 25 ℃ ±2 ℃范围内。

2. 光照

采用日光灯作为光源。光照强度在茎尖的起始培养及试管苗继代增殖培养阶段以 1 000~3 000 lx 为宜，生根成苗以及小植株的生长以 3 000~10 000 lx 为宜。每日光照时间通常采用 12~16 h。

3. 气体

培养瓶中的气体成分会影响到培养物的生长和分化。在固体培养时，培养物应露于表面。在培养过程中，培养物产生的乙烯、二氧化碳、乙醇等气体都会影响培养物的生长和分化。采用透气膜作为培养瓶的封口，可以调节瓶内的气体同外界进行交换，促进培养物的生长。

四、组织培养的操作技术

（一）培养基的制备

1. 配制前的准备

必须将所用的一切玻璃器皿洗净。方法是，用清水冲洗后，浸入洗洁净水中刷洗，再用清水内外冲洗，使器皿光洁透亮，然后用蒸馏水冲 1~2 次，最后晾干或烘干备用。

2. 母液配制

培养基的种类很多，但生产中常用的培养基以 MS 培养基为基础。现以 MS 培养基为例介绍培养基的配制方法（表 2-20）。

表 2-20　MS 培养基母液配制方法

母液编号	成分	称量 (g)	配制方法	每配 1 L 培养基的取量
Ⅰ 大量元素母液	KNO_3 $MgSO_4 \cdot 7H_2O$ NH_4NO_3 KH_2PO_4 $CaCl_2 \cdot 2H_2O$	19 3.7 16.5 1.7 4.4	(1) 将 $CaCl_2 \cdot 2H_2O$ 溶于 300 ml 水中； (2) 将其中 4 种盐都溶于 500 ml 水中； (3) 混合上述两种溶液，定容至 1 000 ml	100 ml
Ⅱ 微量元素母液	$MnSO_4 \cdot 4H_2O$ $ZnSO_4 \cdot 7H_2O$ H_3BO_3 KI $Na_2MoO_4 \cdot 2H_2O$ $CuSO_4 \cdot 5H_2O$ $CoCl_2 \cdot 6H_2O$	22.3 8.6 6.2 0.83 0.25 0.025 0.025	将 7 种微量元素先溶于 800 ml 水中，然后定容至 1 000 ml	1 ml
Ⅲ 维生素母液	硫胺素 吡哆醇（醛） 烟酸 甘氨酸	0.05 0.05 0.05 0.2	4 种物质先溶于 80 ml 水中，再定容至 100 ml	1 ml
Ⅳ 肌醇母液	肌醇	1.0	溶解并定容于 100 ml	10 ml
Ⅴ 铁盐母液	Na_2-EDTA $FeSO_4 \cdot 7H_2O$	3.73 2.78	两种物质分别溶解在 200 ml 水中，分别加热煮沸。然后混合两种溶液继续加热煮沸。冷却定容至 500 ml	5 ml

将基本培养基按表配制成母液，放在冰箱中保存，用时按需要稀释。配母液用的水应采用蒸馏水或去离子水。配母液称重时，克以下的重量宜用感量 0.01 g 的天平，0.1 g 以下的重量最好用感量 0.001 g 的天平称。蔗糖、琼脂可用感量 0.1 g 的粗天平。

3. 生长调节剂母液配制

通常配成 1 mg/ml 的母液，这样的浓度即便于计算所需量，也可避免冷藏时结晶的析出。

(1) 生长素类母液 (1 mg/ml) 的配制

称取 100 mg 吲哚乙酸（IAA）或吲哚丁酸（IBA）、萘乙酸（NAA）等，放入 100 ml 的烧杯中，用数滴浓度为 1 mol NaOH 溶液使之溶解，加少量水。待完全溶解后将溶液倒至 100 ml 容量瓶中；用水涮洗上述烧杯，把该液也倒至 100 ml 容量瓶中；再洗数次并倒入容量瓶中，最后定容至刻度。反复摇动容量瓶，均匀后倒至棕色试剂瓶中，贴上标签存放在冰箱中。

(2) 细胞分裂素类母液 (1 mg/ml) 的配制

方法与其上大致相同，所不同之处为用 0.1~1 mol HCl 溶解，再用水定容。

(3) 赤霉素母液 (1 mg/ml) 的配制

称取 100 mg 赤霉素，用95%酒精溶解定容在 100 ml 容量瓶中。

4. 培养基配制

(1) 溶解琼脂和蔗糖

在 1 000 ml 的烧杯中加入 600~700 ml 纯净水，然后将称好的 6 g~8 g 琼脂粉放进烧杯中加热煮溶。待琼脂完全溶解后，加入 30 g 蔗糖，搅拌溶解。

(2) 加入母液

将母液 Ⅰ、Ⅱ、Ⅲ、Ⅵ、Ⅴ，按表中每配 1 L 培养基取母液所需量，分别加入到烧杯中，再加所需生长素和细胞分裂素，加水定容至 1 000 ml。

(3) 调节 pH 值

搅拌后静止，用酸度计或 pH 值精密试纸测定 pH 值，以 1 mol NaOH 或 1 mol HCl 将 pH 值调至 5.8。

5. 分装培养基

用漏斗或下口杯将培养基分装到培养瓶中，注入量约为瓶容积的 1/4。分装动作要快。培养基冷却前应灌装完毕，且尽可能避免培养基粘在瓶壁上。

6. 培养瓶封口

用塑料封口膜、塑料瓶盖等材料将瓶口封严。

7. 培养基灭菌

将包扎密封好的培养瓶放在高压蒸汽灭菌锅中灭菌，在温度为 121 ℃、压力 107.9 kPa 下维持 15 min～20 min 即可。待压力自然下降到零时，开启放气阀，打开锅盖，取出后在干净柜中存放。

灭菌时应注意的问题是在稳压前一定要将灭菌锅内的冷空气排除干净，否则达不到灭菌的效果。其次是灭菌的时间不宜过长，温度要严格控制在 121 ℃。过高的温度与过长的灭菌时间，会引起蔗糖降解；在磷酸盐的作用下，促使葡萄糖转化为酮糖及其他产物，磷酸盐与铁结合而沉淀，玻璃中的可溶性物质释放到培养基中等。

（二）外植体的选择与消毒

1. 外植体的选择

从田间采回的准备接种用的材料称为外植体。对外植体进行表面灭菌获得无菌材料，是组织培养成功与否的重要环节。

组织培养所选用的外植体，可取植物的茎尖、侧芽、叶片、叶柄、花瓣、花萼、胚轴、鳞茎、根颈、花粉粒、花药等器官。以快繁为主要目的时大多采用茎尖、侧芽等。一般情况下，生长期较幼嫩的材料更容易分化，培养效果较好。到田间取材时，一般应准备塑料袋、锋利的刀剪、标签、笔等。取材时间应选在晴天上午 10 时左右，阴雨天不宜。同时应尽量选择离开地表、老嫩适中的材料。要从健壮无病的植株上选取外植体。

从田间植株上采取的外植体比从温室植株采到的外植体更易受感染。如果我们必须从田间植株上采取外植体，最好先把这个植株种在室内的容器内，让其在室内发育新的嫩芽，然后用新发育成的嫩芽进行培养。在室内种植时，采用无土栽培，基质灌溉，保持 36～38 ℃ 的温度条件下生长几天或几个月，在这种条件下长出来的新梢不易造成污染。

2. 外植体的消毒

不同的外植体所采用的消毒方法不同，通常先用流水冲洗 2 h 以上，再按表 2–21 的顺序进行消毒。

表 2–21　植物不同外植体的消毒顺序

组织	消毒顺序			备注
	第一步	第二步	第三步	
种子	70% 乙醇中浸泡 10 分钟后再用无菌水漂洗	10% 次氯酸钠浸 20～30 min	无菌水洗 3 次，在无菌水中发芽、或无菌水洗 5 次在滤纸上发芽	用幼根或幼芽发生愈伤组织

续表

组织	消毒顺序 第一步	消毒顺序 第二步	消毒顺序 第三步	备注
果实	70%乙醇迅速漂洗	2%次氯酸钠浸10 min	无菌水反复冲洗，再剥除种子或内部组织	获得无菌苗
茎切断	自来水洗净后再用70%乙醇漂洗	2%次氯酸钠浸15~30 min	无菌水冲洗3次	直立在琼脂培养基上或切取出组织进行培养
贮藏器官	自来水洗净	2%次氯酸钠浸20~30 min	无菌水冲洗3次，滤纸吸干	从消毒材料内部取出组织进行培养
叶片	自来水洗净后吸干再用纯酒精漂洗	0.1%氯化汞浸1 min或10%次氯酸钠浸15~20 min	无菌水反复冲洗，滤纸吸干	选用嫩叶，叶片平放在培养基上，或叶柄插入培养基内
根	自来水洗净（凹凸不平处用毛刷轻刷）吸干后放入70%乙醇中漂洗	0.1%~0.2%氯化汞浸5~10 min	无菌水反复冲洗，滤纸吸干	

（三）接种

接种是组织培养过程中易于污染的一个环节，操作过程必须在无菌条件下进行。操作要领如下。

1. 接种前的准备工作

接种前的准备工作包括：①每次接种或继代繁殖前，应提前30 min打开接种室和超净工作台上的紫外线灯进行灭菌，然后打开超净工作台的风机，吹风10 min。②操作人员进入接种室前，用肥皂和清水将手洗干净，换上经过消毒的工作服和拖鞋，并戴上工作帽和口罩。③开始接种前，用70%的酒精棉球仔细擦拭手和超净工作台面。④准备一个灭过菌的培养皿或不锈钢盘，内放经过高压灭菌的滤纸片。解剖刀、医用剪刀、镊子、解剖针等用具应预先浸在95%的酒精溶液内，置于超净工作台的右侧。每个台位至少备2把解剖刀和2把镊子，轮流使用。⑤接种前先点燃酒精灯，然后将解剖刀、镊子、剪子等在火焰上方灼烧后，晾于架上备用。

2. 接种操作

接种操作包括：①用镊子将植物材料夹到已高压灭菌、盛有滤纸的培养皿中，在超净工作台上将外植体切成 3～5 mm 的小段；在双筒解剖镜下剥离的茎尖分生组织大小约为 0.2～0.3 mm，经过热处理的材料可带 2～4 个叶原基，切生长点长约 0.5 mm。②将培养瓶倾斜拿住。打开瓶塞前，先在酒精灯火焰上方烤一下瓶口，然后打开瓶塞，并尽快将外植体接种到培养基上。注意，材料一定要嵌入培养基，而不要只是放在培养面上。塞住瓶塞以前，再在火焰上方烤一下。③每切一次材料，解剖刀、镊子等都要放回酒精内浸泡，并灼烧。

除上述常规操作步骤以外，对于新建的组织培养室首次使用以前，必须进行彻底的擦洗和灭菌。先将所有的角落擦洗干净，然后用甲醛或高锰酸钾灭菌，其后再用紫外线灯照射。

（四）培养

1. 初代培养

也称诱导培养。培养基由于植物种类的不同而不同，通常是 MS 基本培养基加入适量的植物生长调节及其他成分。首先在 25 ℃下进行暗培养，待长出愈伤组织后转入光培养。此阶段主要诱导芽体解除休眠，恢复生长。

2. 增殖培养

也称继代培养。将见光变绿的芽体组织从诱导培养基转接到芽丛培养基上，在每天光照 12～16 h、光照强度 1 000～2 000 lx 条件下培养，不久即产生绿色丛生芽。将芽丛切割分离，进行继代培养，扩大繁殖，平均每月增殖一代，每代增殖 5～10 倍。为了防止变异或突变，通常只继代培养 10～12 次。根据需要，一部分进行生根培养，一部分仍继代培养，陆续供用。

3. 生根培养

培养基通常为 1/2MS 培养基加入适量的植物生长调节剂。切取增殖培养瓶中的无根苗，接种到生根培养基上进行诱根培养。有些易生根的植物在继代培养中通常会产生不定根，可以直接将生根苗移出进行驯化培养。或者将未生根的试管苗长到 3～4 cm 长时切下来，直接栽到蛭石为基质苗床中进行瓶外生根，效果也非常好，省时省工，降低成本。

4. 驯化培养

发根的组培苗或称试管苗从培养瓶中移出,在温室中栽培,至苗长大发生5~6片叶的植株为止的过程为驯化培养阶段,这是组培苗从异养到自养的阶段。

组培苗移出前要加强培养室的光照强度和延长光照时间,进行光照锻炼。一般进行7~10天。再打开瓶盖,让试管苗暴露在空气中锻炼1~2天,以适应外界环境条件。

移栽基质最好用透气性强的蛭石、珍珠岩与泥炭。如果栽植在土壤中,土壤应为疏松的沙壤土、沙土掺入少量有机质或林地的腐殖质土。用营养钵育苗,可用直径6 cm的塑料营养钵。移栽时选择2~4 cm、3~4片叶的健壮试管苗,将根部培养基冲洗干净,以避免微生物污染而造成幼苗根系腐烂。如果是瓶外生根,将植株基部愈伤组织去掉,用水冲洗一下,直接插入基质中。移栽后浇透水,加塑料罩或塑料薄膜保湿。

炼苗的最初7天,应保持90%以上的空气相对湿度,适当遮阴避免曝晒。7天以后适当通风降低空气相对湿度,温度保持在23~28 ℃。半月后去罩,掀膜,每隔10天喷一次稀释50倍的MS大量元素母液。培养约2个月后,试管苗便可出圃(图2-36)。

五、园林植物组织培养育苗实例

(一) 月季

1. 取材、消毒与接种

从田间或盆栽的优良品种上,选取生长健壮的当年生枝条,用饱满而未萌发的侧芽或顶芽作为外植体。侧芽以枝条中段的为好,接种后萌发早,基部和梢部的芽萌发相对较迟。将采回的枝条剪去叶,除去叶柄和皮刺,用自来水冲洗干净,剪切成2~3 cm小段,每段有一侧芽。在超净工作台用8%次氯酸钠溶液进行表面消毒20 min,或用0.1%氯化汞溶液加适量吐温消毒8~12 min。消毒后用无菌水冲洗3次以上,用灭过菌的纱布吸干茎段表面的水分。在超净工作台无菌条件下剥离茎尖并接种。

2. 培养

(1) 培养基

诱导培养基为MS + BA 0.5~1 mg/L;继代增殖培养基为MS + BA 1~2 mg/L + IAA 0.1~0.3 mg/L 或 MS + BA 1~2 mg/L + NAA 0.01~0.1 mg/L;

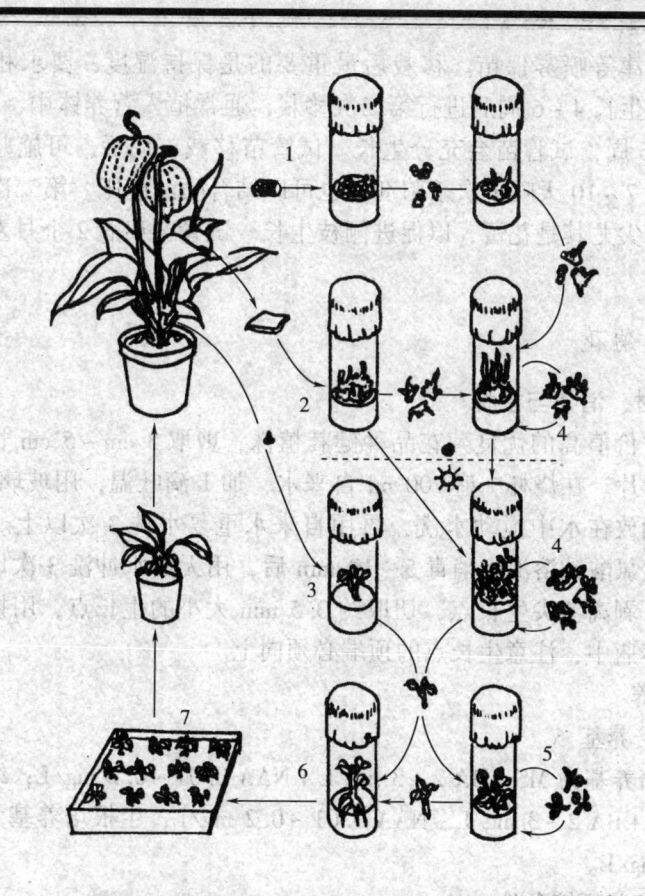

图 2-36 红掌组织培养示意图
1. 花序组织培养；2. 叶肉组织培养；3. 茎尖组织培养；
4、5. 继代培养；6. 生根培养；7. 移栽驯化；●暗培养 ☼光照培养

生根培养基为 1/2MS + IAA 1.0 mg/L 或 NAA 0.5 mg/L。

（2）培养环境条件

温度以 21 ℃最好，光照 10~12 h，光强 800~1 200 lx。

3. 移栽驯化培养

幼苗出瓶后，先洗去黏附的琼脂培养基，再种植到移栽基质中。常用基质有蛭石；稻壳灰+田园土（1:1）；锯木屑+田园土（1:1）；粗沙+田园土（1:3）。总的原则是疏松通气，有一定的保水、保肥能力。种植株行距约（2~3 cm）×（4~6 cm）。移栽完毕后浇透水，并用 0.1%百菌清、多

菌灵或托布津等喷雾保苗。移栽后最重要的是保持湿度,要求相对湿度在85%以上。生长4~6周后进行第二次移栽,通常植入营养钵中,每钵1株。再经过4~6周,试管苗会充分生长。试管苗移栽1周后,可施些稀薄的追肥,通常每7~10天喷1次杀菌剂,也可以结合喷药施肥。第二次移栽后应及时掐去顶尖尤其是花蕾,以促进侧枝生长。试管苗出瓶2个月左右,即可成苗。

(二)菊花

1. 取材、消毒与接种

选观赏价值高的优良菊花品种健壮植株,剪取3 cm~5 cm长的嫩茎顶梢,去除叶片。在烧杯中盛700 ml自来水,加1滴吐温,用玻璃棒搅动水,然后将嫩梢放在水中搅动水洗,再用自来水重复水洗3次以上。将芽浸入5%~8%次氯酸钠溶液中消毒5~10 min后,用无菌水冲洗3次以上。在双目解剖镜下剥离茎尖生长点,切取约0.5 mm大小的生长点,用接种针挑取接种于培养瓶中,注意生长点的顶端必须向上。

2. 培养

(1)培养基

诱导培养基为MS + BA 2~3 mg/L + NAA 0.01~0.2 mg/L;继代增殖培养基为MS + BA 2~3 mg/L + NAA 0.01~0.2 mg/L;生根培养基为1/2MS + NAA 0.1 mg/L。

(2)培养环境条件

温度24~26 ℃为最好,光照时数每天12~16 h,光强1 000~4 000 lx。

(3)移栽驯化培养

方法同上。也可利用菊花嫩茎易于生根的特点,直接剪去2~3 cm长的嫩茎扦插到蛭石、珍珠岩或纯净的河沙基质中,可免去试管生根一道工序。

第八节　园林植物的其他育苗方法

一、分生育苗

分生育苗是利用植物体的再生能力,将植物体再生的新个体与母株人为地进行分离,另行栽植培育。该育苗方法具有简单易行、成活率高、成苗快等优点，在生产中主要用于丛生性强、萌蘖性强和能形成球根的宿根花卉、球根花卉以及部分灌木的育苗。

（一）宿根花卉分生育苗

宿根花卉能通过宿存在土壤中的根及根颈再生出众多的萌芽、吸芽和匍匐茎进行分生育苗。一般可在春季将整株挖起，将带根的幼苗与母株分离，另行栽植即可，但是芍药一般在秋季进行。此法适用于荷兰菊、随意草、宿根福禄考、萱草、菊花、芍药、荷包牡丹等。

（二）球根花卉分生育苗

球根花卉植株能形成肥大的地下变态器官。根据器官的来源不同可分为块根类、根颈类、块茎类、球茎类、鳞茎类等。

1. 块根类分生育苗

块根通常成簇着生于根颈部，不定芽生于块根与茎的交接处，而块根上没有芽，在分生时应从根颈处进行切割。此法适用于大丽花、花毛茛等。

2. 根颈类分生育苗

用利刀将粗壮的根颈分割成数块，每块带有 2~3 个芽，另行栽植培育。此法适用于美人蕉、鸢尾等。

3. 球茎类分生育苗

鸢尾科的一些花卉，如唐菖蒲、球根鸢尾、小苍兰等，在其母球旁能产生多个更新球和子球，可在茎叶枯黄之后，整株挖起，将新球从母株上分离，并按球茎的大小进行分级。大球种植后当年可开花，中球可栽培一年后第二年开花，小的子球需经过 3 年培育后才能开花。

4. 鳞茎类分生育苗

鳞茎由肉质的鳞叶、主芽和侧芽、鳞茎盘等部分组成。母鳞茎发育中期后，侧芽生长发育形成多个新球。通常在植株茎叶枯黄以后将母株挖起，分离母株上的新球，并按新球的大小分级。种植后，大球当年可开花，中球第二年开花，小的子球需经过 3 年培育后才能开花。此法适用于百合、郁金香、风信子、朱顶红、水仙、石蒜葱兰、红花酢浆草等。

5. 块茎类分生育苗

块茎是由位于地下的根颈顶端膨大发育而成的，一株可产生多个，每个块茎都具有顶芽和侧芽。一般在植株生长后期，将母株挖起，分离母株上的新球，并按新球的大小分级。大球和中球种植后当年可开花，小的子球需经过 2 年培育后才能开花。此法适用于马蹄莲、彩色马蹄莲、花叶芋等。

（三）园林树木分生育苗

一部分园林树木在生长过程中能从较近地表的侧根上发生不定芽，长出地面后形成根蘗苗。在秋末或早春，人为地将其与母株进行分离，另行栽植培育。此法适用于牡丹、黄刺玫、玫瑰、蜡梅、连翘、贴梗海棠、火炬树、香花槐等。

二、压条育苗

压条育苗是指将母株的部分枝条压埋在土中，待其生根后切离，另行栽植的育苗技术。采用压条法生根过程中的水分、养料均由母体供给，因而管理容易。此法多用于扦插难以生根的或一些易萌蘗的园林树木。为了促进压入的枝条生根，常将枝条入土部分进行环状剥皮或刻伤等处理。一般选择成熟而健壮的 1~2 年生枝条。压条的方法主要有以下几种（见图 2-37 和图 2-38 所示）。

（一）普通压条

选择靠近地面而向外开展的 1~2 年生枝条。压条前先对枝条进行刻伤或环剥处理，以刺激生根。再将枝条弯入土中，使枝条梢端向上。为防止枝条弹出，可在枝条下弯部插入小木叉固定，再盖土压紧，待生根后再切割分离。绝大多数花灌木都可采用此法。

（二）水平压条

适用于紫藤、连翘等藤本和蔓性园林植物。压条时选生长健壮的 1~2 年枝条，开沟将整个长枝条埋入沟内，并用木钩固定。被埋枝条生根发芽后，将两株之间地下相连部分切断，使之各自形成独立的新植株。

（三）波状压条

适用于地锦、常春藤等枝条较长而柔软的蔓性植物。压条时将枝条呈波浪状压埋土中，待地上部分发出新枝，地下部分生根后，再切断相连的波状枝，形成各自独立的新植株。

（四）壅土压条

壅土压条又称堆土压条、培土压条，主要用于萌蘖性强和丛生性的花灌木，如贴梗海棠、玫瑰、黄刺玫等。方法是对母株首先进行重剪，促其萌发多数分枝。在夏季生长季节对枝条基部进行刻伤，随即壅土，第二年早春将母株挖出，剪取已生根的压条枝，并进行栽植培养。

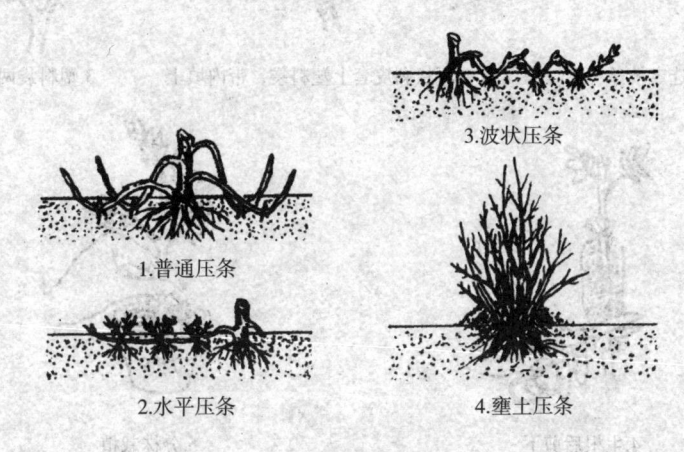

图 2-37　压条育苗
1. 普通压条；2. 水平压条；3. 波状压条；4. 壅土压条

（五）空中压条

主要用于枝条坚硬、树身较高、不易产生萌蘖的树种。空中压条应选择发育充实的枝条和适当的压条部位。压条的数量一般不超过母株枝条的1/2。压条方法是在离地较高的枝条上给予刻伤等处理后，包套上塑料袋、竹筒、瓦盆等容器，内装基质，经常保持基质湿润，待其生根后切离下来成为新植株。此法适用于桂花、山茶、杜鹃等。

第九节　大苗的培育

大苗是指在苗圃中培育几年到十几年规格较大的苗木。在园林绿化中使用大规格的苗木，主要是为了尽快成景，实现设计的绿树成荫，花枝交错的绿化效果，尽快发挥树木对环境的美化、净化的作用。在苗圃中精心培育出

园林植物栽培与养护

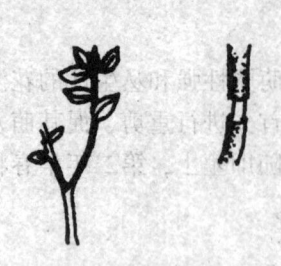

1.选定枝条　　2.环状剥皮套上塑料袋，带内填土　　3.塑料袋两端扎紧

4.生根后剪下　　5.分株栽植

图2-38　空中压条
1. 选定枝条；2. 环状剥皮并套上塑料袋，带内填土；3. 塑料袋两端扎紧；
4. 生根后剪下；5. 分株栽植

的大苗，具有发达紧凑的根系，完美的树形，健壮的生长势，较大的树体，能更好地适应园林树木栽植地，如公园、人行道等人多的环境，栽植后能顺利地存活和生长。可见，园林绿化使用大规格的苗木是园林栽培的特点之一。另外，园林绿化也可使用大树移植，即把别的地方生长多年的大树移来种植，以求绿化效果的速成，但因其使用的是大树，不属于大苗的范围。

　　苗圃中经播种、扦插、嫁接等方法育出的小苗必须经过移植，扩大生长空间，加强肥水管理，合理整形修剪，有时还要嫁接，经过几年或十几年，才能培育出适合于园林绿化种植的大苗。可见，大苗的培育过程，也就是园林植物经繁殖形成小苗后到绿化种植前所经历的采用一系列技术措施使苗木长成合格大苗的过程。在大苗培育的过程中，最主要的工作就是苗木的移植，同时结合移植进行的施肥、灌排水、整形修剪、嫁接等工作。

一、移植的作用

将播种苗或营养繁殖苗从苗床上挖起，扩大株行距，种植在预先规划设计并整好地的苗圃地内，让小苗更好地生长发育。这种育苗的操作方法叫移植。幼苗移植后叫做移植苗。苗木移植后扩大了株行距，增大了生长空间，改善了光照和通风状况，增强了肥水管理，再加上合理的整形修剪，能有效地促进苗木良好根系和树形的生长发育，成为优质的大苗。同时，移植的过程也是一个淘汰的过程。那些生长差、达不到要求或预期不能发育成优质大苗的小苗会被逐步淘汰。移植的作用主要是以下几个方面。

（一）为苗木提供适当的生存空间

一般的育苗方法，如通过播种、扦插、嫁接等方法培育树苗时，小苗的密度较大，苗间距为几厘米到十几厘米。随苗木的不断生长，个体逐渐增大，苗木之间互相影响，争夺水、肥、光照、空气等，会严重制约苗木的生长发育，因此必须扩大苗木的株行距。扩大株距的方法有间苗和移植两种。间苗是把育出的苗木除去一部分，使剩下的苗木有较大的株行距，但间苗会浪费大部分苗木，留下的苗木也不能对其根系进行剪截，促其发展，因此常使用移植的方法来扩大苗木的株行距。移植时，要根据植株特性来决定合理的株行距，等苗木生长几年后再进行移植，并随苗木的不断扩大逐步扩展其生存空间。

幼苗经过移植，增大了株行距，扩大了生存空间，能使根系充分舒展，进一步扩大树形，使叶面充分接受太阳光，增强树苗的光合作用、呼吸作用等生理活动，为苗木健壮生长提供良好的环境。另外，由于增大了株行距，改善了苗木间的通风透光条件，从而减少了病虫害的滋生。同时也便于施肥、浇水、修剪、嫁接等日常管理工作。

总之，移植扩大了生存空间，满足了树苗生长的需要，有利于培育大规格优质苗木。

（二）促使产生发达的根系

幼苗移植时，主根和部分侧根被切断，能刺激根部产生大量的侧根、须根。移植苗木所用的苗圃地，管理一般都较好，且具有大量的土壤有机质，又有完善的排灌水系统，能提供根系生长最适合的土壤条件，促进根系生长发育，使根系中根数显著增多，吸收面积扩大，形成完整发达的根系，提高苗木生长的质量。另外，移植后的苗木由于切断主根，根系分布于土壤浅层，吸收根数量多，有利于将来绿化栽植的成活和生长发育，达到良好的绿化效果。而未经移植的苗木则会出现根系分布较深，侧根、须根数量较少。起苗时，不易多带根，否则定植后不易成活或成活后生长较弱，难以充分发挥绿化作用。因此，未经移植的大苗，一般不直接用于园林绿化。

（三）培养优美的树形

经过移植淘汰了树形差的苗木，移植后扩大了树苗的生长空间，使苗木的枝条充分伸展形成树种固有的树形。同时，经过适当的整形、修剪，使树形更适合于园林绿化需要。另外，有的树种经过嫁接可培育出特殊的树形，如龙爪槐就是通过嫁接培养出如伞如盖的优美树形。

（四）合理利用土地

苗木生长不同时期，树体的大小不同，对土地面积的需求不同。园林绿化用大苗，在各个龄期，根据苗体大小，树种生长特点及群体特点合理安排密度，这样才能最大限度地利用土地，在有限的土地上尽可能多的培育出大规格优质的绿化苗木，使土地效益最大化。

苗木移植时，一般要进行分级栽植，即将高度大小较一致的一批苗木栽到同一块地中，以有利于个体的生长、整齐、均衡，也有利于统一进行管理。

总之，经过移植，给苗木提供适当的生长空间和土肥水条件，使苗木能长出发达的根系和优美的树体，为园林绿化提供优质的大规格苗木。

二、移植的技术

（一）移植时间

中国古书中说"移树无时，莫让树知。"也就是说，移植树木没有固定的时间，只要不使树苗受太大的损伤，一年四季都可进行移植。苗木移植后，根系受到一定损伤，打破了地下和地上部分的水分供应平衡，因此，必须经历一段时间的缓苗期，使根系逐步得以继续生长，增强吸收水分的功能，苗木恢复正常生长。在苗圃中移植苗木，常在春季树木萌芽时或秋季在苗木停止生长后进行，有时也在雨季移植。

1. 春季移植

春季土壤解冻后直至树木萌芽时，都是苗木移植的适宜时间。春季土壤解冻后，树木的芽尚未萌动而根系已开始活动。移植后，根系可先期进行生长，为生长期吸收水分供应地上部分做好准备。同时土壤解冻后至树木萌芽前，树体生命活动较微弱，树体内贮存养分还没有大量消耗，移植后易于成活。春季移植应按树木萌芽早晚来安排，早萌芽者早移植，晚萌芽者则晚移植。总之，在萌芽前或者萌芽时必须完成移植工作。有的地方春季干旱大风，如果不能保证移植后充分供水，早移植反而不易成活，应推迟移植时间或加强保水措施。

2. 秋季移植

秋季，在地上部分生长缓慢或停止生长后进行移植，即落叶树开始落叶始至落完叶止，常绿树在生长高峰过后。这时地温较高，根系还能进行一定时间的生长，移植后根系得以愈后并长出新根，为来年的生长做好准备。秋季移植一般在秋季温暖湿润，冬季气温较暖的地方进行。北方地区的冬季寒冷，秋季移植时应早些。冬季严寒和冻害严重的地区不能进行秋季移植。

3. 雨季移植

在夏季多雨季节进行移植，多用于北方移植针叶常绿树，南方移植常绿树类。这个季节雨水多、湿度大，苗木蒸腾量较小，根系生长较快，移植较易成活。

4. 冬季移植

南方地区冬季较温暖，树苗生长较缓慢，可在冬季进行移植。北方冬季也可带冰坨移植。

（二）移植

移植苗木，除合理安排移植时间外，还要考虑移植地块的选择、规划设计、整地、施肥、起苗、苗木贮运、栽植、栽后管理等一系列的工作。下面介绍苗木的移植。

1. 地块选择

移植苗木的目的是要培育大规格的优质苗木。为了给苗木提供适合的生长条件，所选地块应平坦、光照充足，通风较好而无大风，交通方便，有良好的灌排水设施。在选择地块时，要考虑土壤肥力、地下水位、土质、土层厚度等因素。大苗的根系相对较深，因此应选择土层较厚的地块。为了促使根系良好发育，还要选择肥力较好，质地疏松、透气、保水保肥的土壤。土层厚度最好在1 m以上,地下水位1.5~2 m以下。同时,要根据所移苗木的数量及移植密度确定地块的面积,做到大小合适。

2. 规划设计

选定地块后要进行规划设计,确定移植苗木的种植方式、密度、挖坑或沟的数量、规格等。同时也要预计劳动力的数量及工作时间。

移植苗的种植方式一般为长方形或正方形。长方形种植是株距小于行距的种植方式。正方形种植是株距等于行距,行向一般为南北向的种植方式。采用正方形种植时,株行距据苗木大小及生长速度而定,一般为几十厘米到1米多。确定株行距后,利用测绳或皮尺等工具划线定点,然后挖沟、挖坑。沟和坑的深度一般为50~80 cm,宽度为60~100 cm。坑的数量和所移苗木数量一致。沟的数量等于苗木总数除以每沟所植苗木数。每沟所植苗数用沟的长度除以移植树苗的株距得出。所植苗木数则用所占面积667平方米除以苗木的株距(m)×行距(m)得出。

移植苗的密度取决于苗木生长速度、苗冠和根系的发育特性、苗木的喜光程度、培育年限、培育目的、抚育管理措施等。一般,针叶树的株行距比阔叶树小;速生树种株行距大些,慢生树种小些;苗冠开展,侧根须根发达,培育年限较长者,株行距应大些,反之应小些;以机械化进行苗期管理的株行距应大些,以人工进行苗期管理的株行距可小些。一般苗木移植的株行距可参考表2-22。

表2-22 苗木移植株行距

项 目	第一次移植株距×行距(cm)	第二次移植株距×行距(cm)	说 明
常绿树小苗	30×40	40×70 或 50×80	绿篱用苗1~2次;白皮松类用苗2~3次
落叶速生树苗	90×110 或 80×120		杨树、柳树等
落叶慢长树苗	50×80	80×120	如槐树、五角枫
花灌木树苗	80×80 或 50×80		如丁香、连翘等
攀缘类树苗	50×80 或 40×60		如紫藤、地锦

移植苗木的数量和所挖坑或沟的规格确定以后,还要计算移植的工作量。例如:算出所动土方数,再根据每个劳动力每天所挖掘土方数算出所需

劳动力数量，然后根据移植所用时间来确定每日的用工量，同时结合当地劳动力工资水平测算出每日的工资总数。这样就算出了挖沟、挖坑所用的时间、劳动力、资金投入等。整个移植的过程，针对挖沟、挖坑、起苗、苗木贮存、苗木运输、苗木栽植、施肥、浇水、土地测量规划等工作，都应该有所用人数、资金、时间等的计划安排，做到工作前有准备、工作中有条理、工作后做统计。

3. 整地

在土地测量规划后进行整地施肥。如果移植苗木较小，根系较浅，可进行全面整地。采用此法时，先在地表均匀地抛撒一层有机肥（农家肥），用量以每 667 m^2 1 500～3 000 kg 为宜，也可结合施农家肥施入适量的化肥如磷肥，然后对土地进行深翻。深翻的深度以 30 cm 为准。深翻后再打碎土块、平整土地，划线定点种植苗木。移植规格较大的苗木时，采用沟状整地或穴状整地。挖沟一般为南北向，沟深 50～60 cm，沟宽 70～80 cm。挖坑深一般 60 cm，直径 80 cm。挖坑挖沟的时候要求心土、表土分别堆放。种植时将表土回填坑底。坑和沟的四壁要垂直，不能挖成上大下小的底形，也不应该上小下大。整地可在移植前进行。如果春季移植，可在前一年秋季挖坑或沟，使土壤晒冻熟化。也可挖好坑或沟后，施入农家肥埋土，第二年再在施肥基础上移植，这样既可合理安排工作，又使土壤熟化，能取得较好的效果。

4. 起苗

起苗前要做好准备工作，安排好劳力、工具、其他材料。起苗前几天对小苗生长的地块要浇水，使土地相对疏松，增加苗体水分，便于起苗，移植后容易成活。常用的起苗方法有：裸根起苗、带土球起苗两种。

（1）裸根起苗

落叶阔叶树在休眠时移植，一般采用裸根起苗。起苗时，依苗木的大小，保留好苗木根系，一般二三年生苗木保留根幅直径为 30～40 cm。在此范围之外下锹，切断周围根系，再切断主根，提苗干。起苗时使用的工具要锋利，防止主根劈裂或撕裂。苗木起苗后，抖去根部宿土，并尽量保留好须根。

（2）带土球起苗

常绿树及移植不易成活的树种，移植时须带土球。方法是先铲除苗木根系周围表土，以见到须根为度。然后按一定的土球规格，顺次挖去规格范围以外的土壤。四周挖好后，用草绳进行包扎。包好后再把主根铲断，将带土球的苗木提出坑外。二三年生苗木球规格为土球直径 30~35 cm，厚度为 30 cm。规格较大的苗木则要求较大的土球。

有时，落叶针叶树及部分移植成活率不高的落叶树需带宿土起苗，即起苗时保留根部中心土及根毛集中区的土块，以提高移植成活率。起苗方法同裸根起苗。

起苗要注意的是尽量保护好苗木的根系，不伤或少伤大根。同时，尽量少保存须根，以利于将来移植成活生长。起苗时，也要注意保护树苗的枝干，以利于将来形成良好的树形。枝干受伤会减少叶面积，也会给树形培养增加困难。

5. 苗木的处理

起苗后栽植前，要对苗木进行修枝、修根、浸水、截干、埋土、贮存等处理。修枝是将苗木的枝条进行适当短截。一般对阔叶落叶树进行修枝以减少蒸腾面积，同时疏去生长位置不合适且影响树形的枝条。裸根苗起苗后要进行剪根。剪短过长的根系，剪去病虫根或根系受伤的部分，把起苗时断根后不整齐的伤口剪齐，利于愈合，发出新根。主根过长时适当剪短主根。带土球的苗木可将土球外边露出的较大根段的伤口剪齐，过长须根也要剪短。修根后还要对枝条进行适当修剪。对一年生枝进行短截，或多年生枝回缩，减小树冠，以有利于地上地下的水分平衡，使移植后顺利成活。针叶树的地上部分一般不进行修剪。萌芽较强的树种也可将地上部分截去，以使移植后可发出更强的主干。修根、修枝后马上进行栽植。不能及时栽植的苗木，裸根苗根系泡入水中或埋入土中保存，带土球苗将土球用湿草帘覆盖或将土球用土堆围住保存。栽植前还可用根宝、生根粉、保水剂等化学药剂处理根系，使移植后能更快成活生长。此外，还要将大小一致，树形完好的一批苗木分为一级。

6. 栽植

苗木经过修根、修枝、浸水或化学药剂处理后就可以进行栽植了。栽植时，要边栽边取苗。土壤有机质含量高，能有效促进苗木的根系发育，所以在移植苗木时，要施入一定量的有机肥料作为底肥。农家肥的用量为每株树 10~20 kg，与表土混匀后。施入坑或沟底，要边回填边踩实，回填到距地面 20~30 cm 的地方为止。回填后将表面做成圆丘形。然后放入苗木，使苗木的根系舒展，苗干位于坑或沟的正中。种植时，两人配合，一人扶苗，一人填土。填土时，先用细土将根系覆盖，然后轻轻将苗木上提，踩实，再填土，边填边踩，埋土到地表处止。苗木埋土的深度为原埋土深度或稍深于原埋土处几厘米。埋完土后平整地面或筑土堰，以便于浇水。栽植苗木时，还要注意行内苗木对齐，前后左右对齐。带土球的苗木放入坑中后，再将土球的包扎物拆下取出坑外，然后在土球外围填土，边填边踩，埋土到土球上方为止。栽植时，要注意不损伤树干。

（三）移植后的管理

1. 浇水

苗木移植后，马上浇水。苗圃地一般采用漫灌的方法浇水。此法比较浪费水，但灌溉效果较好。第一次浇水必须浇透，使坑内或沟内水不再下渗为止。第一次浇水后，隔10天或半个月再浇一次水，以保证苗木成活。浇水一般在早上或傍晚为好。另外，浇水不能太频繁，否则，地温太低，不利于苗木生长。夏天气温高，生长旺盛时，要浇足水满足苗木生长需要；秋季停长前控制水量；土壤入冻前要浇冻水。

2. 覆盖

浇水后要等水渗下，地里能劳作时，再在树苗下覆盖塑料薄膜或覆草。覆盖塑料薄膜时，要将薄膜剪成方块，薄膜的中心穿过树干，用土将薄膜中心和四周压实，以防空气流通。覆膜可提高地温，促进树苗生长，同时也可防止水分散失，减少浇水量，提高成活率。覆草是用秸秆覆盖苗木生长的地面，厚度为5~10cm。覆草可保持水分，增加土壤有机质，夏季可降低地温，冬天则可提高地温，是促进苗木生长的好办法。不利的是覆草可增加病虫害的滋生。如果不进行覆盖，裸地育苗，待水渗后地表开裂时，可覆盖一层干土，堵住裂缝，防止水分散失。

3. 扶正

移植苗第一次浇水后或降雨后，容易倒伏露出根系。因此，移植后要经常到田间观察，出现倒伏要及时扶正、培土踩实，不然会出现树冠长偏或死亡现象。扶苗时，应视情况挖开土壤扶正，不能硬扶，硬扶会损伤树体或根系。扶正后，整理好地面，培土、踏实后立即浇水。对容易倒伏的苗木，在移植后立支架，待苗木根系长好，不易倒伏时再撤掉支架。

4. 中耕除草

中耕除草是移植培育过程中一项重要的抚育管理措施。中耕是将土地翻10~20cm深；结合除草进行。除草一般在夏天生长较旺的时候，最好在晴天，太阳直晒时进行，可使草晒死。除草要一次锄净、除根，不能只把地上部分除去。另外，不能在阴天、雨天除草。除掉的草最好抖掉土拾出地外。

5. 施肥

施肥直接关系到苗木生长质量。在施足底肥的基础上，于苗木生长的不同阶段，要施不同的肥料，以供苗木生长需要。苗木生产中，初期应少量施肥，以氮肥为主。苗木生长旺期即夏天要施大量肥料，使苗木旺盛生长。苗木生长后期，应以磷肥、钾肥为主，适量施以氮肥。最后要控制氮肥，少量施钾肥。施肥的方法可分为土壤施肥和根外追肥即叶面喷肥两种方法。有的苗圃将有机肥随浇水施入或将化肥溶于水中施用。有条件在秋季停长后落叶前结合深翻扩穴施入适量农家肥，会使苗木生长状况更好。近年来，也有使用微量元素肥料结合测土施肥的，这使施肥更科学。

6. 病虫害防治

大苗培育的过程中，病虫害防治也是一项非常重要的工作。常做的工作有：种植前进行土壤消毒，用药剂喷洒土壤消毒、火烧地面消毒、秋冬翻晒消灭土中病虫。种植后要加强田间管理，改善田间通风、透光条件，消除杂草、杂物减少病虫残留发生。苗木生长期经常巡察田间苗木生长状况，一旦发生病虫害，要及时诊断，合理用药或采用其他方法治理。使病虫害得以控制、消灭、不会扩大危害。

7. 排水

培育大苗的地块一般较平整，在雨季容易受到水涝危害。因此，雨季排水也是非常重要的工作。首先，要做好排水设施，提前挖好排水沟使流水能及时排走。其次，降雨后也可能出现水流冲垮地边，冲倒苗木的情况，降雨后要及时整修地块，扶正苗木。排水在南方降水量大的地方格外重要。北方高原地带降水量较小，主要考虑浇水的问题，但也不能忽视排水设施建设。

8. 查成活补植

苗木移植后，会有少量的苗木不能成活，因此移植后一两个月要查成活数，将不能成活的植株挖走，种植另外的苗木，以有效的利用土地。

9. 苗木越冬防寒

苗木移植后，在北方要做一些越冬防寒的工作，以防止冬季低温损伤苗木。常见的措施是浇冻水。在土壤冻结前浇一次越冬水，既能保持冬春土壤水分，又能防止地温下降太快。对一些较小的苗木进行覆盖，用土或草帘、塑料小拱棚等覆盖。较大的易冻死的苗木，缠草绳以防冻伤。对萌芽或成枝均较强的树种，可剪去地上部分，使来年长出更强壮的树干。冬季风大的地方也可设风障防寒。总之，冬季防寒要针对易受冻害的树种进行。北方土生土长的树种一般可在露地安全越冬。

三、各类大苗的培育

园林中应用的大苗有很多种类，如庭荫树、行道树、花灌木、绿篱大苗、球形大苗、藤本类大苗等。不同种类的大苗有不同的树形，不同的树种大苗培育方法也不相同。因此，大苗的培育，除了移植、施肥、灌水、中耕除草、病虫害防治、越冬防寒外，还有一项重要的工作就是整形修剪。只有结合树种的特性和园林绿化的要求，通过细致合理的整形修剪，才能培育出合格的适用于园林绿化的大苗。下面对各种类大苗的培育进行介绍。

1. 行道树、庭荫树大苗的培育

园林绿化中常用到行道树和庭荫树。绿化时所用的行道树和庭荫树要主干通直圆满，具有一定的枝下高度。一般要求主干高 2~3.5 m，根系发达，有完整、紧凑、丰满匀称的树冠。这两种类型大苗的培育最主要的就是树干的培育。一般培育树木主干的方法有以下几种。

（1）截干法

此法适用于潜伏芽寿命长，萌芽力较强，年生长量较小，干性弱的树种。例如，国槐大苗的培育。国槐播种后第一年苗高达 50~80 cm，2~3 年后移植。移植时，树干上长了很多小分枝，但没有合适的主干延长枝。若移植后将主干上的分枝疏去，会在树干留下许多伤疤，严重影响树苗的生长和树形的美观。因此，对这种类型的树种，一般在移植后加强肥水，不修剪，主要促使根系生长。待根系生长到足够强壮时，也就是移植后一两年，再将移植苗的地上部分从根颈处截去，刺激基部潜伏芽萌发。潜伏芽萌发后要抹芽，即只选一个直立强壮的枝加以培养。以后，继续加强水肥管理，促进主干生长。最后，在新生主干的基础上，进行少量修剪和再经过几年的培养，就会长成主干通直树冠丰满的大苗。

（2）渐次修剪法

此法适用于萌芽力强，生长快干性强的树种。例如杨树、柳树。杨树扦插后，一年内就会长出 2 米以上通直的主干。第二年萌芽后，主干芽萌发形成很多侧枝，为了不影响干高，在萌芽时或枝条长出后，对处于树干较下方的芽或枝进行抹芽或除萌，保持通直的主干。也可在生长停止后疏去靠下的分枝，保持主干高度。但一次不可疏去太多，以免影响生长。生长快干性强的树种，也可用截干法培养合适的树形。

（3）密植法

移植时，适当缩小株行距，对苗木进行密植，可促进树木向上生长，抑制侧枝生长，也可培养出通直主干，如元宝枫。

2. 针叶树大苗的培育

针叶树种，一般潜伏芽寿命短，萌芽力弱，生长缓慢。园林绿化应用时，一般采用低干或保留全部分枝的树形，如，云杉、白皮松、油松，培育大苗时一般不进行修剪，另外还要注意保护好顶芽，无顶芽则不再长高。修剪只是剪去枯枝、病残枝。有时轮生枝过密时，可适当疏除，每轮流3～5枝。白皮松、桧柏类苗木易形成徒长枝，成为双干型，要及时疏去一枝，保持单干。同时，针叶类一般较喜光，应使其充分受光，并在此基础上加强肥水，使其成为生长健壮的合格苗木。

3. 花灌木类大苗的培育

（1）单干式

观花小乔木类，多采用中干或低干式。中干式1.5～2 m、低干式0.5～1 m。在移植养干时，于0.5～2 m之间定干，翌春发芽后，再按人工开心形或自然开心形修整树冠，培养成具有5～10个侧枝的圆头形树冠。

（2）多干式

适用于丛生性强的花灌木。移植后，在枝条基部留3～4个芽截干，使从近地表基部萌发出多数枝条。每次移植应重剪。如蜡梅、玫瑰等。

花灌木上的花、果，消耗养料最多，为了不影响苗木生长，应及时剪去。

4. 绿篱类大苗的培育

培育中篱和矮篱苗时，凡播种或扦插成活的苗木，当苗高达到20～30 cm以上时，剪去主干顶梢，使苗干的侧枝萌发并快速生长。当侧枝长至20～30 cm时，也剪梢，促使次级侧枝抽出。经1～2年培养，苗木上下侧枝密集。高篱苗一般任其生长或适当修剪。

5. 球形类大苗的培育

当苗木达到一定高度时，修剪枝梢使树冠成圆球形。当分枝抽出达20～25 cm时，再次修剪枝梢，促进次级侧枝形成，使球体逐年增大，同时剪去畸形枝、徒长枝和病虫枝。成形后，在每年生长期进行2～3次短截，促使球面密生枝叶，如大叶黄杨球等。

6. 藤本类大苗的培育

苗木移植后，于春季在近地面处截干，促进萌生侧枝。以后，选留2～3条生长健壮的枝条培养做主蔓，对枝上过早出现的花芽要及早摘去。藤本植物移植后第一年，应设立支柱固定植株并使其向上攀缘生长。

7. 伞形类大苗的培养

园林中常用伞形树苗，如龙爪槐、垂枝樱桃等。培育此类苗木时，须先培育较大的砧木，然后嫁接垂枝品种成为伞形树形。一般砧木粗 4~5 cm，嫁接高度可视需要而定，一般在 2 m 处嫁接，有时也在 1 m 处嫁接。砧木经移植培育，嫁接时在定好的高度截断主干，然后用皮下接法接上接穗。每株接 3~4 个接穗，接后包好，加强管理，经过 2~3 年生长，即成为合格的伞形大苗。

第十节　苗木出圃

苗木经过一定时期的培育，达到市场或园林绿化需要时，即可出圃。苗木出圃是育苗工作中的最后一个重要环节，关系到苗木的质量和经济收益。苗木出圃包括起苗、分级、包装、运输或假植、检疫等。为了保证出圃工作的顺利进行，必须做好出圃前的准备工作，确定苗木质量的具体标准。通过苗木的调查，了解各类苗木质量和数量，制订出圃销售计划，并做好相应的辅助工作。

一、出圃苗木的标准

出圃苗木有一定的质量标准。不同种类、不同规格、不同绿化层次及某些特殊环境、特殊用途等，对出圃苗木有不同质量标准要求。

（一）常规出圃苗的质量标准

园林苗圃培养苗木的目的主要是用于园林绿化、美化。苗木的质量高低与发挥绿化效果的快慢又密切相关。高质量的苗木，栽植后成活率高，生长旺盛，能很快形成景观效果。反之，不但浪费人力和物力，在经济上造成损失，还会影响观赏效果，推迟工程或绿地发挥效益的时间。因此，高质量的苗木可以加快园林建设的速度。

一般苗木的质量主要由根系、干茎和树冠等因素决定。高质量的苗木应具备如下的条件。

1. **生长健壮，树形骨架基础良好，枝条分布均匀**

总状分枝类的苗大，顶芽要生长饱满，未受损伤。苗木在幼年期具有良好骨架基础，长成之后，树形优美，长势健壮。其他分枝类型大体相同。

2. 根系发育良好，大小适宜，带有较多侧根和须根，且根不劈不裂

因为根系是为苗木吸收水分和矿质营养的器官，根系完整，栽植后能较快恢复生长，及时给苗木提供营养和水分，从而提高栽植成活率，并为以后苗木的健壮生长奠定有利的基础。苗木带根系的大小应根据不同品种、苗龄、规格、气候等因素而定。苗木年龄和规格越大，温度越高，带的根系也应越多。

3. 苗木的地上部分与根的比例要适当

苗木地上部分与根系之比，是指苗木地上部分鲜重与根系鲜重之比，称为茎根比。茎根比大的苗木根系少，地上、地下部分比例失调，苗木质量差；茎根比小的苗木根系多，苗木质量好。但茎根比过小，则表明地上部分生长小而弱，质量也不好。

4. 苗木的高径比要适宜

高径比是指苗木的高度与根颈直径之比，反映苗木高度与苗粗之间的关系。高径比适宜的苗木，生长匀称。高径比主要取决于出圃前的移栽次数，苗间的间距等因素。

5. 出圃苗木无病虫

特别是有危害性的病虫害及较重程度的机械性损伤的苗木，应禁止出圃。这样的苗木栽植后，常因患病虫害及机械性损伤而生长发育差，树势衰弱，冠形不整，影响绿化效果。同时还会起传染的作用，使其他植物受侵染。

此外，年幼的苗木，还可参照全株的重量来衡量其苗木的质量。同一种苗木，在相同的条件下培养，重量大的苗木，一般生长健壮、根系发达、品质较好。

其他特殊环境，特殊用途的苗木其质量标准，视具体要求而定。如桩景要求对其根、茎、枝进行艺术的变形处理。假山石上栽植的苗木，则大体要求"瘦""漏""透"。

（二）出圃苗木的规格要求

出圃苗木的规格，需根据绿化的具体要求来确定。其中，行道树用苗规格应大，一般绿地用苗规格可小一些。但随着经济的发展，绿化层次增高，人们要求尽快发挥绿化效益，大规格的苗木大量使用，体现四季景观特色的大中型乔木，花灌木也大量使用。有关苗木规格，各地都有一定的规定，现把华中地区目前执行的标准细列如下，供参考。

1. 大中型落叶乔木

银杏、栾树、梧桐、水杉、枫香、合欢等树种，要求树型良好，树干通直，分枝点 2~3 m。胸高直径在 5 cm 以上（行道树苗胸径要求在 6 cm 以上）为出圃苗木的最低标准。其中，干径每增加 0.5 cm，规格提高一个等级。

2. 有主干的果树

单干式的灌木和小型落叶乔木，如枇杷、垂柳、榆叶梅、碧桃、紫叶李、海棠等，要求树冠丰满，枝条分布匀称，不能缺枝或偏冠。根颈直径在 2.5 cm 以上为最低出圃规格。在此基础上，根颈直径每提高 0.5 cm，规格提高一个等级。

3. 多干式灌木

要求根颈分枝处有 3 个以上分布均匀的主枝。但由于灌木种类很多，树型差异较大，又可分为大型、中型和小型。各型规格要求如下。

（1）大型灌木类

如结香、大叶黄杨、海桐等，出圃高度要求在 80 cm 以上。在此基础上，高度每增加 10 cm，即提高一个规格等级。

（2）中型灌木类

如木槿、紫薇、紫荆、棣棠等，出圃高度要求在 50 cm 以上。在此基础上，苗木高度每提高 10 cm，即提高一个规格等级。

（3）小型灌木类

如月季、南天竹、杜鹃、小檗等，出圃高度要求在 25 cm 以上，在此基础上。苗木高度每提高 10 cm，即提高一个规格等级。

4. 绿篱（色块）苗木

要求苗木生长势旺盛，分枝多，全株成丛，基部枝叶丰满。冠丛直径大于 20 cm，苗木高度在 20 cm 以上，为出圃最低标准。在此基础上，苗木高度每增加 10 cm，即提高一个规格等级。如小叶黄杨、花叶女贞、杜鹃等。

5. 常绿乔木

要求苗木树型丰满，保持各树种特有的冠形，苗干下部树叶不出现脱落，主枝顶芽发达。苗木高度在 2.5 m 以上，或胸径在 4 cm 以上，为最低出圃规格。高度每提高 0.5 m，或冠幅每增加 1 m 即提高一个规格等级。如香樟、桂花、红果冬青、深山含笑、广玉兰等。

6. 攀缘类苗木

要求生长旺盛，枝蔓发育充实，腋芽饱满，根系发达。此类苗木由于不易计算等级规格，故以苗龄确定出圃规格为宜，但苗木必须带 2~3 个主蔓。如爬山虎、常春藤、紫藤等。

7. 人工造型苗木

黄杨、龙柏、海桐、小叶女贞等植物，出圃规格可按不同要求和目的而灵活掌握，但是造型必须较完整、丰满、不空缺和不秃裸。

8. 桩景

桩景正日益受到人们青睐，加之经济效益可观，所以在苗圃所占的比例也日益增加。如银杏、榔榆、三角枫、柞木、对节白蜡等。以自然资源作为培养材料，要求其根、茎等具有一定的艺术特色，其造型方法类似于盆景制作，出圃标准由造型效果与市场需求而定。

二、苗木调查

苗木的质量与产量可通过苗木调查来掌握。一般在秋季苗木将结束生长时，对全圃所有苗木进行清查。此时苗木的质量不再发生变化。

（一）苗木调查的目的与要求

通过对苗木的调查，能全面了解全圃各种苗木的产量与质量。调查时，应分树种、苗龄、用途和育苗方法几个项目。调查结果能为苗木的出圃、分配和销售提供数量和质量依据，也为下一阶段合理调整、安排生产任务提供科学准确的根据。通过苗木调查，可进一步掌握各种苗木生长发育状况，科学地总结育苗技术经验，找出成功或失败的原因，提高生产管理水平。

为了得到准确的苗木产量与质量数据，根颈直径在 5~10 cm 以上的特大苗，要逐株清点。根颈直径在 5 cm 以下的中小苗木，可采用科学的抽样调查，但准确度不得低于 95%。

（二）调查方法

调查前，首先要查阅育苗技术档案中记载的各种苗木的育苗技术措施，并到各生产区查看，以便确定各个调查区的范围和采用的方法。凡是树种、苗龄、育苗方式方法及抚育措施，绿化用途相同的苗木，可划为一个调查区。再从调查区中抽取样地逐株调查苗木的各项质量指标及苗木数量，之后根据样地面积和调查区面积，计算出单位面积的产苗量和调查区的总产苗量。最后，统计出全圃各类苗木的产量与质量。抽样的面积为调查苗木总面积的 2%~4%。常用的调查方法有下列 3 种。

1. 标准行法

在调查区内，每隔一定行数（如5的倍数）选1行或1垄作标准行。全部标准行选好后，如苗木数过多，在标准行上随机取出一定长度的地段。在选定的地段上进行苗木质量指标和数量的调查，如苗高、根颈直径（行道树为胸径，大苗为距地面30 cm处）、冠幅、顶芽饱满程度、针叶树有无双干或多干等。然后，计算调查地段的总长度，求出单位长度的产苗量，以此推算出每667 m^2 的产苗量和质量，进而推算出全区该苗木的产量和质量。此调查方法适用于移植区扦插区、条播、点播的苗区。

2. 标准地法

在调查区内，随机抽取1 m^2 的标准地若干个，逐株调查标准地上苗木的高度、根颈直径等指标，并计算出1 m^2 的平均产苗量和质量，最后推算出全区的总产量和质量。此调查方法适用于播种的小苗。

3. 准确调查法

数量不太多的大苗和珍贵苗木，为了数据准确，应逐株调查苗木数量，抽样调查苗木的高度、地径、冠幅等，再计算其平均值。苗圃中一般对地径在5~10 cm以上的大苗都采用准确调查法，以方便出圃。

三、起苗与分级

起苗又称掘苗。起苗操作技术的好坏，对苗木质量影响很大，也影响到苗木的栽植成活率以及生产、经营效益。

（一）起苗季节

1. 秋季起苗

应在秋季苗木停止生长，叶片基本脱落，土壤封冻之前进行。此时，根系仍在缓慢生长，起苗后及时栽植，有利于根系伤口愈合和劳力调配，也有利于苗圃地的冬耕和因苗木带土球使苗床出现大穴而必须回填土壤等圃地整地工作。秋季起苗适宜大部分树种，尤其是春季开始生长较早的一些树种，如春梅、落叶松、水杉等。过于严寒的北方地区，也适宜在秋季起苗。

2. 春季起苗

一定要在春季树液开始流动前起苗。主要用于不宜冬季假植的常绿树或假植不便的大规格苗木。春季移苗时，应随起苗随栽植。大部分苗木都可在春季起苗。

3. 雨季起苗

主要用于常绿树种，如侧柏等。雨季带土球起苗，随起随栽，效果好。

4. 冬季起苗

主要适用于南方。北方部分地区常进行冬季破冻土带冰坨起苗。

（二）起苗方法

1. 裸根起苗

绝大多数落叶树种和容易成活的常绿树小苗一般可采用此法。大规格苗木裸根起苗时，应单株挖掘。落叶乔木的根幅为苗木地径的 8~12 倍（灌木按株高的 1/3 为半径定根幅）。移苗时，以树干为中心划圆，在圆心处向外挖操作沟，再垂直挖下至一定深度，切断侧根，然后于一侧向内深挖，并将粗根切断。如遇到难以切断的粗根，应把四周土挖空后，用手锯锯断。切忌强按树干和硬劈粗根，造成根系劈裂。根系全部切断后，将苗取出，对病伤劈裂及过长的主根应进行修剪。

起小苗时，带根系的幅度为其根颈粗的 5~6 倍，方法是在规定的根系幅度稍大的范围外挖沟，切断全部侧根，然后于一侧向内深挖，轻轻倒放苗木并打碎根部泥土，尽量保留须根。挖好的苗木立即打泥浆。苗木如不能及时运走，应放在阴凉通风处假植。

起苗前如天气干燥，应提前 2~3 天对起苗地灌水，使苗木充分吸水，土质变软，便于操作。

2. 带土球起苗

一般常绿树、名贵树木和较大的花灌木常用带土球起苗。土球的直径因苗木大小、根系特点、树种成活难易等条件而定。一般乔木的土球直径为根颈直径的 8~10 倍，土球高度为直径的 2/3（包括大部分的根系在内）。灌木的土球高度为其直径的 1/2~1/4。在天气干旱时，为防止土球松散，于挖前 1~2 天灌水，增加土壤的黏结力。挖苗时，先将树冠用草绳拢起，再将苗干周围无根生长的表层土壤铲除。之后，在带土球直径的外侧挖一条操作沟，沟深与土球高度相等，沟壁垂直。遇到细根用铁锹斩断。3 cm 以上的粗根，不能用铁锹斩断，以免震裂土球，应用锯子锯断。挖至规定深度后，用锹将土球表面及周围修平，使土球呈苹果形（主根较深的树种土球呈萝卜形），即土球上表面中部稍高，逐渐向外倾斜，肩部圆滑不留棱角。这样包扎时比较牢固，不易滑脱。土球的下部直径一般不应超过土球直径的 2/3。自上向下修土球至一半高度时，应逐渐向内缩小至规定的标准，最后用锹从土球底部斜着向内切断主根，使土球与土底分开。在土球下部主根未切断前，不得硬推土球或硬掰动树干，以免土球破裂和根系断损。如土球底部松散，必须及时填塞泥土和干草，并包扎结实。

3. 机械起苗

目前，起苗已逐渐由人工向机械作业过渡。但机械起苗只能完成切断苗根、翻松土壤，不能完成全部起苗作业。常用的起苗机械中，国产的 XML-1-126 型悬挂式起苗犁，适用于 1~2 年生床作的针叶、阔叶苗，功效可达 6 hm^2/h。DQ-40 型起苗机，适用于起 3~4 年生苗木，可起取高度在 4 m 以上的大苗。

4. 冰坨起苗

东北地区利用冬季土壤结冻层深的特点，常采用冰坨起苗法。冰坨的直径和高度以及挖掘方法，与带土球起苗基本一致。当气温降至 -12 ℃ 左右时，挖掘土球。如挖开侧沟，发觉下部冻得不牢不深时，可于坑内停放 2~3 天。如因土壤干燥冻结不实时，可于土球外泼水，待土球冻实后，用铁钎插入冰坨底部，用锤将铁钎打入，直至震掉冰坨为止。为保持冰坨的完整，掏底时不能用力太重，以防震碎。如果挖掘深度不够，铁钎打入后不能震掉冰坨，可继续挖至够深度时为止。

冰坨起苗适用于针叶树种。为防止碰折主干顶芽和便于操作，起苗前用草绳将树冠拢起，用 3~4 根长 80 cm 左右的树枝，将顶芽包住再用绳捆紧。

（三）苗木分级

苗木分级就是按苗木质量标准把苗木分成若干等级的工作。当苗木起出后，应立即在庇荫处进行分级，并同时对过长或劈裂的苗根和过长的侧枝进行修剪。分级时，根据苗木的年龄、高度、粗度（根颈或胸径）、冠幅和主侧根的状况，分为合格苗、不合格苗和废苗 3 类。

1. 合格苗

是指可以用来绿化的苗木，具有良好的根系、优美的树形、一定的高度。合格苗根据其高度和粗度的差别，又可分为几个等级。如行道树苗木，枝下高在 2~3 m，胸径在 4 cm 以上，树干通直，冠型良好，为合格苗的最低要求。在此基础上，胸高直径每增加 0.5 cm，即提高一个等级。

2. 不合格苗

是指需要继续在苗圃培育的苗木，其根系、树形不完整，苗高不符合要求，也可称小苗或弱苗。

3. 废苗

是指不能用于造林、绿化，也无培养前途的断顶针叶苗、病虫害苗和缺根、伤茎苗等。除有的可作营养繁殖的材料外，一般皆废弃不用。

苗木数量统计，应结合分级进行。大苗以株为单位逐株清点，小苗可以分株清点，也可用称重法，即称一定重量的苗木，然后计算该重量的实际株数，再推算苗木的总数。苗木分级可使出圃的苗木合乎规格，更好地满足设计和施工要求，同时也便于苗木包装运输和标准的统一。

整个起苗工作应将人员组织好，起苗、检苗、分级、修剪和统计等工作，实行流水作业，分工合作，以提高工效，缩短苗木在空气中的暴露时间，提高苗木的质量。

四、苗木检疫

在苗木销售和交流过程中，病虫害也常常随苗木一同扩散和传播。因此，在苗木流通过程中，应对苗木进行检疫。运往外地的苗木，应按国家和地区的规定检疫重点的病虫害。如发现本地区和国家规定的检疫对象，要禁止出售和交流。

引进苗木的地区，还应将本地区或单位没有的严重病虫害列入检疫对象。引进的种苗有检疫证，证明确无危险性病虫害者，均应按种苗消毒方法消毒之后再栽植。如发现有本地区或国家规定的检疫对象，应立即销毁，以免扩散引起后患。

没有检疫证明的苗木，不能运输和邮寄。

五、苗木包装和运输

（一）苗木包装

1. 裸根苗的包扎

裸根小苗如果运输时间超过24 h，一般要进行包装。特别对珍贵、难成活的树种更要做好包装，以防失水。生产上常用的包装材料有草包、草片、蒲包、麻袋、塑料袋等。包装方法是先将包装材料铺放在地上，上面放上苔藓、锯末、稻草等湿润物，然后将苗木根对根放在地上，并在根间放些湿润物。当每个包装的苗木数量达到一定要求时，用包装物将苗木捆扎成卷。捆扎时，在苗木根部的四周和包装材料之间，包裹或填充均匀而又有一定厚度的湿润物。捆扎不宜太紧，以利通气。外面挂一标签，标明树种、苗龄、苗木数量、等级和苗圃名称。

短距离的运输，可在车上放一层湿润物，上面放一层苗木，分层交替堆放，或将苗木散放在篓、筐中，苗间放些湿润物。苗木装好后，再放一层湿润物。

2. 带土球苗木的包扎

带土球苗木需运输、搬运时，必须先行包扎。最简易的包扎方法是四瓣包扎，即将土球放入蒲包中或草片上，然后拎起四角包好。简易包装法适用于小土球及近距离运输。大型土球包装应结合挖苗进行。方法是：按照土球规格的大小，在树木四周挖一圈，使土球呈扁圆柱形；用利铲将扁圆柱体修光后用草绳打腰箍。第一圈将草绳头压紧，腰箍打多少圈，视土球大小而定，到最后一圈，将绳尾压住，不使其分开。腰箍打好后，随即用铲向土球底部中心挖掘，使土球下部逐渐缩小。为防止倾倒，可事先用绳索或支柱将大苗暂时固定。然后，进行包扎。草绳包扎主要有3种方式。

（1）橘子式

先将草绳一头系在树干（或腰绳）上，再在土球上斜向缠绕。方法是：经土球底沿绕过对面，向上约于球面一半处经树干折回，顺同一方向按一定间隔缠绕至满球。然后，再绕第二遍。注意：要与第一遍的每道肩沿处的草绳整齐相压。缠绕至满球后系牢。之后，于内腰绳的稍下部捆十几道外腰绳，而后将内外腰线呈锯齿状穿连绑紧。最后，在苗木推倒的方向上沿土球外沿挖一道弧形沟，并将树轻轻推倒，这样树干不会因碰到穴沿而损伤。壤土和沙性土还需用蒲包垫于土球底部，并另用草绳与土球底沿纵向绳拴连系牢（图2-39）。

（2）井字（古钱）式

先将草绳一端系于腰箍上，然后按图2-40中1图所示数字顺序，由1拉到2，绕过土球的下面拉至3，经4绕过土球下拉至5，再经6绕过土球下面拉至7，经8与1挨紧平行拉扎。按如此顺序包扎满6~7道井字形为止，扎成如图2-40中2图的状态。

（3）五角式

先将草绳的一端系在腰箍上，然后按图2-41中1图所示的数字顺序包扎，先由1拉到2，绕过土球底，经3过土球面到4，绕过土球底经5拉过土球面到6，绕过土球底，由7过土球面到8，绕过土球底，由9过土球面到10绕过土球底回到1。按如此顺序紧挨平扎6~7道五角星形，扎成如图2-41中2图所示的状态。

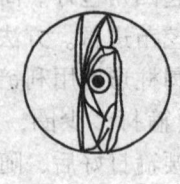

园林植物栽培与养护

平面
实绳表示土球面绳
虚绳表示土球底绳

1　　　　　　　　　　2

图 2-39　橘子式包扎法示意图

1. 包扎顺序图；2. 扎好后的土球

平面
实绳表示土球面绳
虚绳表示土球底绳

立面

1　　　　　　　　　　2

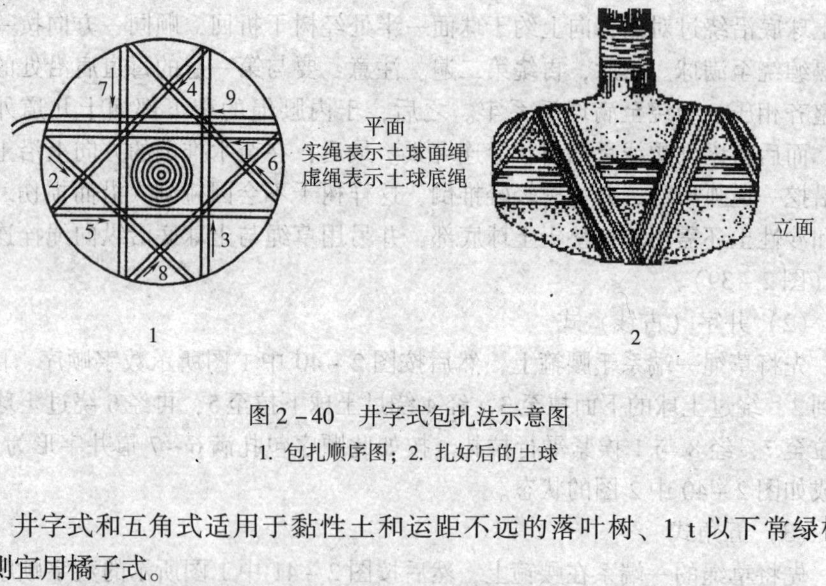

图 2-40　井字式包扎法示意图

1. 包扎顺序图；2. 扎好后的土球

井字式和五角式适用于黏性土和运距不远的落叶树、1 t 以下常绿树，否则宜用橘子式。

以上 3 种包扎方法都需要注意的是，包扎时绳要拉紧，并用木棒击打，使草绳紧贴土球或能使草绳嵌进土球一部分，才能牢固可靠。如果是黏土，可用草绳直接包扎，此法适用的最大土球直径可达 1.3 m 左右。如果是砂性土壤，则应用蒲包等软材料包住土球，然后再用草绳包扎。

178

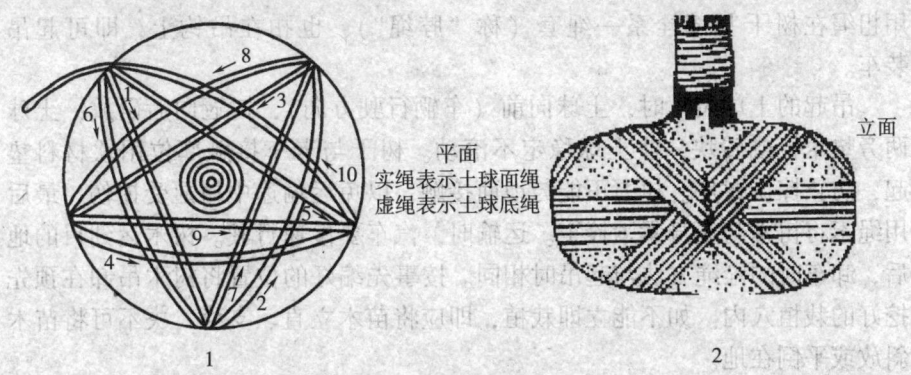

图 2-41　五角式包扎法示意图
1. 包扎顺序图；2. 扎好后的土球

（4）木箱包装法

适用于胸径在 15 cm 以上的常绿树或胸径在 20 cm 以上的落叶树。此法应用较少，具体做法详见大树移植部分。

（二）苗木运输

1. 小苗的运输

小苗远距离运输应采取快速运输的方式。运输前，应在苗包上挂上标签，注明树种和数量。在运输期间，要勤检查包内的湿度和温度。如包内温度过高，要把包打开通风；如湿度不够，可适当喷水。苗木运到目的地后，要立即将苗包打开进行假植。假植时，若土壤过干，要适当浇水。火车运输要发快件，对方应及时到车站取苗假植。

2. 裸根大苗的装运

用人力或吊车装运苗木时，应轻抬轻放。要先装大苗、重苗，再在大苗间隙填放小规格苗。苗木根部装在车厢前面。树干之间、树干与车厢接触处要垫放稻草、草包等软材料，以避免树皮磨损。树根与树身要覆盖，并适当喷水保湿，以保持根系湿润。为防止苗木滚动，装车后要将树干捆牢。运到现场后要逐株抬下，不可推卸下车。

3. 带土球大苗的吊装

运输带土球的大苗，其质量常达数吨，应选用起吊、装运能力大于树重的机车和适合现场使用的起重机类型。吊运前，先撤去支撑，捆拢树冠，再用事先打好结的粗绳，将两股分开，捆在土球腰下部，与土球接触的地方垫以木板，然后将粗绳两端扣在吊钩上，轻轻起吊一下，此时树身倾斜，马上用粗绳在树干基部拴系一绳套（称"脖绳"），也扣在吊钩上，即可起吊装车。

吊起的土球装车时，土球向前（车辆行驶方向），树冠向后码放，土球两旁垫木板或砖块，使土球稳定不滚动。树干与卡车接触部位用软材料垫起，防止擦伤树皮。树冠不能与地面接触，以免运输途中树冠受损伤。最后用绳索将树木与车身紧紧拴牢。运输时，汽车要慢速行驶。树木运到目的地后，卸车时的拴绳方法与起吊时相同。按事先编好的位置将树木吊卸在预先挖好的栽植穴内。如不能立即栽植，即应将苗木立直、支稳，决不可将苗木斜放或平倒在地。

第三章 园林植物的栽培技术

> **本章提要**
>
> 通过各种繁殖方式培育出的合格的出圃苗即可应栽种于园林绿地。根据植物种类、园林绿化目的的不同及经济效益的考虑，园林植物栽培可分为露地栽培、保护地栽培、盆栽、无土栽培及控制花期的栽培。为达到快速绿化的目的，露地栽培中有一种特殊的形式即直接栽种大树。由于大树的栽植较难成活，所以在大树移植中做了较详尽的介绍。

第一节 露地栽培

园林植物露地栽培，是指完全在自然环境条件下，不加任何保护的栽培形式。一般露地栽培植物的生长周期与露地自然条件的变化周期基本一致。露地栽培具有投入少、设备简单、生产程序简便等优点，是园林植物生产、栽培中常用的形式。露地栽培的缺点是产量较低，产品质量不稳定，抗御自然灾害的能力较弱。在露地栽培中，往往有在植物生长发育的某一阶段增加保护措施的做法。如露地栽培的园林植物采用保护地育苗，有提早开花的效果；盛夏进行遮阳，可防止日灼，提高产品质量；于晚秋至初冬进行覆盖，有延后栽培的作用等。

一、一二年生草本园林植物的露地栽培

在露地栽培的园林植物中，一二年生花卉对栽培管理条件的要求比较严格，在花圃中应占用土壤、灌溉和管理条件最优越的地段。

（一）整地作床（畦）

露地栽培一二年生草本园林植物，要选择光照充足、土地肥沃、地势平

整、水源方便和排水良好的地块，且在播种或栽植前进行整地。

1. 整地

整地质量与植物生长发育有很大关系。整地可改善土壤的理化性质，使土壤疏松透气，利于土壤保水和促进有机质的分解，有利于种子发芽和根系的生长。整地还具有一定的杀虫、杀菌和杀草的作用。整地深度根据花卉种类及土壤情况而定。一二年生花卉生长期短，根系较浅，整地深度一般控制在 20～30 cm。此外，整地深度还要看土壤质地，沙土宜浅，黏土宜深。整地多在秋天进行，也可在播种或移栽前进行。

整地应先将土壤翻起，使土块细碎，清除石块、瓦片、残根、断茎和杂草等，以利于种子发芽及根系生长。结合整地可施入一定的基肥，如堆肥和厩肥等，也可以同时改良土壤的酸碱性。

2. 作床（畦）

一二年生草花的露地栽培多用苗床栽培的方式，常用的有高床和低床两种形式，其与播种繁殖作床相同。

（二）栽植

一二年草本露地花卉皆为播种繁殖，其中大部分先在苗床育苗或容器育苗，经分苗和移植，最后再移至盆钵或花坛、花圃内定植。对于不宜移植的花卉，可采用直播的方法。

1. 移植

（1）移植的作用

一二年生草本园林植物的移植有两种情况，一是栽植后经一定时期生长，还要再行移植；二是栽植后不再移植的"定植"。

间苗后的幼苗在苗床经一段时间生长后，逐渐拥挤，但苗还没有达到可以定植的标准或季节还不适宜于定植时，需分苗 1～2 次。其作用主要有三个，一是增加幼苗的营养面积，改善群体通风透光条件，促使幼苗生长健壮；二是移植时切断主根，促使侧根发生，再移植时易成活；三是移植有抑制生长的效果，使幼苗株形紧凑，观赏效果好。

经移植培育到具 10～12 枚真叶或高约 15 cm 的幼苗，按绿化设计的要求定位栽到花盆或花坛、花境等绿地里，不再移植。

（2）移植时间和方法

移植时间一般以植物春季发芽前为好。移植的方法可分为裸根移植和带土移植。裸根移植主要用于小苗和易成活的大苗。带土移植主要用于大苗。

由于移植必然损伤根系，使根的吸水量下降，减少蒸腾量而有利于成活，所以在无风的阴天移植最为理想。天气炎热时应在午后或傍晚阳光较弱时进行。移植时边栽植边喷水，一床全部栽植完后再进行浇水。栽植的株行距依花卉种类而异，生长快者宜稀，生长慢者宜密；株型扩张者宜稀，株型紧凑者宜密。移植与定植的株行距也有不同，移植比定植的密些。移植的具体过程如下。

起苗 起苗应在土壤湿润的条件下进行，以使根系少受伤。如果土壤干燥，应在起苗前一天或数小时前充分灌水。裸根苗，用铲子将苗带土掘起，然后将根群附着的泥土轻轻抖落。注意不要拉断细根，也不要长时间曝晒或风吹。带土苗，先用铲子将苗四周的泥土铲开，然后从侧下方将苗掘起，并尽量保持土坨完整。为保持水分平衡，起苗后可摘除一部分叶片以减少蒸腾，但不宜摘除过多。

栽植 栽植的方法可分为沟植、孔植和穴植。沟植是依一定的行距开沟进行栽植的方法。孔植是依一定的株行距打孔栽植的方法。穴植是依一定的株行距挖穴栽植的方法。裸根苗栽植时，应使根系舒展，防止根系卷曲。为使根系与土壤充分接触，覆土时要用手按压泥土。按压时用力要均匀，不要用力按压茎的基部，以免压伤。带土苗栽植时，在土坨的四周填土并按压。按压时，防止将土坨压碎。栽植深度应与移植前的深度相同。栽植完毕，用喷壶充分灌水。第一次充分灌水后，在新根未发之前不要过多灌水，否则易烂根。此外，移植后数日内应遮阴，以利苗木恢复生长。

2. 直播

对于不耐移植的一二年生的草本花卉可将种子直接播种于花钵、花坛或花圃中。播种的方法与第二章第三节所述播种方法相同。但播种后要注意间苗。露地花卉间苗通常分两次进行，最后一次间苗称为"定苗"。第一次间苗在幼苗出齐、子叶完全展开并开始长真叶时进行，第二次间苗在出现3~4片真叶时进行。间苗时要细心操作，不可牵动留下的幼苗，以免损伤幼苗的根系，影响生长。间苗要在雨后或灌溉后进行。间苗的方法是将苗用手拔出。间苗后需根据土壤湿度决定是否浇灌一次。最后一次间苗后，1 m² 密度约为400~1 000株。间苗通常拔除生长不良、生长缓慢的弱苗，并注意照顾苗间距离。间苗是一项很费工的操作，应通过做好选种和播种工作，确定适当的播种量，使幼苗分布均匀以减少间苗的操作。

二、多年生草本园林植物的露地栽培

多年生花卉育苗地的整地、做床、间苗、移植管理与一二年生草花基本相同。

（一）宿根类植物的露地栽培

宿根花卉栽植地的整地深度应达 30~40 cm，甚至 40~50 cm，并施入大量的有机肥，以长时期维持良好的土壤结构。应选择排水良好的土壤。一般幼苗期喜腐殖质丰富的土壤，在第二年后则以黏质土壤为佳。定植初期加强灌溉，定植后的其他管理比较简单。为使其生长茂盛、花多、花大，最好在春季新芽抽出时追施肥料，花前和花后再各追肥一次。秋季叶枯时，可在植株四周施腐熟的厩肥或堆肥。

（二）球根类植物的露地栽培

球根花卉的地下部分具肥大的变态根或变态茎。植物学上称球茎、块茎、鳞茎、块根、根颈等，园林植物生产中总称为球根。

1. 土壤及肥料

球根花卉对整地、施肥、松土的要求较宿根花卉高，特别对土壤的疏松度及耕作层的厚度要求较高。因此，栽培球根花卉的土壤应适当深耕（30~40 cm，甚至 40~50 cm），并通过施用有机肥料、掺和其他基质材料，以改善土壤结构。栽培球根花卉施用的有机肥必须充分腐熟，否则会导致球根腐烂。磷肥对球根的充实及开花极为重要，钾肥需要量中等，氮肥不宜多施。我国南方及东北等地区土壤呈酸性，需施入适量的石灰加以中和。

2. 栽植

球根较大或数量较少时，可进行穴栽；球小而量多时，可开沟栽植。如果需要在栽植穴或沟中施基肥，要适当加大穴或沟的深度，撒入基肥后覆盖一层园土，然后栽植球根。球根栽植的深度因土质、栽植目的及种类不同而有差异。黏质土壤宜浅些，疏松土壤可深些；为繁殖子球或每年都挖出来采收的宜浅，需开花多、花朵大的或准备多年采收的可深些。栽植深度一般为球高的 3 倍。但晚香玉及葱兰以覆土到球根顶部为宜，朱顶红需要将球根的 1/4~1/3 露出土面，百合类中的多数种类要求栽植深度为球高的 4 倍以上。

栽植的株行距依球根种类及植株体量大小而异，如大丽花为 60~100 cm，风信子、水仙 20~30 cm，葱兰、番红花等仅为 5~8 cm。

3. 栽培要点

主要包括：①球根栽植时应分离侧面的小球，将其另外栽植，以免分散养分，造成开花不良。②球根花卉的多数种类吸收根少而脆嫩，折断后不能再生新根，所以球根栽植后在生长期间不宜移植。③球根花卉多数叶片较少，栽培时应注意保护，避免损伤，否则影响养分的合成，不利于开花和新球的成长，也影响观赏。④做切花栽培时，在满足切花长度要求的前提下，剪取时应尽量多保留植株的叶片，以滋养新球。⑤花后及时剪除残花不让其结实，以减少养分的消耗，有利于新球的充实。以收获种球为主要目的的，应及时摘除花蕾。对枝叶稀少的球根花卉，应保留花梗，利用花梗的绿色部分合成养分供新球生长。⑥开花后正是地下新球膨大充实的时期，要加强肥水管理。

4. 种球采收与贮藏

（1）种球采收

球根花卉停止生长进入休眠后，大部分的种类需要采收并进行贮藏，休眠期过后再进行栽植。有些种类的球根虽然可留在地中生长多年，但如果作为专业栽培，仍然需要每年采收，其原因为：①冬季休眠的球根在寒冷地区易受冻害，需要在秋季采收贮藏越冬；夏季休眠的球根，如果留在土中，会因多雨湿热而腐烂，也需要采收贮藏。②采收后，可将种球分出大小优劣，便于合理繁殖和培养。③新球和子球增殖过多时，如不采收、分离，常因拥挤而生长不良，而且因为养分分散，植株不易开花。④发育不够充实的球根，采收后放在干燥通风处可促其后熟。⑤采收种球后可将土地翻耕，加施基肥，有利于下一季节的栽培。也可在球根休眠期栽培其他作物，以充分利用土壤。

采收要在球根花卉生长停止、茎叶枯黄而没脱落时进行。过早采收，养分还没有充分积聚于球根，球根不够充实；过晚采收则茎叶脱落，不易确定球根在土壤中的位置，采收时球根易受损伤，子球容易散失。采收时土壤要适度湿润。挖出种球要除去附土，阴干后储藏。唐菖蒲、晚香玉等翻晒数天让其充分干燥。大丽花、美人蕉等阴干到外皮干燥即可，以防止过分干燥而使球根表面皱缩。秋植球根在夏季采收后，不宜放在烈日下暴晒。

（2）贮藏方法

贮藏前要除去种球上的附土和杂物，剔除病残球根。如果球根名贵而又病斑不大，可将病斑用刀剔除，在伤口上涂抹防腐剂或草木灰等留用。容易受病害感染的球根，贮藏时最好混入药剂或用药液浸洗消毒。

球根的贮藏方法因球根种类而不同。对于通风要求不高，需保持一定湿度的球根种类如大丽花、美人蕉等，可采用埋藏或堆藏法。量少时可用盆、箱装，量大时堆放在室内地上或窖藏。贮藏时，球根间填充干沙、锯末等。对要求通风良好、充分干燥的球根，如唐菖蒲、球根鸢尾、郁金香等，可在室内设架，铺上席箔、苇帘等，上面摊放球根。如设多层架子，层间距为30 cm 以上，以利通风。少量球根可放在浅箱或木盘上，也可放在竹篮或网袋中，置于背阴通风处贮藏。

球根贮藏所要求的环境条件也因球根种类而有所不同。春植球根冬季贮藏，室温应保持在4～5 ℃，不能低于0 ℃或高于10 ℃。在冬季室温较低时贮藏，对通风要求不严格，但室内不能闷湿。秋植球根夏季贮藏时，首要的问题是保持贮藏环境的干燥和凉爽，不能闷热和潮湿。球根贮藏时，还应注意防止鼠害和病虫的危害。

多数球根花卉在休眠期进行花芽分化，所以其贮藏条件的好坏，与以后开花有很大关系，不可忽视。

三、木本园林植物露地的栽培

（一）木本园林植物的分类

木本园林植物包括落叶木本园林植物和常绿木本园林植物两类。

1. 落叶木本园林植物

落叶木本园林植物大多原产于暖温带、温带和亚寒带地区，按其性状可分为3类。①落叶乔木：地上有明显的主干，主枝从主干上发出，植株直立高大。如鹅掌楸、悬铃木、紫薇、樱花、海棠、梅花、银杏等。还可根据树体的大小分为大乔木、中乔木和小乔木。②落叶灌木：地上部分无明显的主干和主枝，多呈丛状生长。如月季、牡丹、迎春、绣线菊等。也可分为大灌木、中灌木和小灌木。③落叶藤本：地上部不能直立生长，茎蔓攀缘或依附在其他物体上。如葡萄、紫藤、凌霄等。

2. 常绿木本园林植物

常绿木本园林植物大多原产于热带和亚热带地区，也有一小部分原产于暖温带，呈半常绿状态。在我国华南、西南部分地区可露地越冬，有的在华东、华中也能露地栽培。在长江流域以北地区则多数作温室栽培。按其性状可分为4类。①常绿乔木：四季常青，树体高大，其中又分为阔叶常绿乔木和针叶常绿乔木。阔叶类如桂花、白兰花、橡皮树、棕榈、山玉兰、榕树等，针叶类如白皮松、华山松、雪松、五针松、柳杉、南洋杉、龙柏等。②常绿灌木：地上茎丛生，没有明显的主干。如杜鹃、山茶、含笑、栀子、茉莉、黄杨等。③常绿藤本：多数不能自然直立，茎蔓需攀缘在其他物体上或匍匐在地面上。如常春藤、美国凌霄、龙吐珠、三角花等。

（二）木本园林植物的露地栽培

木本园林植物采用大苗栽植比较普遍，而且不论是裸根苗，还是带土苗，根系（特别是吸收根）均受到严重破坏，根幅和根量缩小，主动吸收水分的能力大大降低。另外，栽植后需要经过一定时间，受伤的根系才能发出较多的新根，恢复和提高吸收功能。因此，为保证栽植成活，必须抓住三个关键，保持和恢复树体的水分平衡。首先，在苗木挖掘、运输和栽植过程中，要严格保湿、保鲜，防止苗木过多失水。其次，栽植时期必须有利于伤口愈合和促发新根，尽快恢复吸收功能。再次，栽植时使苗木的根系与土壤紧密地接触，并在栽植后保证土壤有充足的水分供应。

1. 栽植时期

以春季和秋季为好。最适的栽植季节和时间，首先应有适合于保湿和树木愈合生根的温度和水分条件；其次是树木具有较强的发根和吸水能力，有利于维持树体水分代谢的相对平衡。

一般在树液流动最旺盛的时期不宜栽植。这时枝叶蒸腾作用强，栽植时由于根系受伤，水分吸收量大大减少，树体容易失去水分平衡。树木根系的生长具有波动的周期性生长规律，一般在新芽开放之前数日至数周，根系开始迅速生长，栽植容易成活。夏季高温干旱，树木根系往往停止生长，但10月以后，根系活动又开始加强，其中落叶阔叶树种的根系比针叶树种更旺，并可持续到晚秋，落叶阔叶树种更适合于秋植。因此落叶树移植和定植时间一般在秋末落叶后或早春发芽前进行。但有些树种在刚冒芽时移植，新芽形成时产生的生长激素传导到根部，能促使根部伤口愈合和长出新根，成活率高。如乌桕、苦楝等。常绿树种移植和定植时间为早春萌发新梢前或梅雨季节。一般应带土球起苗，并适当疏枝及摘叶。移植或定植后，最好在树顶上进行遮阴，并经常向树冠和附近地面洒水，以保持较高的空气湿度，减少叶面蒸腾，以利成活。

栽植木本园林植物，以无风阴天最好。晴天时，宜在上午或下午阳光较弱时进行。

2. 栽植前的准备

树木栽植过程要经过起苗、运输、定植、栽后管理四大环节。每一个环节必须进行周密的保护和及时处理，才能防止被移植的苗木失水过多。移栽的四个环节应密切配合，尽量缩短时间，最好是随起、随运、随栽，及时管理，形成流水作业。

（1）苗木准备

苗木质量的好坏直接影响栽植的质量、成活率、养护成本及绿化效果。

栽植的苗木来源于当地培育或从外地购进及从园林绿地和野外搜集。不论哪一种来源，栽植苗木的树种、年龄和规格都应根据设计要求选定。苗木挖掘前对分枝较低、枝条长而比较柔软的苗木或冠丛径较大的灌木应进行拢冠，以便挖苗和运输，并减少树枝的损伤和折断。对于树干裸露、皮薄而光滑的树木，应用油漆标明方向。

为了既保证栽植成活，又减轻苗木重量和操作难度，减少栽植成本，挖掘苗木的根幅（或土球直径）和深度（或土球高度）应有一个适合的范围（表3-1）。乔木树种的根幅（或土球直径）一般是树木胸径的6~12倍，胸径越大比例越小。深度（或土球高度）大约为根幅（或土球直径）的2/3。土球直径也可以按下式计算：

$$土球直径（cm）=5×（树木地径-4）+45$$

表3-1 乔木树种土球挖掘的最小规格

地　　径（cm）	3~5	5~7	7~10	10~12	12~15
土球直径（cm）	40~50	50~60	60~75	75~85	85~100

应按操作规程起苗，防止伤根过多，尽量减少大根劈裂。对已经劈裂的根，应进行适当修剪补救。除肉质根苗木，如牡丹等应适当晾晒外，其他树种起苗后最重要的是保持根部湿润，避免风吹日晒。苗木长途运输时，应采取根部保护措施，如用湿物包裹或裸根苗蘸泥浆、带土苗包装等。为减少常绿树枝叶水分蒸腾，可喷蒸腾抑制剂和适当疏剪枝、叶。关于起苗、包装、运输参见有关章节。

（2）栽植穴的准备

栽植穴的准备是改地适树，协调"地"与"树"之间相互关系，创造良好的根系生长环境，提高栽植成活率和促进树木生长的重要环节。栽植穴的规格一般比根幅（或土球直径）和深度（或土球高度）大20~40cm，甚至1倍。绿篱等应抽槽整地（表3-2）。穴或槽周壁上下大体垂直，而不应成为"锅底"或"V"形。在挖穴或槽时，肥沃的表土与贫瘠的底土应分开放置，除去所有石块、瓦砾和妨碍生长的杂物。土壤贫瘠的应换上肥沃的表土或掺入适量的腐熟有机肥。

表3-2 栽植绿篱抽槽规格（单位：cm）

绿篱苗高度	抽槽规格（宽×深）	
	单行式	双行式
0.5~1.0	40×30	60×30
1.0~1.2	50×30	80×40
1.2~1.5	60×40	100×40
1.5~2.0	100×50	120×50

在土壤通透性极差的立地上，应进行土壤改良，并采用瓦管和盲沟等排水措施。在一般情况下，可在土壤中掺入沙土或适量腐殖质改良土壤结构，增强其通透性。也可加深植穴，填入部分沙砾或在附近挖与植穴底部相通并深于植穴的暗井，并在植穴的通道内填入树枝、落叶及石砾等混合物，加强根区的地下排水。在渍水极严重的情况下，可用粗约8 cm的瓦管铺设地下排水系统（图3-1）。

3. 配苗或散苗

对行道树和绿篱苗，栽植前要再一次按大小分级，使相邻的苗大小基本一致。按穴边木桩写明的树种配苗，"对号入座"，边散边栽。配苗后还要及时核对设计图，检查调整。

4. 栽植技术

园林树木栽植的深度必须适当，并要注意方向。栽植深度应以新土下沉后树木原来的土印与地面相平或稍低于地面（3 cm~5 cm）为准。栽植过浅，根系容易失水干燥，抗旱性差；栽植过深，根系呼吸困难，树木生长不旺。

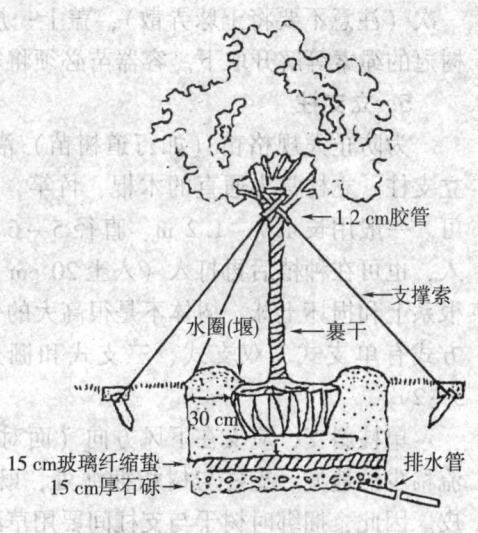

图3-1 树木栽植与植穴排水

主干较高的大树,栽植方向应保持原生长方向,以免冬季时树皮被冻裂或夏季时受日灼危害。若无冻害或日灼,应把树形最好的一面朝向主要观赏面。栽植时除特殊要求外,树木应垂直于东西、南北两条轴线。行列式栽植时,要求每隔10~20株先栽好对齐用的"标杆树"。如有弯干的苗,应弯向行内,并与"标杆树"对齐,左右相差不超过树干的一半,做到整齐美观。

(1) 裸根苗的栽植

先比试根幅与穴的大小和深浅是否合适,并进行适当调整和修理。在穴底填些表土,堆成小丘状,至深浅适合时放苗入穴,使根系沿锥形土堆四周自然散开,保证根系舒展。具体栽植时,一般两人一组,一人扶正苗木,一人填入拍碎的湿润表土。填土约达穴深的1/2时轻提苗,使根自然向下舒展,然后用木棍捣实或用脚踩实。之后,继续填土至满穴,再捣实或踩实一次,最后盖上一层土与地相平或略高,使填的土与原根颈痕相平或略高3~5 cm。

(2) 带土球苗的栽植

先测量或目测已挖树穴的深度与土球高度是否一致,再对树穴作适当填挖调整,填土至深浅适宜时放苗入穴。在土球四周下部垫入少量的土,使树直立稳定,然后剪开包装材料,将不易腐烂的材料一律取出。为防止栽后灌水土塌树斜,填土一半时,用木棍将土球四周的松土捣实,填到满穴再捣实一次(注意不要将土球弄散),盖上一层土与地面相平或略高,最后把捆拢树冠的绳索等解开取下。容器苗必须将容器除掉后再栽植。

5. 立支柱

为防止大规格苗(如行道树苗)灌水后歪斜,或受大风影响成活,应立支柱。立柱常为通直的木棍、竹竿,长度以能支撑树苗的1/3~1/2处即可。一般用长1.7~1.2 m、直径5~6 cm的支柱。支柱可在种植的时候埋入,也可在种植后再打入(入土20 cm~30 cm)。栽后打入的,要避免打在根系上和损坏土球。树体不是很高大的带土移栽树木可不立支柱。立支柱的方式有单支式、双支式、三支式和棚架式。单支法又分立支和斜支(图3-2)。

单柱斜支,应支在下风方向(面对风向)。斜支占地面积大,多用在人流稀少的地方。支柱与树相捆缚处,既要捆紧,又要防止日后摇动擦伤干皮。因此,捆绑时树干与支柱间要用草绳隔开或用草绳包裹树干后再捆。

6. 栽后管理

木本植物栽后管理包括灌水、封堰及树盘覆盖等。栽后立即沿穴的外缘

图 3-2 立支柱　　　　　　　图 3-3 围堰浇水

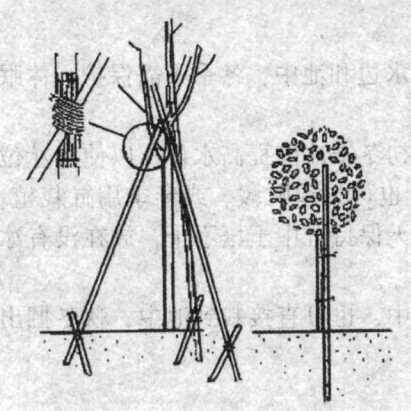

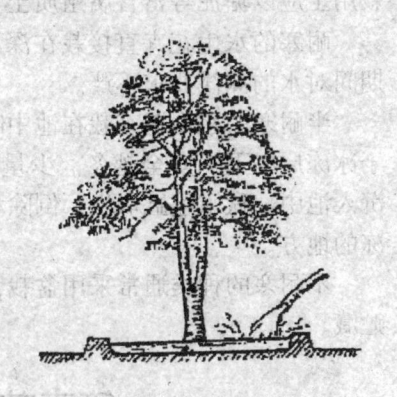

围堰灌水（图 3-3）。对密度较大的丛植地可按片筑堰。无风天不要超过一昼夜就应浇透头遍水，干旱或多风地区应连夜浇水。水一定要浇透，以使土壤吸足水分，有助于根系与土壤的密接，提高成活率。北方干旱地区，在少雨季节栽植花木，应间隔3～5天连浇3遍水。浇水时，应防止冲垮水堰，每次浇水渗入后，应将歪斜树苗扶正，并对塌陷处填实土壤。第三遍水渗入后，可将土堰铲去，将土堆在树干的基部封堰。为减少地表蒸发，保持土壤湿润和防止土温变化过大，提高树木栽植的成活率，可用稻草、腐叶土或沙土覆盖树盘。

四、水生园林植物的露地栽培

水生花卉生长期间要求有大量水分（或有饱和水的土壤）和空气。它们的根、茎和叶内有通气组织的气腔与外界互相通气，吸收氧气以供应根系需要。园林中常见栽培的水生植物有荷花、睡莲、凤眼莲、芡、水菖蒲等。

1. 繁殖

水生园林植物多采用分生繁殖，有时也采用播种繁殖。分栽一般在春季进行，适应性强的种类，初夏亦可分栽。水生园林植物种子成熟后应立即播种，或贮在水中，因为它们的种子干燥后极易丧失发芽能力。荷花、香蒲和水生鸢尾等少数种类也可干藏。

2. 栽培管理

栽植水生花卉的池塘最好是池底有丰富的腐草烂叶沉积，并为黏质土壤。在新挖掘的池塘栽植时，必须先施入大量的肥料，如堆肥、厩肥等。盆栽用土应以塘泥等富含腐殖质土为宜。

耐寒的水生花卉直接栽在深浅合适的水边和池中，冬季不需保护。休眠期间对水的深浅要求不严。

半耐寒的水生花卉栽在池中时，应在初冬结冰前提高水位，以使根丛位于冰冻层以下，安全越冬。少量栽植时，也可掘起贮藏。或春季用缸栽植，沉入池中，秋末连缸取出，倒除积水，冬天保持缸中土壤不干，放在没有冰冻的地方。

不耐寒的种类通常采用盆栽，沉到池中，也可直接栽到池中，秋冬掘出贮藏。

第二节 保护地栽培

保护地是以塑料大棚和玻璃温室为主体的种植生产设施。这种栽培方式有其特有的优势，既它可在人工控制条件下生产花卉，达到花卉的周年均衡供应，也可依据市场的需要，安排花卉的开花或供应时间。这一方面延长了花卉的上市时间，扩大了市场；另一方面又能满足花卉种植和上市类型的多样化。花卉生长的土壤和气候条件在保护地内是人工调控的，因此能够最大限度地满足花卉生长的需要。无土栽培、组织培养等新的花卉生产技术，也只有在保护地内才能发挥其威力。保护地生产，由于生产条件的改善和保证，产量和质量能够大幅度增加和提高，单位面积的收益很高，有利于开拓和占领市场。科技含量的提高，单位面积产量的增加，产品质量的保证，提高了市场的竞争力，也提高了开拓国外市场的能力。另外，花卉保护地生产还可减少或免受自然灾害的影响；提高对自然光的利用；弥补农业生产的闲季土地和劳动力的利用等。但是，保护地生产也有其不足的一面，尤其是资金投入相对较多，多数情况需要消耗能源，管理和生产技术要求高等。

一、保护地栽培设施

（一）塑料大棚

1. 类型

按加温方式划分为：①日光大棚。室内热量仅依靠自然光照，不进行人工加温。②加温大棚。室内有人工加温系统，多为固定栽培保护地

按结构划分为：①单栋大棚。以单体形式设计建造，适于花农生产。有单斜面代、双斜面式和拱圆式。单斜面式大棚坐北向南，北侧和东、西两侧

有墙体。双斜面式大棚有两个屋顶坡面，特点是没有墙体，内部受光均匀。拱圆式大棚建造容易，结构简单，日光入射角度好，抗风、雪性能好。②连栋大棚：是指两个或两个以上的大棚连接成一体，形成一个室内空间的大棚，又分为双斜面连栋（双斜面几栋大棚连接成一体）和拱圆形连栋（数个拱圆形大棚连接成一体）。

按使用建筑材料划分为：①竹木结构。②全木结构。③全塑结构。④钢架结构。⑤混合结构。钢管架结构大棚是用钢管支撑而成的，各种成套管架多用镀锌钢管或钢管涂防锈漆。混合结构大棚除了用竹、木、钢等材料外，还有水泥预制件等多种材料共用于一棚的。

2. 结构

（1）规格

大棚的规格包括：①跨度：单栋大棚在 5~18 m 之间，一般在 8~12 m 之间。为了增加安全性，跨度不可过大。②长度：棚体长度，短的 10~30 m，长的可达百米，一般在 30~50 m 之间，太长对通风、透光、加温、灌水、机械作业均不利。日本的钢结构大棚多为 50 m。③高度：包括栋高和檐高。在不影响花卉生长发育和管理操作的条件下，尽量降低棚高。人工操作的大棚高度较低，一般在 2~3 m 之间；有机械设备或进行无土栽培的大棚，或生产大型花木的大棚，棚高增加，常在 3.0~4.2 m 之间，檐高 2.0~2.5 m 之间。我国常用的单斜面日光大棚棚高在 2.0~2.5 m 之间，后墙高度在 1.5~1.8 m 之间。④单栋面积：在 200~1 000 m² 之间，常见面积为 330~670 m²。

（2）屋面坡度

大棚的屋面坡度主要取决于太阳高度角，以太阳光线垂直射入薄膜表面最为理想。当然，也要考虑到空气流通、风害、积雪、建棚的难易程度等诸多因素。一般，计算棚面坡度时，要考虑大棚所建地的纬度和冬至日中午太阳高度角。棚面角度的理论值 Δ 可用下式计算：

$$\Delta = \alpha - \beta - 40° \tag{3-1}$$

式中：α——纬度；

β——太阳冬至日直射点纬度，恒为 -23°27′。

上式可简化为 Δ = α - 16°33′。例如，山东省泰安希约纬度为 36°10′，其理论最小棚面坡度为 19°37′，因此在建造大棚时坡度取 20°。

大棚屋面坡度的确定，要根据建造场地、大棚有无加温设备综合分析。

日光大棚，为增加光照和提高室温，其棚面角度可增加 2~3°。如果综合考虑到大棚结构和建造难易、整体光照、调温和室内操作方便，一般坡度要小一些，如屋脊型以 27~29°为宜，多雪地区可增加到 31~33°，大型单栋可采用 20~23°的坡度。

（3）大棚走向

寒冷地区常采用单斜面大棚，均为南北走向。周年生产或连栋式的大棚采用南北走向是值得推广的。

（4）大棚的骨架

有 3 种类型。①单斜面柁架类型。骨架是由后墙、立柱、柁木、檩木等构成。后墙、山墙起防风保温作用，下底宽为 0.7~1.0 m，上宽 0.5~0.7 m。在山墙留门。在后墙留窗或不留。柁-檩-立柱骨架以竹木结构为主，也有钢架、管架和水泥预制件的。柁架、立柱、檩、梁之间的连接方式主要有榫接、扣丁和捆绑。②双斜面结构。骨架以全木结构或全钢结构为主，也有全塑结构。

无梁式骨架：仅有侧墙和顶部用钢材或塑料管作支撑，多用角钢作屋脊，但跨度不宜大，适于轻型或小型大棚或温室。横梁式骨架有一横梁连接屋脊型的人字架。拉杆式骨架在横梁与架顶之间连接一拉杆。桁架式骨架为全钢结构，用钢管和角钢焊接成牢固的屋脊式桁架。支撑式骨架不管以上哪种屋架，在内部设支柱分别支撑中柱，中檩等处。钢架主要用 3 mm×30 mm×30 mm、4 mm×40 mm×40 mm 等规格的角钢。钢管外径 18 mm~23 mm，壁厚 1.2 mm~1.8 mm。全塑结构为成套成品，可按使用说明书了解其规格和安全性。连接时，木结构主要是榫接、扣丁；钢架结构主要是焊接和螺钉连接。③拱圆骨架。与双斜面大棚相近，有无梁式、横梁式、拉杆式、桁架式和支撑式。棚面形式为半圆形。拱面要用有柔韧性或易弯曲且不变形的材料。

（5）连栋大棚的骨架与连接处理

栋间连接是连栋大棚的关键部位。竹木结构通常是与立柱榫接或扣丁，放上一天沟流水槽。钢结构常用 V 型支架连接或管架结构用管件接头连接，配装天沟压板和流水槽。

（6）大棚的负载能力

大棚的负载主要有自重、雪压和风荷重 3 种，这些负载按照棚面→中檩→屋架→立柱或拉杆→基础的顺序传递。风力侧向而来，其扭压力集中于中檩和连接处。负载过大会使部件弯曲、折断或脱节，甚至会坍塌。

3. 塑料薄膜及其覆盖

(1) 塑料薄膜的种类与性能

常用的有2种。①聚氯乙烯（PVC）棚膜具有良好的透光性，但吸尘性强，易受污染，膜上易附着水滴，透光率下降快。夜间保温性能比聚乙烯膜强，而且耐高温日晒，抗张力、伸张力强，较耐用。②聚乙烯（PE）棚膜透光性强，不易吸尘，耐低温性能好，耐高温性能差，相对密度轻。其夜间保温性能不及PVC膜，常出现夜间棚温逆转现象。聚乙烯膜是南方地区的主要棚膜。

(2) 塑料薄膜的焊合

大棚的塑料薄膜分为裙膜和棚膜。裙膜围绕在大棚四周，覆盖在拱架或山墙立柱外侧的下部。裙膜常与覆盖于大棚上部棚膜焊合。有时大棚薄膜需几幅拼接，以达到要求的宽度或长度。焊合的方法有两种：其一，使用薄膜热合机。高频热合机优点是焊合温度、时间能自动控制。聚乙烯薄膜在110℃下焊合；聚氯乙烯薄膜在130℃下焊合。其二，可使用300～500W的电熨斗或100～200W的电烙铁进行焊合。

(3) 塑料薄膜的固定

薄膜固定部件有压膜线、卡具和特制固定件。广泛应用的有塑料压膜线、压膜扣槽和Ω形卡3种。

为了固定塑料薄膜或压牢薄膜上草席等，常在大棚顶部安装有拉线挂钩，在棚檐下基柱外侧埋设地锚钩。

4. 塑料大棚的建造

塑料大棚施工程序如下：

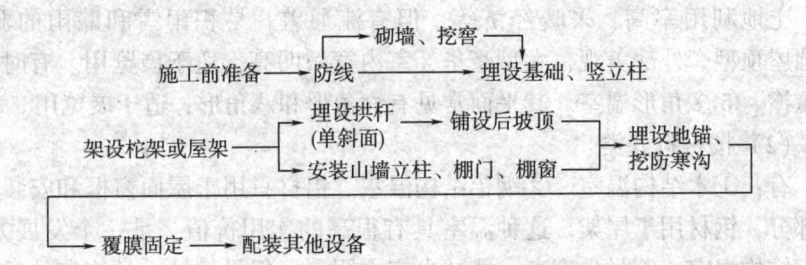

```
                        ┌─→ 砌墙、挖窖 ─┐
施工前准备 ──→ 防线 ──→              ──→ 埋设基础、竖立柱
                        
                        ┌─→ 埋设拱杆    ─┐
                        │   (单斜面)     │
架设柁架或屋架 ────────→ ├─→ 铺设后坡顶  ─┤──→ 埋设地锚、挖防寒沟
                        │                │
                        └─→ 安装山墙立柱、棚门、棚窗 ┘

覆膜固定 ──→ 配装其他设备
```

建造时：①勘测现场，平整建棚场地，清除障碍物；选择适当的建棚时间，估算所建大棚及安装棚内外辅助设施所用时间，以便不错过花卉栽培的

适宜季节；提前准备好建棚材料。②放线、埋桩。③砌墙、挖窖。在单斜面和半拱圆形大棚结构中有墙体，在半地下式结构中的地下坑窖要按照所建大棚要求来完成。④埋设基础、竖支柱。埋设基础要定点准确，埋设深度计算好，下部要夯实，以防浇水后下陷。⑤架设柁架或屋架、上檩条。先架设柁架或屋架，后架脊檩和其他檩条，并固定牢固。⑥安装拱杆和拉杆。⑦铺设后坡顶盖。⑧安装山墙立柱和棚门、棚窗。⑨埋设地锚、挖防寒沟。⑩覆膜固定。⑪安装附属构件或设备。在覆膜前或在屋架架设前，室内的大型设备应先行安装，如喷灌、加温系统，无土栽培设施等；小型构件可覆膜后安装。

（二）玻璃温室

1. 温室类型

温室的类型很多，常依据外形、材料、温度和用途等来分类。

（1）按外形分类

有：①单坡屋顶型。北墙受反射热的影响，室温较温和。在采暖方面不经济。此型宜建为庭院小温室，不适于生产。②双坡屋顶型。温室屋顶的南面与北面的比例不同，有 1/2 式（前坡面占跨度的 1/2）、2/3 式（前坡面占跨度的 2/3）、3/4 式（前坡面占跨度的 3/4）和等坡屋顶式（两坡面等长，呈屋脊状）。1/2 式、2/3 式和 3/4 式的北侧都有墙体，光线较充足，升温和换气较容易，适于跨度小的小型温室。等坡屋顶型，光线可从四面均等射入，使栽培植物不至弯曲，空气容量大，换气容易。因此，它们都是适于大面积栽培使用的最普遍类型。生产上采用 5.4~18 m 左右的跨度。③连栋型。把两个或两个以上同样的温室连接起来的类型，其优点是节省建筑费用、土地利用率高、采暖经济等，但有流通差，易积雨雪和漏雨的弱处。④圆屋顶型。外部美观，大型豪华，室内宽敞明亮，适于展览用。有时为双重屋檐。⑤多角形温室。其平面常见有六角形和八角形，适于展览用。

（2）按材料分类

有：①木结构温室。②钢铝结构温室。铝材只用于屋面窗框和安装玻璃的部分，钢材用于屋架。这种温室具有很高的实用价值，是一个发展方向。③钢结构温室。钢材强度高，能减少室内阴影，但易腐蚀，且连接处常有缝隙。镀锌或涂有防锈涂料的钢材较适用。④合金温室。主要用坚硬铝合金，重量轻、易成型、密封好，但造价高。

(3) 按温度分类

有：①高温温室。室温保持在 18~30 ℃ 之间。②中温温室。室温保持在 12~20 ℃ 之间。③低温温室。室温保持在 7~16 ℃ 之间。④冷室。室温保持在 0~10 ℃ 之间。

(4) 按用途分类

有：①展览温室。建于公园、植物园等公共场所，供陈列和观赏各种花卉。②栽培温室。是培养植物提供展览或科学研究用。③生产温室。供植物商品化生产和花卉促成栽培用。

2. 温室的构造

(1) 温室屋架

温室均采用屋架结构。屋架类型主要有 1/2 式双坡面、2/3 式双坡面、前斜式双坡面、等双坡面（详见表 3-3）。

表 3-3 常见等面式温室规格

类 型	跨度（m）	长度（m）	檐高（m）	坡面	结 构
小型	5.5~6.0	21~23	1.0~1.1	7/10~5/10	木或钢木结构
小型	4.5~7.0	20~21	1.0~1.1	5/10	木结构
中型	9.0~10.0	20 以上	2.0 以上	5/10	钢结构
中型	7.2	22	1.25	5/10	钢结构
大型	9.0~10.0	50~60	2.0 以上	5/10	钢结构，可连栋
轻型（荷兰A）	3.2		2.5（脊高3.05）	20	钢结构，钢铝结构，多连栋
轻型（荷兰B）	6.4	—	2.5（脊高3.05）	20	（同上）
轻型（荷兰C）	6.4~9.2		2.5（脊高3.05）	30	（同上）
轻型	5.0	25.6	2.5	5/10	（同上）
大型	9.0	95~108	2.1（脊高3.9）	4/10	镀锌结构边栋

(2) 温室负载

温室负载有恒载，即温室自身重量；雪荷载，即年最大积雪重；风压力，即风动对温室表面的垂直或水平压力；特殊荷载，即温室中附属设备带来的荷载；二层保温幕的电动机、空中吊装的各种设备；还有如地震等灾害因素。也有活动负载。一般温室采用设计的固定结构类型，再根据当地的自然条件，对其负载能力进行调整或改进使用，以保证其安全性。温室的其他情况，接近大棚。

(三) 保护地附属设施及器具

1. 附属设施

(1) 室外附属设施

主要有：①温床。为早春花卉繁殖育苗而建。有木结构箱式可活动温床，也有混凝土砖砌温床。温床上覆盖玻璃框架保温；土层下部用有机肥，如马粪发酵的酿热加温，也可以用锅炉盘管加底温；可独立建温床，也可设在保护地内。电热温床是电阻电热线对床土进行加温的设备，发热快，加温均匀，可实行自动控制，管理方便，育苗效果好。电热温床所使用的电热线规格和数量，要根据温床面积、用途和保护地内的环境进行选择。华北地区育苗温床，可选用电热线功率 $100\sim120\ W/m^2$；用于球根和宿根花卉催花的电热线功率可降低，使土温保持在 $15\sim18\ ℃$，催花效果很好。电热温床的控制是通过人工拉闸的方法或通过地温表的感温探头和探温仪实行自动控制。②荫棚。在夏季为喜阴植物在保护地外而建的遮阴设施，还具有防雨作用。荫棚有临时性和永久性的。临时荫棚用混凝土预制件、钢材或竹竿和木材建成各种架子；永久性荫棚宜用屋架形式，覆盖以苇席、竹席、草帘或遮阴网。③地窖。冬季为半耐寒植物防寒越冬的保温设施。在大型保护地生产，多设有地窖。临时性地窖冬前挖掘，用后即填平；永久性地窖，四周砌 $40\sim50\ cm$ 砖石墙，上部做拱圆顶。地窖深度为当地冻层厚度 $2\sim3$ 倍。覆盖秸草或薄膜，并留几个通气孔。

(2) 室内附属设施

有：①通风换气装置。利用气窗通风换气是最常见的。在大棚顶部的气窗称天窗，屋脊式的在脊顶两侧设成排连开的窗或间断开的窗；拱圆式则在顶部设外推式气窗。在侧面或檐下的气窗称地窗或侧窗。一般，侧窗则要占侧面的 1/2 以上。强行换气装置是由排风扇或通风机排出气体，配以百叶箱式和筒式进气口进气。②双层保温幕开闭装置。双层保温幕是以塑料薄膜在保护地内再次覆盖，在寒冷的时候或夜间使用起到加强保温的作用。保护地内很多都设有双层保温的构架。手动开闭装置有3种：双向开闭式、单向开闭式和侧部开闭式。电动开闭装置亦有应用。③遮光和保温帘设施。在大棚骨架上，高于棚面半米左右设置遮阴网架，或直接把遮阴网覆盖在棚面上，并用压膜线压紧。保温帘常直接压在棚面，保温帘卷起很费工。已有人工卷帘装置，设置棚顶部。④其他。加温降温系统、灌水系统、自动喷药系统、补光和遮光系统、无土栽培设施等在保护地都很重要。

2．工具和用具

（1）农具

包括：①灌水用具喷壶、水舀子、水缸和水池或水槽等。②修剪用具手剪、嫁接刀、手锯等。③病虫防治用具喷雾器、喷粉器、熏蒸器、毛刷等。④管理用具小齿耙、花铲、铁锨、镐、平耙、筛子等。

（2）试验或观测用具

卷尺、地温计、温度计、干湿球湿度计、试管、烧杯、培养皿、电炉等。

（3）花盆

目前，常用瓦盆（陶盆）、瓷盆、木盆、塑料盆和其他专用盆，如无土栽培盆、水仙盆等。盆的内径和高度要依据花卉株形、大小和根系幅度选用，也要考虑到栽培和陈列盆之间的差异。

二、保护地环境调控技术

保护地设施为花卉的生长发育提供了必要的基础条件，但这并不是说保护地环境已完全满足了花卉生产所需要的环境条件。这个环境还需要通过人工调节，才能实现保护地高产高效的目标。在诸多的环境因子中，光照、温度、水分、通风和土壤等的调节至关重要。

（一）光照控制

太阳光照的强度、质量和时间影响着花卉的生长发育，作为一种热量来源，又间接地通过温度等影响花卉生产。光照的调节就是基于充分利用自然光照，用人工的方法使保护地内的光照强度、光照质量和光照时间较好地满足花卉的需求。

1．补光方法

（1）光源

补充光照的光源主要有白炽灯、荧光灯、高压汞灯、金属卤化物灯、高压钠灯等。①白炽灯。辐射能主要是红外线，发光效率低（5%~7%）。但是因白炽灯价格便宜，使用简便仍常使用。②荧光灯。又称日光灯，光线较接近日光，对光合作用有利；再加上发光效率高，使用寿命长，多使用此类灯补光。③高压汞灯。光以蓝绿光和可见光为主，还有约3.3%的紫外光。

发光效率和使用寿命较高,大功率的高压汞灯受到欢迎。④金属卤化物灯和高压钠灯。发光效率为高压汞灯的1.5~2倍,光质较好。⑤低压钠灯。发光波长仅有589 nm,但发光效率高。

(2) 补光量和补光时间

补光量依植物种类和生长发育阶段来确定。一般,为促进生长和光合作用,补充光照强度应该在光饱和点减去自然光照的差值之间,实际上,补充光照强度通常为1万~3万 lx。

补光时间因植物种类、天气阴雨状况、纬度和月份而变化。抑制短日植物开花延长光照,一般在早晚补光 4 h,使暗期不到 7 h;深夜间断期需补光 4 h;在高纬度地区或阴雨天气,补光时间较长,也有连续 24 h 补光的。

(3) 补光方法

在缩短暗期方面,60 W 白炽灯控制地面 1.5 m²,100 W 灯控制 5 m²,150 W 灯控制 7 m²,300 W 灯可控制 18 m²。一般灯上有反光灯罩,安置距植物顶部 1~1.5 m,每平方米约需 16 W 灯功率。用移动机械装置和荧光灯或高压灯,深夜进行间断光照。目前,利用光敏感件自动控光装置进行光照调节已有应用。

2. 遮光

(1) 部分遮光

主要是针对喜阴植物的遮光处理。一般利用草席、苇帘、遮阴网覆盖植物的地上部分而达到减弱光照的目的。

(2) 完全遮光

完全遮光多用于进行花期调控或育苗过程,多用黑色塑料薄膜覆盖。注意加强遮光后的通风,以使黑色塑料薄膜下水蒸尽快散失。

(二) 温度控制

1. 保温

(1) 覆盖

常用草帘、苇帘等覆盖在保护地之上。一般在低温期的夜间要覆盖草席等保温层。

(2) 二层保温幕

结合保护地结构,设置二层保温幕,可节省热量23%~58%。保护地用双层覆盖材料。

2. 加温

（1）酿热加温

利用作物秸秆和枯落物、厩肥、糠麸、饼肥等有机物质，按一定的比例混合堆放发酵，利用发酵热为保护地增温。

（2）火道加温

炉灶设在保护地外，通过炉灶的烟火道穿过保护地散热加温。此种设备简单。

（3）锅炉加温

用锅炉加热水，把热水或蒸汽通过管道输送到保护地内，再经过散热器把热量扩散到室内。散热系统由散热器、管道组成，在室内要均匀分布。

（4）热风加温

利用热风机把保护地内的空气直接加温。特点是设备简单、造价低、搬动方便。

（5）电热加温

把电阻式发热线埋于苗床下，进行土壤加温，主要用于苗床育苗。电热器也可用于提高室内气温。

3. 降温

（1）通气降温

通气降温同时具有降低保护地内空气湿度和补充二氧化碳的作用。①自然换气降温。利用保护地的通气窗口或掀开部分大棚薄膜进行自然对流，以达到降温目的。②强迫换气降温。侧面每隔 7~8 m 设 1 台或每 1 000 m² 设 30~40 台排风扇，以气窗为进气通道。

（2）冷却系统降温

蒸发帘是用水作冷却剂，利用水蒸发吸热，来降低保护地温度。

（3）屋面淋水

在屋面顶部配设管道，在管上间距 15~20 cm 打 3~5 mm 的小孔或每隔 0.5 m 安装 1 个喷头，通水后，水沿屋面均匀流下，起到降温作用。

（4）喷雾降温

喷雾装置不但降低室温，还增加湿度。

（5）遮阴降温

用遮阴网和遮阴百叶帘或苇帘遮阴降温。

（6）涂料降温

用白色稀乳胶漆或石灰涂抹屋面，可降低温度。

（三）水分控制

水分在保护地内可划分为3部分，即植物体内水分、空气水分和土壤水分。

1. 控制空气湿度

有：①湿帘法。湿帘即填夹在两层铁丝网之间的持水帘片，用风机吹散水分。②降低气温法。在高温时，通过停止加温或通风降低室温。③细雾加湿法。用高压喷雾系统和通风设备加湿，还可结合恒湿器进行自动控制。

2. 控制叶面蒸腾

有：①使用化学药剂关闭气孔。②增加 CO_2 浓度，减小气孔开张度。③加强或减少室内通风。

（四）二氧化碳与污染

1. 二氧化碳浓度控制

二氧化碳浓度的控制主要是通过施用二氧化碳来实现。补充二氧化碳的时间随季节而变化，也受到光照、湿度、植物种类限制。一般在日出后半小时开始施用，阴天或低温时一般不施用。施用方法有有机肥腐熟法、燃烧含碳燃料法和瓶装二氧化碳法。

1 t 有机物最终可释放 1.5 t 二氧化碳，保护地可大量施用有机肥补充二氧化碳。

瓶装 CO_2 为液体或固体，经阀门和通气管喷施在室内。

焦炭二氧化碳发生器，以燃烧焦炭或木炭补充二氧化碳。

2. 保护地内的污染

保护地内的空气污染物质。一部分来自原有空气、城市或工厂污染，一部分来自室内施肥、燃烧、残枯植株、不适当的施用农药和除草剂等。这些污染物质，在很低的浓度下也会对植物会造成很大的危害。目前，减少保护地空气污染最可行的方法是：加强室内管理，不堆放杂物；正确使用农药、土壤消毒剂和肥料；避开城市污染区建设保护地等。

三、保护地栽培管理技术

（一）保护地生产园林植物种类的选择

园林植物的种类很多，习性各异，所要求的栽培条件和技术繁简各不相同，其商品形态和市场需求也不相同。因此，选择适宜的生产种类，是确定生产经营方式和保证生产效益的首要问题。

1. 适情选择

适情即适合于当地保护地条件。一方面，选择的植物种类适于在当地保护地生长和发育，能充分达到应有的产量和商品品质；另一方面，能最大限度地降低生产成本。

2. 需求选择

市场需求就是生产的目的。

（1）选择市场容量大的种类

国际上，以香石竹、玫瑰、菊花、非洲菊为最多；切花占市场份额的2/3左右，盆花占1/4以上。国内，以我国的传统名花为主的盆花占据较大的份额，如山茶、杜鹃花、菊花、玫瑰等，切花市场开拓也十分迅速。

（2）选择有特色的种类

一个生产单位或花农，在有限规模的保护地上，生产的种类过多会增加栽培成本。专业化生产是大趋势，最好是以一种或几种作为主产品。

（3）选择适宜规模生产的种类

规模生产使保护地生产的效益大幅度提高。有些种类由于繁殖困难或种苗来源得不到保证，不易形成规模，虽然商品价值高，选择也要慎重。

（4）选择观赏价值高有发展潜力的种类

如火鹤、芍药、肉质植物、观叶植物、杜鹃花等就很有发展潜力。

（5）选择保护地反季节生产性能好的种类

反季节生产是保护地的优势，梅、碧桃、杜鹃花等，很易催花做到春节、元旦上市。

（6）选择优良品种

在相同的栽培和技术条件下，优良品种的产量、质量很高，栽培简便，会带来更高的收益。

（二）保护地栽培技术

园林植物保护地栽培技术通常有地栽、盆栽两种方式。

1. 地栽

保护地内鲜切花的栽培通常采取地栽的方式。适时栽植、适宜栽植密度、正确的栽植方法是提高地栽成活率的关键步骤。

（1）保证种苗质量

种球要选择适合的产地，保证规格适宜并一致，提前做好打破休眠的处理。苗木要减少起苗、运输过程中的操作并保持湿润。苗木运输中尽可能带盆或带土坨，并减少运输时间。

（2）适时栽植

要注意4点。①从栽植到上市的时间。栽植到上市的时间因不同的植物种类而不同。要正确掌握，适时栽植。如唐菖蒲从栽植到上市约90～100天；芍药为60～70天。②季节。保护地内没有季节，但仍然在早春或秋季为主要栽植季节。③花期调控的需要。长日照植物或短日照植物为了补光或遮光的需要，要在季节的日长变化不适于控制花期前入室。为了避免秋季日长变短的影响，一般在8月下旬入室栽植。④适宜的花卉发育阶段。在休眠期、小苗期或花芽分化后栽植；对根系来说，一年有几个集中生长期，要在根系没有旺盛生长前栽植。

（3）适宜的栽植密度

保护地内主要是地栽切花、观叶植物。密度的确定主要考虑以下原则：①保护地的环境调控条件。若加温条件好、人工光照能得到有效的补充，肥水条件好，可适当增加密度；若控制条件差或仅为日光保护地，密度应适当减小。②栽培植物种类。不同的植物种类和植株的大小不同，栽植密度应不同；生长发育习性不同，栽植密度也不同。在保护地内生长期很短的，如风信子可密植。球根类种球大则宜疏，种球小则宜密。以成株枝叶略微搭接为度。③所需的产品规格。若需生产较大规格的苗木，密度适当加大；若规格要求较低，则可略密。若以生产种苗或种球为目的，密度也不同。密度大小很重要，它决定着花卉产品的产量和质量。一般是密度过大则产量高，但质量很难保证。适宜密度就是要产量和质量都达到生产目的。一般保护地内的栽植密度比露地略大。

（4）适合的栽植深度

苗的栽植深度以刚埋没根颈处为准。根类以覆土厚度为球径的2～3倍。不同的种类有明显差异。

（5）栽植方法

有：①平畦栽植。不做垄沟，在畦内平栽。②垄沟栽植。在畦内，按行距做好沟垄，定植幼苗和种球。怕积水的花卉一般植于垄上，宿根类则常植于沟内。③种植池栽植。在种植池内按一定密度定植。

（6）栽植后管理

包括4项。①灌水。充分及时灌水，使苗木的根或种球与土壤和基质接触密实，促使成活或萌发。②加温。栽植后，为达到适时上市，栽植后应立即加温，避免花期拖后。③控光。苗木已生有叶片，应逐步实施控光；若为落叶或球根等萌发生叶后再开始控光。④观察记录。从栽植开始，经常观察，及时记录温度和光照变化，准确了解花卉萌发、抽叶等生育阶段的时间，以便及时控制环境达到适时上市。

2. 盆栽

（1）上盆

上盆是指把繁殖的幼苗或购买来的苗木，栽植到花盆中的操作。①选盆。按照苗木的大小选用合适规格的花盆；还应注意栽培用盆和上市用盆的差异。栽培用盆要用通气性的盆，如陶制盆、木盆等；上市用盆选用美观的瓷盆、紫砂盆或塑料盆等。②上盆操作。用瓦片盖于盆底排水孔，凹面向下。盆底部填入一层粗粒培养土、碎瓦片或煤渣，作为排水层，再填入一层培养土。植苗时，用左手持苗，放于盆口中央深浅适当的位置，右手填培养土，用手压紧。填完培养土后，土面与盆口应有适当距离。然后，用喷壶充分灌水、淋洒枝叶，置阴处缓苗数日。待苗恢复生长后，逐渐放于光照充足处（见图3-4）。

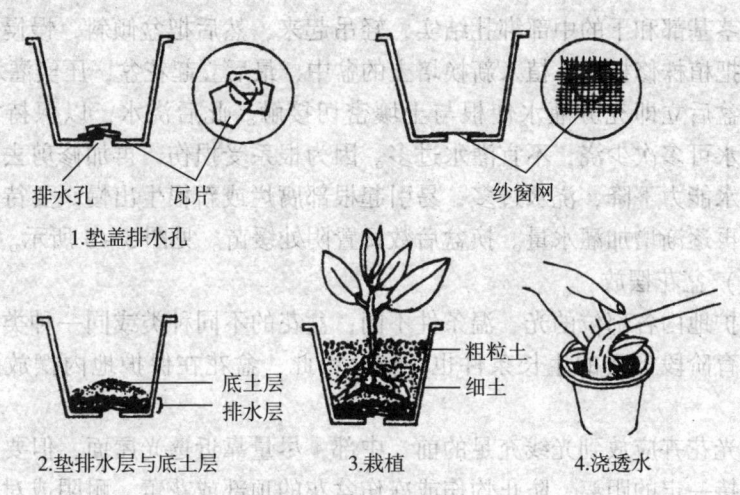

图3-4 上盆

（2）换盆

换盆有两种情况：一是随着幼苗的生长，根系在原来较小的盆中已无伸展，根系相互盘叠或穿出排水孔，由小盆换大盆，扩大根系生长空间；再是由于多年养殖，盆中的土壤养分丧失，物理性质恶化。另外，植株根系老化，需要更新时，盆的大小可不变，换盆只是为修整根系和换新的培养土。

一二年生花卉生长迅速，从播种到开花要换盆3~4次。

换盆时间随植株的大小和发育期而定，一般安排在3~5片真叶时、花芽分化前和开花前。开花前的最后一次换盆称为定植。多年生草本花卉多为一年一换盆，木本花卉2~3年换一次。在春季生长开始前换盆；常绿种类也可在雨季进行，保护地内，一年中几乎可随时换盆，仅需养护管理细致。

换盆时，左手按在盆面植株基部，将盆提起倒置，轻扣盆边取出土球。一二年生花卉换盆时，把盆底填好排水层，把原土球放入盆中，培养土填在四周，镇压即可。宿根和球根类则去除原土球部分土，并剪去盆边老根，有时结合分株，然后再栽入盆中。木本花卉换盆一般适当切除原土球，并进行修根或修剪枝叶，再植入盆中。修根或修枝要适度。一般可剪除大部分老根，生长慢或生根难的种类，可弱度修剪根和枝叶，如苏铁、棕榈类。树液极易通过伤口外流的种类可不行修剪。

巨型盆的换盆较费力，一般先把盆搬抬或吊放在高台上，再用绳子分别在植株茎基部和干的中部绑扎结实，轻吊起来，然后把盆倾斜，慢慢扣出花盆。再把植株修根后，植入新换培养土的盆中，最后立起花盆，压实灌水。

换盆后立即充分灌水使根与土壤密切接触。此后浇水，以保持湿润为度。浇水可多次少浇，不宜灌水过多。因为根系受损伤，再加修剪去部分枝叶，吸水能力下降，浇水过多，易引起根部腐烂或新根生出慢。要待新根生出后，再逐渐增加灌水量。换盆后数日置阴处缓苗。见图3-5所示。

(3) 盆花摆放

保护地内各部位的光、温条件不同；盆花的不同种类或同一种类的不同生长发育阶段需要的生长条件也不同。因此，盆花在保护地内摆放的位置不同。

喜光花卉应放到光线充足的前、中部，尽量靠近透光屋面，但要与透光屋面保持一定的距离，防止灼伤或冻伤盆花的顶部或花蕾。耐阴或对光照要求不严格的花卉置于保护地后部或半阴处。一般矮株摆放在前，高株摆放在后，以防相互遮光。

室内各部位温度也不一致。门窗处温度较低，近热源处较高。喜温花卉放于热源近处，较耐寒的置于近门或侧窗位。

播种、扦插床应设在近热源处，待生叶生根后再将其移植到温度较低而

第三章　园林植物的栽培技术

图 3-5　换盆
1. 扣；2. 取出植株；3. 去除肩土、表土；4. 栽植

光照充足的地方。休眠植株可置于光、温较差处，密度可加大，待发芽后再移到光、温条件较好的部位。需催花或延花的植株，依需要选择室内光、热条件不同的部位。

（4）转盆、倒盆与松盆

为保证盆花适时开花和生长发育良好，每隔一定时间要进行一次转盆或倒盆。

转盆　就是将保护地内放置的盆花，为防止由于趋光性植株生长偏向光线射入方向，从而造成冠的偏斜而转换花盆向光面180°的操作。一般每隔20~40天转盆一次。生长快的花卉，转盆间期短。转盆可使花卉株形完整、生长均匀。双屋面南北走向的温室或大棚，光线射入均匀，盆花常无偏向，不用转盆。在夏季荫棚下摆放的盆花，转盆除消除偏向生长外，还可防止根系自排水孔穿出，移动花盆造成断根而损伤植株的弊病。见图3-6所示。

倒盆　即经过一段时间后，将保护地内摆放的花盆调换摆放位置。目的有两个：一是使不同的花卉和不同的生长发育阶段得到适宜的光、温和通风

207

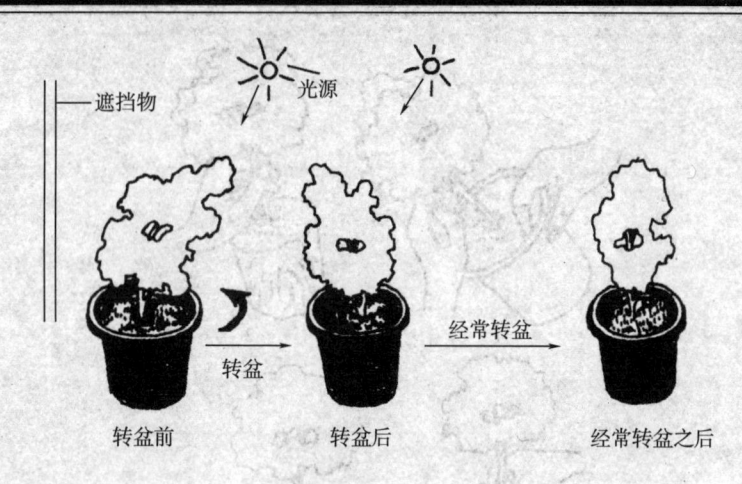

图 3-6 转盆

条件；二是随植株的长大，调节盆间距离，使盆花生长均匀健壮。通常倒盆与转盆结合进行。

松盆 因不断地浇水，盆土表面往往板结，伴生有青苔，严重影响土壤的气体交换，不利于花卉生长。因此要用竹片、小铁耙等工具疏松盆土，以促进根系发展，提高施肥肥效。见图 3-7 所示。

图 3-7 松盆

四、提高花卉品质的技术

无论是盆花栽培还是切花栽培,提高产品品质都是十分重要的。

(一) 生产技术

为提高花卉产品品质,生产技术的改进是最主要的。这包括:选择优良品种和种类,以及环境调节。环境调节包括以下几个方面。

(1) 光照

适度的强光照射能显著地提高花卉品质,如使切花的瓶插寿命延长和使盆花植株健壮。但切叶则有所不同。处于强光下培育的切叶,移到外部光较弱的环境(如包装运输和室内瓶插),会出现绿度、质感等迅速恶化的情况。

在保护地条件下,冬季补充光照是很必要的。

(2) 温度

室内温度保持在花卉生长发育的最适温度附近,品质最好。

(3) 栽培管理

包括以下5个方面。①施肥。在生长期通过合理施肥,提高产量和品质。在接近上市的时期,施肥量要大幅度减少,并且要少施或不施氮肥,适量施用钾肥,以提高花卉上市品质。②栽培基质和土壤。基质和土壤疏松,通气排水良好,有利于根系生长。盆花控制水分,也是保证品质的重要因素,出室前要喷水。切花采收前,则需要灌水充分,以提高花枝的含水量。③减少污染。防止污染的办法,主要是要远离城市污染源;加强保护地通风;保护地内不堆残叶、残株,及时防治病害并去除病株;不用的塑料制品不存放在室内等。④加强出室前的锻炼。尤其是盆栽花卉,出室前要逐渐使之适应运输、销售环境。主要方法是停止或减少施肥;在较低的湿度下适应一段时间,以喷水为主,控制浇水等。⑤施用生长调节剂和其他化学物质。施用激动素、赤霉素和一些生长抑制剂,有的也使用防蒸腾的药剂。有的在保护地内施用高浓度二氧化碳 $[(1000\sim2000)\times10^{-6}]$ 来提高切花品质。

(二) 切花采收

1. 选择适当的采收时机

适当的采收期取决花的成熟期、采收后环境条件和运输距离远近等。①依据成熟期形态确定采收时期。不同花卉成熟的外观形态不同,如香石竹在蕾期,萼片裂开时;郁金香、风信子在绿蕾期,花色初现时;百合在膨蕾期,花蕾膨大而花色未现时,此时上市品质最好。一天中以下午采收为好。②依据市场状况和运输状况确定采收时期。当运输距离远或市场出售不好时,常采用提前采收或室内降温延迟开花的方法。

2. 采收方法

通常为单枝采收。大量生产或大量供应的情况下,有些种类,春花期一致性好,常全部采收。

(三) 保鲜处理与贮藏、装运

采收后,花枝离开母体,必须进行适合的处理,否则品质下降,甚至不能出售。

保鲜处理

通常用保鲜剂进行保鲜处理。

(1) 保鲜剂的种类

常用的有:①预处液。在采收、分级后,贮藏、运输或瓶插前,进行预处理所用的保鲜液。②催花液。促使蕾期采收的花枝开放所用的保鲜剂。③瓶插液(保持液)。是观赏期所用的保鲜液。

(2) 成分组成

保鲜剂的主要成分为:①水。水质是关键,最好用软水和无离子水或蒸馏水。pH 值 3~4 最好。②糖。多用蔗糖。不同花卉,适宜的糖的浓度不同,而且处理时间越长,浓度越低。③杀菌剂。8-羟基喹啉(8-HQ)及其盐 8-羟基喹啉柠檬酸盐(8HQC)和 8-羟基喹啉硫酸盐(8HQS)较常用。④无机盐。主要有钾、钙、氨、铝、银、镍、锌、铜等离子的盐,如硝酸钙、明矾。⑤有机酸及其盐。常用柠檬酸、苯甲酸、异抗坏血酸等,主要是降低 pH 值。⑥乙烯抑制剂。最普遍的是硝酸银和硫酸银。⑦植物生长调节剂。主要细胞分裂素(CTK)、激动素(BA)、赤霉素(GA)、矮壮素(CCC)和马来酰肼(MH)等。

(3) 配方

目前常用的保鲜剂含蔗糖 1%~4% 和 8-羟基喹啉 $(50~200) \times 10^{-6}$ 及其他成分。

(四) 贮藏、包装及运输

1. 贮藏

采收后要尽快贮藏于适当的低温下。拖延半小时,品质将会急剧下降。

（1）贮藏温度

一般在 0~15 ℃之间。观叶植物在室温下为宜，一般在 15~25 ℃之间。

（2）湿度

贮于 90%~92% 的相对湿度下最为合适。

（3）光照

几乎所有植物，包括花枝、切叶都需光照，1~3 天的暗中贮藏不会明显降低其寿命。一般灯光就能满足要求。

（4）通气

植株或切花、切叶通气贮藏为好，但强行通气会造成萎蔫。

2. 浸保鲜剂

在贮运过程中，可多次浸用。一般浸 5~10 min。浸入深度适中，不宜过深。原先已浸过硝酸银的，不可再剪短花茎，否则会降低品质。

3. 包装运输

只有预冷处理的花卉或切花、切枝才适于包装，并勿使它们与包装容器直接碰触。常以 12 支或 25 支为一束。

包装通常是花束内部用油纸、防水纸等包裹，外部依据花枝要求制成的纸箱装运。每箱多为整百花枝。

运输要求快，长距离以空运为主，亦有陆运、海运。运输常用恒温花卉专业箱装运。

第三节 园林植物的无土栽培

无土栽培是相对于自然土壤栽培而发展起来的新型栽培技术，也是园林植物繁殖、培育商品化苗木、盆景、花卉的生产技术革命。

无土栽培技术至今已有上百年的历史，在荷兰、美国等国家发展较快，效益也很突出。无土栽培不是用土壤而是用加有养分溶液的物料（如珍珠岩、岩棉、无毒泡沫等基质）作为植物生长介质的栽培方法。简单定义为不用土壤而采用有机、无机材料作基质浇灌营养液的栽培植物的新技术，称之无土栽培。

一、无土栽培的特点与分类

(一) 无土栽培的特点

无土栽培植物，需要有一定的控制自然环境的必要条件，比如当空气、温度、光照、水、相对湿度、二氧化碳和植物营养液等因素都可以控制时，无土栽培植物才能取得最佳经济效益。无土栽培在粮食、蔬菜、花卉、盆景、苗木繁育等农林业生产中显示出强大的生命力。无土栽培在园林植物生产中的特点如下。

1. 解决提高产量与肥、水和根系空气的供应矛盾

无土栽培可以提供植物充足的水分、养分、空气和均衡的全面营养成分。因此植物生长很快，获得高产。无土栽培与土培比较，产量上有很大的差距。印度道格拉斯1946～1974年的实验表明：无土栽培植物的产量可以提高几倍至几十倍。

2. 改善品质，提高商品价值

无土栽培不仅可以提高产量，同时还可以改善作物的品质。比如石竹花，在无土栽培的条件下，不仅花色很美，而且平均每株多开4朵花。

3. 节约水肥，减少劳动用工

目前水资源缺乏，在生产中合理用水是十分重要的问题。比如收获1 kg甜椒土壤消耗水需120～180 L，无土栽培消耗水60 L，为土壤消耗水分的1/2～1/3。

无土栽培的植物养分损失也小。无土栽培的容器小，养分损失一般不超过10%。在土壤中养分受径流、渗漏、挥发、土壤固定、微生物等消耗，损失可达40%～50%。

在无土栽培中，减少了土壤翻耕、整地、除草等事项，节约了大量管理中的劳力和重茬病虫害的防治、土壤改良等管理措施，提高了劳动生产力。

4. 清洁卫生，减少病虫害

由于无土栽培是用浇灌营养液栽培植物，植物感染病虫害的机会大大减小。在无毒、无菌、无臭味的环境下生长的花卉、盆景、苗木植株健壮，适合于家庭居室、宾馆饭店的室内装饰。

5. 不择土地，能工厂化生产

人类文明的发展是走向机械化、自动化、工厂化的生产方式。目前国际上已经有全自动化无土栽培设施和立体化无土栽培模式，正朝着工厂化生产

第三章 园林植物的栽培技术

的方向发展，也为电脑的应用开拓了新的前景。

无土栽培可以在不宜农林业种植的地方进行，如沙石地、空地和家庭的窗台、阳台、走廊、屋顶、墙壁等地。因而无土栽培充满了生命力。

但无土栽培也有一些缺点，比如，一次性的设备投入大，用电多，肥料费用高，营养液的配制及管理要求有一定专门知识的人才。

（二）无土栽培的分类

无土栽培的类型很多，分类的方法也不尽相同。目前，按是否使用基质将其分为基质栽培和无基质栽培；按其消耗能源的多少及对环境的影响，分为有机生态型和无机耗能型无土栽培两类。

1. 根据使用基质的类型划分

（1）无基质栽培

这种栽培方法，一般只在育苗期采用基质，定植后就不用基质了。它又可分为两类：①水培。定植基质营养液直接与根接触。水培的种类很多，我国常用的有营养液膜法、深液流法、动态浮板法、浮板毛管法等。②喷雾栽培。简称雾培或气培。它是将营养液用喷雾的方法，直接喷到植物根系上。根系是在容器中的内部空间悬浮，固定在聚丙烯泡膜塑料板上。每按一定距离钻一孔，将植物根系插入孔内。根系下方安装自动定时喷雾装置，每隔 3 min 喷 30 s，营养液循环利用。这种方法较好地解决了养分元素和氧气的供应问题。见图 3-8 和图 3-9 所示。

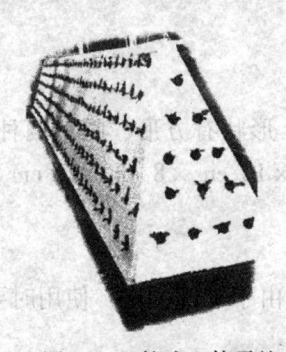

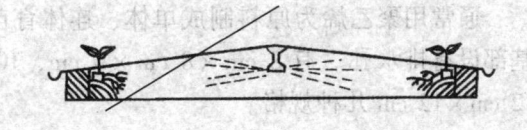

图 3-8　箱式立体雾培　　　　图 3-9　喷雾装置示意图

（2）基质栽培

基质栽培是植物通过基质固定根系，并通过基质吸收营养液和氧气的方法。又分为无机基质和有机基质两大类：①无机基质培。无机基质的种类很多，应用范围最广的主要是石棉培。同时，还有砂培、砾培、蛭石培、珍珠培、陶培、煤渣培等。我国应用最广的是煤渣培、砾培、珍珠岩培等。②有机基质培。是以草炭、锯末、树皮、稻壳、生产食用菌的废料、甘蔗渣、椰子壳等作为无土栽培基质。这些有机物在使用前要发酵处理，才能保证安全。

上述基质可以单独使用，也可以混合使用。如果有机基质与无机基质混合，可以增进使用效果。

2. 根据消耗能源的类型划分

（1）无机耗能型无土栽培

是指全部使用化肥配制营养液栽培植物。营养液循环中耗能多，灌溉排出液污染环境和地下水，生产出的食品，硝酸盐含量容易超标。但这是真正意义上的无土栽培。

（2）有机生态型无土栽培

是指全部使用有机肥代替营养盐液，灌溉时只浇清水，排出液对环境无污染。此种基质多用于生产合格的绿色食品。

二、无土栽培的设施

（一）栽培设备

无土栽培所用的设施种类很多，但必须具备成本较低、能够抗水渍、不易损坏、便于操作的特点。

1. 育苗容器

（1）育苗钵

通常用聚乙烯为原料制成单体、连体育苗钵，形状有方形、圆形两种。基部设有排水孔。有 8 cm×8 cm×6 cm、10 cm×10 cm×8 cm、12 cm×12 cm×12 cm 几种规格。

（2）育苗板

以一种塑料制成的带有方格状槽的育苗容器。由于下部无底，使用时要铺上一层塑料薄膜。

（3）育苗箱

由硬质塑料制成。通常有 50 cm×40 cm×12 cm、100 cm×80 cm×24 cm 等类型。

2. 栽培容器

园林植物无土栽培的主要形式是盆栽，通常用塑料盆和陶瓷盆。用玻璃制作的水族箱主要用于室内装饰。大小可根据植物来定。

3. 育苗床

主要的作用是培育幼苗。①简易式育苗床。主要用于小规模的无土栽培。将塑料盆装上无土栽培基质，并置于临时性的床体中。②现代化育苗床。建立在保护地中，其空气湿度、环境温度由计算机控制。

4. 栽培床

从种苗定植到成品出圃的一段时间里植株要在栽培床上生长。

常用的栽培床有：①水泥床。通常床的宽度为 20~90 cm，深度为 2~20 cm，长度为 1~10 cm。为了使营养液能够很好地循环，在建造时应保持 1/100~1/200 的坡度。②塑料床。由塑料制成的专用无土栽培槽。通常其宽度为 60~80 cm，深度为 15~20 cm，长度为 150~200 cm。

（二）供液系统

1. 人工系统

主要通过人工用浇壶等器具将配制好的营养液给所栽种的植物逐棵地浇灌，此法对小规模的无土栽培十分适用。

2. 滴灌系统

滴灌系统是一个开放系统。它通过一个高于营养液栽培床 1 m 以上的营养液槽，在重力的作用下，将营养液输送到 30~40 m 的地方。通常每 1 000 m² 的栽培面积可用一个容积为 2.5 m³ 的营养液槽来供液。营养液先要经过过滤器，再进入直径为 35~40 mm 的管道，然后通过直径为 20 mm 的细管道进入栽培植物附近，最后通过发丝滴管将营养液滴灌到植物根系周围。营养液不能循环利用。

3. 喷雾系统

喷雾系统是一个封闭系统，它将营养液以雾状的形式保持一定的间隔，喷洒在植物的根系上。

4. 液膜系统

其装置一般由栽培床、贮液灌、电泵与管道等组成。在操作时，先将稀释好的营养液用水泵抽到高出，然后使其在栽培床上由较高一端向较低一端流动。一般栽培床每隔 10 m 要设置一个倾斜度为 1%~2% 的回液管，通过它使营养液回流到设置在地下的营养液槽中。通常每 1 000 m² 的栽培面积可安放一个4 000～5 000 L的营养液槽，营养液膜系统主要采用间歇供液法，通常每小时供液10～20 min。

（三）栽培基质处理

无土栽培基质种类已作过介绍。它们可单独使用，也可混合使用，但混合使用往往效果更好。经过使用一个或更多生长季的无土栽培基质，由于吸附了较多的盐类和其他物质，因此必须经过适当的处理才能继续使用。

1. 洗盐处理

用清水反复冲洗，以除去多余的盐分。在处理过程中，可以靠分析处理液的电导率进行监控。

2. 灭菌处理

对于有病菌的基质，可以采用高温灭菌法，即将处于微潮状态的基质通入高压水蒸气；或将基质装入黑色塑料袋中，置于日光下暴晒，适时翻动基质，使其受热均匀。也可采用药剂灭菌法，即用甲醛，每立方米基质加入50～100 ml的药剂均匀地喷洒在基质中，然后覆盖塑料薄膜，经2～3天后，打开薄膜，摊开基质。

3. 离子导入

定期给基质浇灌高浓度的营养液，就是一个离子导入的过程。

4. 氧化处理

一些栽培基质，特别是砂、砾石在使用一段时间后，其表面就会变黑。在重新使用时，将基质置于空气中，游离氧就会与硫化物反应，从而使基质恢复原来的颜色。

（四）营养液

1. 营养液的要求

营养液是无土栽培的重要组成部分，包括植物生长所必需的大量元素和微量元素，由氮、磷、钾、钙、镁、硫、铁、锰、铜、锌、硼、钼等组成。通过它，植物才能吸收到所需的矿质营养。营养液的浓度应该保持在一定的范围内，对于大部分花卉来说，总盐量最好保持在0.2%～0.3%间。过高或过低，对植物的生长不利。营养液中溶解氧的含量会影响到根系的生理活动，应加以注意。营养液的pH值也是无土栽培获得成功的重要一环。在无土栽培过程中，由于植物的根系不断向营养液中分泌有机酸等物质，所以要经常地调整营养液的pH值，通常用磷酸、碳酸钾调节。另外，营养液的温度也很重要，通常液温高于气温的栽培环境对植物生长是有利的。应控制在 8~30 ℃范围内。

2. 营养液的配制

营养液的配制是无土栽培操作过程的重要环节，操作时必须认真仔细，否则会对植物的生长造成不同程度的伤害。

（1）原料

营养液的主要原料为水、营养盐。这些材料必须纯净，不含妨碍花卉正常生长的有害物质。如果所配制的营养液用于科学研究，则必须使用纯水，用试剂级的营养盐来进行配制。如果用于商业化生产，可以使用井水、自来水等水源，营养盐可用一般的工业品、农用品代替。

（2）配制

在配制营养液时，首先要看清各种肥料、药品的说明、化学名称和分子式，了解纯度。然后根据所选定的配方，逐次地进行称量。小规模生产所用的营养液，可将称量好的营养盐放在搪瓷或玻璃容器中，先用 50 ℃的少量温水将其分别溶化，然后用所定容量的 75% 水溶解，边倒边搅拌，最后用水定容。在大规模生产时，可以用地磅秤取营养盐，然后放在专门的水槽中溶解，最后定容。定容后，要调节营养液的 pH 值，用加水稀释的强酸或强碱逐滴加入，并不断用 pH 试纸或酸度计进行测定。

营养液的制备中，许多盐类物质易发生化学反应，产生沉淀。以硝酸盐最易发生化学沉淀，如硝酸钙盐和硫酸盐混合在一起易产生硫酸钙沉淀，硝酸钙的浓溶液与磷酸盐混在一起易产生磷酸钙沉淀。因此，在大范围的生产中，为了配制方便，以及在营养液膜法中自动调整营养液，一般都是先配制母液，然后再进行稀释。母液应分别配制，所以需要两个溶液罐，一个装硝酸钙溶液，一个装其他盐类溶液。母液浓度，一般比植物能直接吸收的稀营养液浓度高出 100 倍，使用时再按比例稀释后灌溉植物。

（3）营养液的增氧措施

植物根系发育需要有足够的氧气供给。尤其是营养液栽培时，如处理不当，容易缺氧，影响根系和地上部分的正常生长发育。

在营养液循环栽培系统中，根系呼吸作用所需的氧气主要来自营养液中溶解的氧。增氧措施主要是利用机械和物理的方法来增加营养液与空气的接触机会，增加氧气在营养液中的扩散能力，从而提高营养液中氧气的含量。常用的加氧方法有落差、喷雾、搅拌、压缩空气 4 种。

夏天气温高，可以将营养液池建在地下，以降低营养液的温度，增加溶氧量。另外，也可以降低营养液的浓度来增加溶氧量。

在固体基质的无土栽培中，为了保持基质中有充足的空气，除了应选用合适的基质种类外，还应避免基质积水。

（4）几种营养液配方

由于植物对微量元素的需求量很少，所以通常情况下，微量元素的配方基本是相同的。具体的配方见表3-4～表3-6。配制营养液时，需添加的微量元素种类和数量见表3-7。

表3-4　格里克基本营养液（单位：ml）

化合物	化学式	用量	化合物	化学式	用量
硝酸钾	KNO_3	542	硫酸铁	$Fe_2(SO_4)_3 \cdot n(H_2O)$	14
硝酸钙	$C_a(NO_3)_2$	96	硫酸锰	M_nSO_4	2
过磷酸钙	$C_a(H_2PO_4)_2 + C_aSO_4$	135	硼砂	$N_{a2}B_4O_7$	1.7
硫酸镁	M_gSO_4	135	硫酸锌	Z_nSO_4	0.8
硫酸	H_2SO_4	73	硫酸铜	C_uSO_4	0.6

表3-5　康乃馨营养液

成分	化学式	用量（g/L）
硝酸钠	N_aNO_3	0.88
氯化钾	KCl	0.08
过磷酸钙	$C_a(H_2PO_4)_2 + C_aSO_4$	0.47
硫酸铵	$(NH_4)_2SO_4$	0.06
硫酸镁	M_gSO_4	0.27

表3-6　观叶植物营养液（g/L）

成分	化学式	用量	成分	化学式	用量
硝酸钾	KNO_3	0.202	硝酸铵	NH_4NO_3	0.04
硝酸钙	$C_a(NO_3)_2$	0.492	硫酸钾	K_2SO_4	0174
磷酸二氢钾	KH_2PO_4	0.136	硫酸镁	M_gSO_4	0.12

表3-7 营养液中微量元素添加量及浓度计算

化合物名称	分子式	相对分子质量	元素	a 适合浓度（mg/L）	b 含有率（%）	化合物浓度 a/b（mg/L）
螯合铁	Fe EDTA	421	Fe	3	12.5	24.0
硫酸亚铁	$FeSO_4 \cdot 7H_2O$	278	Fe	3	20.0	15.0
三氯化铁	$FeCl_3 \cdot 6H_2O$	270	Fe	3	20.66	14.5
硼酸	H_3BO_3	62	B	0.5	18.0	3.0
硼砂	$Na_2B_4O_7 \cdot 10H_2O$	381	B	0.5	11.6	4.5
氯化锰	$MnCl_2 \cdot 4H_2O$	198	Mn	0.5	28.0	1.8
硫酸锰	$MnSO_4 \cdot 4H_2O$	223	Mn	0.5	23.5	2.0
硫酸锌	$ZnSO_4 \cdot 7H_2O$	288	Zn	0.05	23.0	0.22
硫酸铜	$CuSO_4 \cdot 5H_2O$	250	Cu	0.02	25.5	0.05

三、无土栽培技术

无土栽培是以非自然土壤为条件的栽培方式，在生产上应用比较广泛的有水培、基质培、有机生态型培。

（一）水培

水培是无土栽培中最早应用的技术。水培的设施系统不同，其营养液的供氧方式也不同。

1. 营养液膜法（NFT）

营养液在泵的驱动下从贮液池流出经过根系（0.5～1.0 cm厚的营养液薄层），然后又回到贮液池内，形成循环式供液体系（图3-10）。根据栽培需要，又可以分为连续性供液和间歇式供液两种类型。间歇式供液可以节约能源，也可以控制植株的生长发育，特点是在连续供液系统的基础上加一个定时器装置。从NFT原理又派生出不少NFT改良装置，如水泥槽固定栽培、可移动式塑料槽栽培和A型架管道栽培，等等。这些改良后的设施，都为工厂化大规模生产提供了便利条件，也给提高单位面积的利用效率、稳产高产提供了可能。NFT系统对速生性叶菜的生产较理想。适当扩宽栽培槽也可以种植番茄、甜瓜等作物。目前，国内推广面积较大的主要在江苏、浙江等地。

NFT 基本装置纵面图
1. 栽培槽；2. 作物；3. 供液管；
4. 贮液槽；5. 泵；6. 添液管

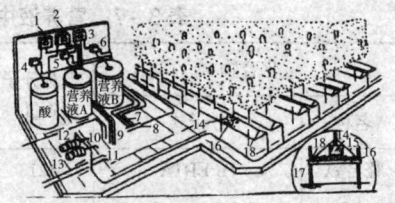

NFT 栽培番茄立体示意图
1. pH 控制仪；2. 温度控制仪；3. 盐度控制仪；
4~6. 原液注入泵；7. 原液供给；8. 加氧；
9. pH 值、温度、电导度传感器；10. 供水泵；
11. 加温装置；12. 循环泵；13. 热水控制阀；
14. 岩棉块；15. 塑料薄膜；16. 毛细衬垫物；
17. 隔板；18. 金属支架

图 3-10 营养液膜系统的结构组成

2. 深液流法（DFT）

深液流法，即深液流循环栽培技术。这种栽培方式与营养液膜技术（NFT）差不多，不同之处是流动的营养液层较深（5~10 cm），植株大部分根系浸泡在营养液中，其根系的通气靠向营养液中加氧来解决。这种系统的主要优点是解决了在停电期间 NFT 系统不能正常运转的困难。该系统的基本设施包括：营养液栽培槽、贮液池、水泵、营养液自动循环系统及控制系统、植株固定装置等部分。目前在蔬菜及花卉栽培中应用比较成功。

以下介绍一种由中国农业科学院蔬菜花卉研究所研制的简易 DFT 生菜栽培系统。

（1）系统的组成部分及营养液循环

整个系统由地下营养液池、地上营养液栽培槽、水泵和营养液循环系统及营养液过滤池组成。营养液池、营养液槽均由水泥制成。营养液池长 5.2 m，宽 1.1 m，高 1.2 m；营养液槽长 5.3 m，宽 0.6 m，高 0.1 m。槽内铺设塑料膜以防止营养液渗漏，槽上盖 2 cm 厚的泡沫板，在泡沫板上面再覆盖一层黑白膜。营养液由地下营养液池经水泵注入营养液栽培槽，栽培槽内的营养液通过液面调节栓经排液管道通过过滤池后又回到地下营养液池，使营养液循环使用如栽培系统。见图 3-11 所示。

图 3-11 简易 DFT 生菜栽培系统

(2) DFT 生菜栽培管理技术

定植之前在栽培槽内注满营养液，并在泡沫板及黑白膜上按 20 cm 的株行距打孔。把定植有生菜幼苗的四周及底部均布满孔洞的塑料育苗钵放入泡沫板孔中，使泡沫板恰好能支持放入孔中的育苗钵。在生菜根系未露出育苗钵以前，栽培槽内的营养液至少能接触育苗钵底部。这样营养液可通过毛细管作用使育苗钵内基质保持湿润，以后栽培槽内的营养液面可有所降低，以改善生菜根系的通气条件，但仍必须使生菜的绝大部分根系保持在营养液中，以保证生菜根系能吸收足够的营养元素，维持生菜的正常生长。营养液配方采用荷兰温室园艺研究所推荐的循环水生菜配方（1988），电导率为 2.2mS。营养液酸碱度每 2~3 天调整 1 次，每次都用硝酸把酸碱度调整至 pH 值为 5.8。为了保证营养液中含有足够的氧气，改善生菜根系的通气状况，栽培槽内的营养液至少每隔 1 天循环 1 次，即把栽培槽中的营养液由液面调节栓经排水管道进入地下营养液池，然后再用水泵把地下营养液池中的营养液抽回到栽培槽中。在此过程中，由于增加了营养液与空气接触的机会，从而增加了营养液中氧气的含量。这种增加营养液中氧气含量的方法，称为落差法。

由于植物在生长过程中，其根系会向外分泌一些化学物质（其中也含有一些有害分泌物），这些物质的过多积累会影响根系的正常生长。因此，为了避免污染和防止根系分泌有害物质的积累，营养液池及栽培槽中的营养液每隔 1 个月必须彻底更换 1 次，即把使用过的营养液抽到室外，然后重新配制新的营养液。

为了防止病虫害的发生与传播，应保持室内整洁。严禁在营养液槽或池中洗涤杂物，乱扔废物，以防污染。深液流法目前主要在广东省推广面积较大。

(二) 基质栽培

1. 基质栽培的种类

基质培又称介质培，即在一定容器内，植物通过基质固定根系，并通过基质使根系吸收营养液和氧气的一种栽培方法，主要有以下几种。①砂培。即用直径小于 3 mm 的松散颗粒砂、珍珠岩、塑料或其他无机物使作为固体基质。②砾培。砾培是用直径大于 3 mm 的不松散颗粒（砾、玄武岩、熔岩、塑料或其他无机物质）为固体基质。③蛭石培。一般选用直径为 3 mm 的蛭石。④珍珠岩培。珍珠岩是由硅质火山岩在 1 200 ℃下燃烧膨胀而成的。

可单独作基质使用，也可与草炭、蛭石等混合使用。⑤岩棉培。岩棉可以制成各种大小不同的方块，直接用于栽种植物。

2. 基质混合

有些基质可以单独使用，也可以按不同的配比混合使用。基质混合总的要求是降低基质的容重，增加孔隙度，增加水分和空气的含量。基质的混合使用，以2～3种混合为宜。如1:1的草炭、蛭石，1:1的草炭、锯末，1:1:1的草炭、蛭石、锯末或1:1:1的草炭、蛭石、珍珠岩，以及6:4的炉渣、草炭等混合基质，均在我国无土栽培生产上获得了较好的应用效果。

混合基质量小时，可在水泥地面上用铲子搅拌；量大时，应用混凝土搅拌器搅拌。

在国外，育苗和盆栽基质混合时，常加入一些矿质养分。以下是一些常用的育苗和盆栽基质配方：

(1) 加州大学混合基质

0.5 m^3 细沙粒径（0.5～0.05 mm），0.5 m^3 粉碎草炭，145 g 硝酸钾，145 g 硫酸钾，4.5 kg 白云石或石灰石，1.5 kg 钙石灰石，1.5 kg 20%过磷酸钙。

(2) 康乃馨混合基质

0.5 m^3 粉碎草炭，0.5 m^3 蛭石或珍珠岩，3 kg 石灰石（最好是白云石），1.2 kg 过磷酸钙（20%五氧化二磷），3 kg 复合肥（氮、磷、钾含量分别为5%，10%，5%）

(3) 中国农业科学院蔬菜花卉研究所无土栽培盆栽基质

0.75 m^3 草炭，0.13 m^3 蛭石，0.12 m^3 珍珠岩，3 kg 石灰石，1 kg 过磷酸钙（20%五氧化二磷），1.5 kg 复合肥（15:15:15），10 kg 消毒干鸡粪。

(4) 草炭矿物质混合基质

0.5 m^3 草炭，0.5 m^3 蛭石，700 g 硝酸铵，700 g 过磷酸钙（20%五氧化二磷），3.5 kg 磨碎的石灰石或白云石。

如果用其他基质代替草炭，则混合基质中就不用添加石灰石了，因为石灰石的主要作用降低基质的氢离子浓度（提高基质pH值）。

3. 基质栽培设施系统

在基质无土栽培系统中，固体基质的主要作用是支持作物根系及提供作物一定的营养元素。基质栽培的方式有钵培、槽培、袋培、岩棉培等，其营养液的灌溉方法有滴灌、上方灌溉和下方灌溉，但以滴灌应用最普遍。基质系统可以是开放式的，也可以是封闭式的，这取决于是否回收和重新利用多余的营养液。在开放系统中，营养液不循环利用，而封闭系统中营养液则循环利用。由于封闭式系统的设施投资较高，而且营养液管理较为复杂，因而在我国目前的条件下，基质栽培以采用开放式系统为宜。下面介绍几种主要的基质栽培方式。

（1）钵培法

在花盆、塑料桶等栽培容器中填充基质，栽培植物。从容器的上部供应营养液，下部设排液管，将排出的营养液回收于贮液罐中循环利用。也可采用人工浇灌的原始方法。见图3-12。

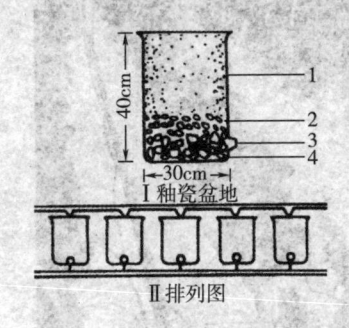

图3-12　钵培
1. 沙层；2. 小石子；3. 排液口；4. 砾石

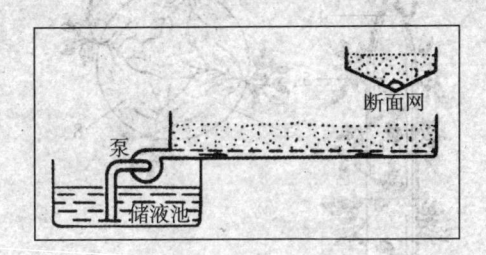

图3-13　槽培

（2）槽培法

就是将基质装入一定容积的栽培槽中以种植植物。目前，应用较为广泛的是在温室地面上直接用红砖垒成的栽培槽。为了降低生产成本，各地也可就地取材，采用木板条、竹竿等制成栽培槽。总的要求是，在植物栽培过程中能把基质拦在栽培槽内，而不撒到槽外。为了防止渗漏并使基质与土壤隔离，通常在槽的基部铺1层~2层塑料薄膜。营养液可由水泵供给植株（图3-13），也可利用重力把营养液供给植株。

（3）袋培法

用塑料薄膜袋填装基质栽培植物，用滴灌供液，营养液不循环使用。①枕式袋培。按株距在基质袋上设置直径为8~10 cm的种植孔，按行距呈枕式摆放在地面或泡沫板上，安装滴灌管供应营养液。基质通常采用混合基质。见图3-14。

图3-14　枕式袋培

②立式袋培。将直径为 15 cm、长为 2 m 的柱状基质袋直立悬挂，从上端供应管供液，在下端设置排液口，在基质袋四周栽种植物。见图 3-15。

（4）岩棉培

将岩棉制成边长为 7~10 cm 的小块，或制成 7~10 cm 的条状，在岩棉块的中央或在岩棉条上按一定的株距打孔，在孔内栽种植物。用滴灌管供应营养液。见图 3-16。

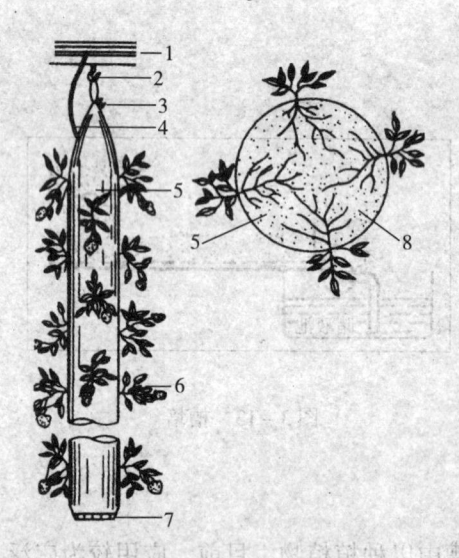

图 3-15　立式袋培
1. 供液管；2. 挂钩；3. 结扎口；4. 滴管；
5. 栽培袋；6. 作物；7. 排液口；8. 基质

图 3-16　岩棉培

第四节　园林植物的促成及抑制栽培

园林植物的促成及抑制栽培主要指花期调节，又称催延花期。通过人为地控制环境条件，应用栽培技术、药剂，使植物改变自然花期，开放不时之花。其中比自然花期提早的栽培方式称促成栽培，比自然花期延迟的栽培方式称抑制栽培。

催延花期我国自古就有记载，随着科学技术和文化生活水平的不断提高，催延花期技术也有很大发展。其作用是根据市场或应用需求，按时提供产品，使节日百花齐放。同时也缓解生产中出现的"供不应求"或"供过于求"的矛盾，以满足市场四季均衡供应和外贸出口的需要。

一、促成及抑制栽培的原理

（一）阶段发育

植物在其一生或一年中经历着不同的生长发育阶段，最初是进行细胞、组织和器官数量的增加，体积的增大过程，这时植物处于生长阶段。随着植物体的不断长大与营养物质的积累，植物进入发育阶段，开始花芽分化和开花。对于木本植物来说，实生苗要经过几年的幼苗期，才能达到发育阶段。如果人为创造条件，使其提早进入发育阶段，就可以提前开花。

（二）休眠与催醒休眠

休眠是植物个体为了适应生存环境，在历代的种族繁衍和自然选择中逐步形成的生物习性，是对原产地气候及生态环境长期适应的结果。要想使处于休眠的园林植物开花，首先要了解休眠的特性，采取措施催醒休眠使其恢复活动状态。如果想延迟开花，那么就必须延长其休眠期，使其继续处于休眠状态。休眠依其深度和阶段不同，可分为两种类型。

1. 自发休眠

自发休眠是园林植物自身习性决定的休眠现象。自发休眠往往出现在冬季温度最低的时期，此时植物体的生长活动能力接近最低点，细胞原生质含水量极低。此时，若将这些植物个体移入适宜的环境，也不会萌发、生长、开花。

自发休眠按其休眠的深度不同，分为前休眠期、中休眠期和后休眠期三个阶段。前休眠期是指当外界环境条件由适宜生长而逐步变为不利于生长的情况下，如日照变短、温度降低等，植物的生命活动能力也相应地减弱。这是由植物体内部变化引起的生活力逐步下降，能与环境因子的逐步变化相协调，并从生理和形态上做好了适应不良环境的准备。中休眠期又称深休眠期，是指当外界温度下降到使植物生长接近于停止生长的程度。此时，植物体代谢极为缓慢，已达到最低水平，植物处于完全深休眠状态。此时即使是提供适宜的生长条件，也不能打破休眠状态。后休眠期是当外界气温开始回升，日照转长，冬季即将结束时，植物由深休眠而转入后休眠，植物体各器官已有了开始生长的准备。此时植物容易接受环境条件变化的诱导。在这三个时期中，前休眠期和后休眠期容易催醒，而中休眠期则极难催醒。

2. 强制休眠

强制休眠又称被迫休眠,是指植物在生长期内遇到低温或干旱等不良环境条件,限制了植物继续生长,迫使它们的生长处于缓慢或停滞状态。此时,如果给予适宜的生长条件,能立即恢复生长。

有些园林植物在同一休眠期中有两种不同类型的休眠,如前期为自发休眠,后期为强制休眠。丁香、连翘12月以前为自发休眠,12月以后为严冬气候所致的强制休眠。

(三) 花芽分化的诱导

1. 春化作用

有些园林植物在其一生当中的某个阶段,只有经过一段时期的相对低温,才能诱导生长点发生代谢上的质变,进而有花芽分化、孕蕾、开花。这种现象称为春化作用。多数越冬的二年生草本花卉,部分宿根花卉、球根花卉及木本植物需要春化作用。若没有持续一段时期的相对低温,它始终不能成花。温度的高低与持续时间的长短因种类不同而异。多数园林植物需要0～5天,天数变动较大,最大变动4～56天。

2. 光周期现象

园林植物生长到某一阶段,需要经过一定时间白天与黑夜的交替,才能诱导成花,这种现象叫光周期现象。长日照能促进长日照植物开花,抑制短日照植物开花。相反,短日照能促使短日照植物开花而抑制长日照植物开花。但光照处理必须与植物在某一生育期对温度的要求相结合,才能达到目的。

实践证明,长日照植物的光照阶段不是绝对地要求某一日照时数,而是光照时间渐长的环境。而短日照植物的光照阶段,也不是绝对的要求某一短日照条件,而是要求日照时间渐短的环境。但实质上,起作用的不是足够长或足够短的日照,而是足够短或足够长的黑夜。

3. 积温学说

通过大量的科学试验证明,植物体平均发育速率与植物发育期内环境的最低(下限)温度以上的温度的总和(积温)呈直线关系。尤其是那些对光周期要求不严格而生育过程又与温度条件密切相关的植物种类,完成发育的全过程就要求一定的积温。有时在满足积温的基础上,植物才接受环境中光周期或低温春化的诱导,最后在这些内外因素的综合作用下,才能由营养生长转向生殖生长。在生产中,有经验的花卉技工对播种期的要求非常严格，且对花期估计得十分准确，这实际上也符合积温学说。

4. 碳氮比学说

植物要想成花，体内营养物质的积累是基础，营养物质可分为糖类和蛋白质等。试验证明，促进植物开花的因素并不是某类物质的绝对含量多少，而是其含量的比值。当糖类物质含量多于含氮化合物时，植物便开花，反之则不开花或迟开花。许多对春化和光周期要求不严格的一年生植物受体内营养水平的影响较大。但也必须注意到，植物体 C/N 比值并不能影响所有植物成花，而是植物成花的前提和基础。

二、促成及抑制栽培的技术

（一）促成及抑制栽培的一般园艺措施

1. 调节种植期

不需要特殊环境诱导，在适宜的生长条件下只要生长到一定大小即可开花的植物种类，可以通过改变播种期调节开花期。多数一年生草本花卉属于中间性植物，对光周期没有严格的要求，在温度适宜生长的地区或季节采用分期播种，可在不同时期开花。如在温室提前育苗，可提前开花。翠菊的矮性品种于春季露地播种，6月至7月开花；7月播种，9月至10月开花。于温室2月至3月播种，则5月至6月开花。8月播种的幼苗在冷床上越冬，则可延迟到次年5月开花。一串红的生育期较长，春季晚霜后播种，可于9月至10月开花；2月至3月在温室育苗，可于8月至9月开花；8月播种，入冬后假植、上盆，可于次年4月至5月开花。

二年生花卉需在低温下形成花芽。在温度适宜的季节或冬季保护地栽培条件下，也可调节播种期使其在不同的时期开花。金盏菊在低温下播种30～40天开花。自7月至9月陆续播种，可于12月至5有月陆续开花。紫罗兰12月播种，5月开花；2月至5月播种，则6月至8月开花；7月播种，则2月至3月开花。

2. 采用修剪、摘心、抹芽等栽培措施

月季花、茉莉、香石竹、倒挂金钟、一串红等多种花卉，在适宜条件下一年中可多次开花。通过修剪、摘心等技术措施可以预定花期。月季花从修剪到开花的时间，夏季约40～45天，冬季约50～55天，9月下旬修剪可于11月中旬开花，10月中旬修剪可于12月开花，若将不同植株分期修剪可使花期相接。一串红修剪后发出的新枝约经20天开花，4月5日修剪可于5月

1日开花，9月5日修剪可于国庆节开花。荷兰菊在短日照期间摘心后萌发的新枝经20天开花，在一定季节内定期修剪可定期开花。

3. 肥水控制

在休眠期或花芽分化期，通过肥水控制迫使休眠或促进花芽分化。对桃、梅等花卉在生长末期，保持干旱，使自然落叶，强迫其休眠，然后再给予适宜的肥水条件，可使其在10月开花。

（二）温度处理

温度处理调节花期主要是通过温度的作用调节休眠期、成花诱导与花芽形成期、花茎伸长期等主要进程而实现对花期的控制。大部分越冬休眠的多年生草本和木本花卉以及越冬呈相对静止状态的球根花卉，都可采用温度处理的方法调节花期。

1. 增温催花

增温催花，适用于入室前已完成花芽分化过程或入室后能够完成花芽分化过程的植物种类。保护地提供适当的生长发育条件，通过升温可达到提前开花的目的。①直接加温催花。入室前已完成花芽分化的种类，如瓜叶菊、山茶、白兰、蜡梅等，升温可以使花期提前。②入室前经过预处理。部分花卉如郁金香、百合等在室内加温前需一个低温过程完成花芽分化和休眠。然后再入室加温处理。③四季能进行花芽分化的花卉，如月季、茉莉等，只要满足生长条件，即可周年开花。

2. 休眠控制

多数植物都有低温休眠的特性，因此能通过控制休眠来控制花期。①诱导休眠。当低温成为休眠的主要条件时，可用降温的方法诱导休眠促使花卉进入休眠期。但目前应用较少。②延长休眠期。常用低温的方法使花卉在较长的时间内处于休眠状态，达到延迟花期的目的。处理温度一般在1~3℃，（常有一个逐渐降温的过程）。在低温休眠期间，要保持根部适当湿润。在预定开花前20天左右移出冷室，逐渐升温、喷水和增加光照，施用磷、钾肥。牡丹、梅花、山茶等都可用此法调节花期。③低温打破休眠。休眠器官经一定时间的低温作用后，休眠即被解除，再给予延长休眠或转入生长的条件，就可控制花期。牡丹在落叶后挖出，经过1周的低温贮藏，温度在1~5℃左右，再进入保护地加温催花，元旦可上市。对于高温休眠的种类，如郁金香、仙客来等用5~7℃的低温处理种球可打破休眠并诱导和促进开花。④高温打破休眠。常用的方法是温水浴法，即把植株或植株的一部分，浸入温水中，一般 30～35 ℃。如 30～35 ℃温水处理丁香、连翘的枝条，需几个小时即可解除休眠。

3. 低温春化

对秋播花卉，若改变播种期至春季，在种子萌发后的幼苗期给予 0～5 ℃的低温，使其完成春化阶段，就可正常开花。

4. 低温延缓生长

采用降温的方法延长花卉的营养生长期达到延迟开花的目的。降温通常逐渐进行，最后保持在 2～5 ℃。如盆养水仙，用 4 ℃以下的冷水培养，可推迟开花。但这种方法在生产中不常用，因为延缓生长意味着产量下降。

（三）光周期处理

光周期处理的方法

（1）长日照处理方法

长日照处理的方法有多种，如彻夜照明法、延长明期法、暗中断法、间隙照明法、交互照明法等。目前生产上应用较多的是延长明期法和暗中断法。

延长明期法是在日落后或日出前给予一定时间的照明，使明期延长到该植物的临界日长小时数以上。较多采用的是日落后作初夜照明。

暗中断法也称"夜中断法"或"午夜照明法"。在自然长夜的中期（午夜）给予一定时间照明，将长夜隔断，使连续的暗期短于该植物的临界暗期小时数。通常夏末、初秋和早春夜照明小时数为 1～2 h，冬季照明小时数多，约 3～4 h。

间隙照明法也称"闪光照明法"。该法以"夜中断法"为基础，但午夜不用连续照明，而改用短的明暗周期。一般，每隔 10 min 闪光几分钟，其效果与夜中断法相同。间隙照明法是否成功，决定于明暗周期的时间比。

交互照明法是依据在诱导成花或抑制成花的光周期需要连续一定天数方能引起诱导效应的原理而设计的节能方法。例如，长日照抑制菊花成花时，在长日处理期间采用连续 2 天或 3 天（依品种而异）夜中断照明，随后间隔 1 天非照明（自然短日），依然可以达到长日的效应。

（2）长日照处理的光源与照度

照明光源通常用白炽灯或荧光灯。不同植物适用的光源有所差异。菊花等短日植物多用白炽灯，因白炽灯含远红外光比荧光灯多；锥花丝石竹等长日植物多用荧光灯。也有人提出,短日植物叶子花在荧光灯和白炽灯组合的照明下发育更快。

不同植物种类照明的有效临界光照度有所不同。紫菀在 10 lx 以上,菊花需 50 lx 以上,一品红需 100 lx 以上有抑制成花的长日效应。50 lx～100 lx 也常是长日植物诱导成花的光强。锥花丝石竹长日照处理采用午夜 4 h 中断照明时,随照明度增强有促进成花的效果,但是超过 100 lx 并不产生更强的效应。有效的照明度常因照明方法而异。菊花抑制成花,采用午夜闪光照明法时,1:10（min）的明暗周期需要 200 lx 可起长日效应,而 2:10（min）的明暗周期则 50 lx 即可有效。

植物接受的光照度与光源安置方式有关。100 W 白炽灯相距 1.5～1.8 m 时,其交界处的光照度在 50 lx 以上。生产上常用的方式是 100 W 白炽灯相距 1.8～2 m,距植株高度为 1～1.2 m。如果灯距过远,交界处光照不足,长日植物会出现开花少、花期延迟或不开花现象,短日植物则出现提前开花,开花不整齐等弊病。

（3）短日照处理的方法

在日出之后至日落之前利用黑色遮光物,如黑布、黑色塑料膜等对植物进行遮光处理,使日长短于该植物要求的临界小时数的方法称为短日照处理。短日照处理以春季及初夏为宜,夏季作短日照处理,在覆盖物下易出现高温危害或降低切花品质。为减轻短日处理可能带来的高温危害,应采用透气性覆盖材料；在日出前和日落前覆盖,夜间揭开覆盖物使与自然夜温相近。

短日照处理抑制长日植物开花,促进短日植物开花。这是保障菊花、唐菖蒲、香石竹等周年供花的重要措施。

（四）各种化学药剂处理

生长调节物质和部分化学物质对植物的生长发育有一定的调节作用,主要表现为：诱导和打破休眠；促进或抑制生长；促进或抑制花芽分化。

1. 诱导或打破休眠

常用的有赤霉素（GA）、激动素（KT）、吲哚乙酸（IAA）、萘乙酸（NAA）、乙烯等。

10～12 月用 100×10^{-6} 的赤霉素处理桔梗的宿根,可代替低温,打破休眠。通常用一定浓度的（10～100）$\times 10^{-6}$ 赤霉素喷洒花蕾、生长点、球根、雌蕊,或整个植株,可促进开花。也可用快浸和涂抹的方式。处理的时期在花芽分化期。此法对大部分花卉都有效应。

2. 促进花芽分化

促进花芽分化与解除休眠是一致的。赤霉素、激动素、乙烯利、萘乙酸、马来酰肼等在生长期喷洒或涂抹球根、生长点、芽等部位会促进侧芽萌发、茎叶生长与提早开花。

3. 抑制生长，延迟开花

常用生长抑制剂喷洒处理。用三碘苯甲酸（TIBA）0.2%~1%溶液；矮壮素0.1%~0.5%溶液，在生长旺盛期处理植物，可明显延迟花期。

第五节 大树移植

一、大树移植的特点

大树移植是城市园林绿化建设事业所特有的工作项目，当然也是植树工程施工所必须研究的课题。在园林建设中，为了加速园林风景的形成，在短期内达到绿化设计的效果，往往采用干径10 cm以上的大树栽植。大树移植，即移植大型树木的工程。所谓大树是指：树干和胸径一般在10~40 cm及以上，树高在5~12 m及以上，树龄一般10~50年或更长。大树移植具有以下特点：

1. 大树移植条件较复杂，要求较高

一般农村和山区造林是很少采用的，但却是城市园林布置和城市绿化经常采用的重要手段。移植大树技术要求复杂，消耗的人力、物力、财力远远超过一般植树工程。作业人员必须经过严格的培训和实际锻炼，达到熟练操作程度，方可单独上岗。否则，人员、树木的安全和工程质量就不能保证。此外，大树的来源，主要来自绿地、山区和郊外，要具备足够的土层及按规格能起出土坨和能够包装的土壤，否则不能保证工程质量和树木成活。松散的沙质土或因石头砖块过多和地下水位过高等不能严密包装起来的土壤都不宜大树移植。

2. 在城市园林绿化中具有特殊作用

随着城市建设的发展，高楼大厦林立，新建和改建的道路宽阔，立交桥体量庞大。作为配套建设的绿化工程也是大手笔、大气势，与现代化气息相称。在绿化中只有栽种大树才能占据大的空间和覆盖大的地面，在总

体上建造一个协调一致的大环境。有些重点建筑工程要求用特定的优美树姿相配合，这就只有采用大树移植的办法才能实现。在人们的直观上感受到一种舒适和优美。因此，移植大树技术在现代化建设中正发挥着重要的作用。

3. 移植大树是绿化工程中质量高、见效快的一个重要手段

也是突破植树季节性，实行全年植树绿化的一项重要措施。如重点工程多的地区，带有特殊要求的任务多，要求做到高质量、高速度、见效快，使用大批量的大树种植，效果突出，能立即成荫，当即成林。

4. 大树移植是园艺造景的重要内容，体现了园林艺术

无论是以植物造景，还是以植物配景，要反映景观效果，都要选择理想的树形来体现艺术的景观内容。幼龄树是不成形的，只有选用成形的大树才能创造理想的艺术作品。因此，大树移植技术在造园、造景中是不可缺少的。

5. 大树移植是保存绿化成果的一项措施

城市绿化与保存绿化成果的矛盾日益突出，其中一个主要原因是人为损坏，特别是在繁华的街道、广场、车站乃至一些居民小区，人流量大，车辆多，再加上摊商、集市，对于绿地和树木破坏力极大，保存绿化成果相当困难。在这些地区绿化只有栽种大规格树木，提高树木本身对外界的抵抗能力，才能保存绿化成果。

我国早有用直接移植大规格树木进行城市绿化建设的历史，近40年来大树移植技术有了较大的发展。在北京，移植大树技术是在1954年苏联展览馆（现北京展览馆）施工中开创和应用的，当时移植的大树为干径10 cm，树高4~5 m的常绿树和落叶树，木箱的规格也只有边长1.5 m×1.5 m，高1.2 m，土球的规格直径1.00 m×1.00 m，高0.8 m。

20世纪80年代以后，移植大树的规格有了大的发展，移植树木干径25~35 cm，树高10~12 m，用2.50 m×2.50 m×1.2 m的木箱移植成功。如在菜户营立交桥的碧玉公园各栽种了几棵大油松，成活率100%，生长正常。

近些年来，土球方法移植技术不断改进，土球规格也不断加大，由原来的土球直径1.2 m×1.2 m，高1.0 m，发展至目前可以起到直径1.6 m×1.6 m，高1.2 m的大土球。掘苗工艺由原来的双股轴的打法，改为四股双轴腰绳的打法，可用大土球移植法代替小规格木箱移植，这不仅大幅度降低了费用，而且成倍地提高了施工速度。

在城市移植大树，从起树地点到栽植地点，必须选择好大树运行的路线，使超宽超高的大树能顺利运行。铁路、公路、立交桥、过街电缆电线，大体高度都在4.5 m以下，如搬运超大规格树木都要设法绕过这些障碍，否则树头就要受到损坏，如无法绕过障碍，就不具备移植大树的条件。

总之，移植大树不同于带有群众性的一般的绿化植树，是专业性很强的一项技术工作，同时还需借助于一定的机械力量才能完成。所以，除有特殊需要的工程外，一般需慎重。

二、大树移植技术

（一）大树移植前的准备和处理

为了提高大树移栽的成活率，在移栽前应保证所带土球内有足够吸收根，使栽植后很快达到水分平衡而成活，一般采用缩坨、断根方法，具体做法是：选择能适应当地自然环境条件的乡土树种，以浅根和再生能力强且易于移栽成活的树种为佳。在移栽前2~3年的春季或秋季，围绕树干先挖一条宽30~50 cm、深50~80 cm的沟，其中断根的半径为树干30 cm高处直径的5倍。第一年春季先将沟挖一半，不是半圆，而是间隔成几小块，挖掘时碰到比较粗的侧根要用锋利的手锯锯断。如遇直径5 cm以上的粗根，为防大树倒伏，一般不切断，于土球壁处行环状剥皮（宽约10 cm）后保留，涂抹0.01%的生长素，以促发新根。沟挖好后用掺有基肥的培养土填入并夯实，然后浇水。第二年春天再挖剩下的另几个小段。待第三年移植时，断根处已长出许多须根，易成活。

移植前需进行树冠修剪，修剪强度依树种而异。萌芽力强的、树龄大的、叶片稠密的应多剪；常绿树、萌芽力弱的宜轻剪。从修剪程度看，可分全苗式、截枝式和截干式3种。全苗式原则上保留原有的枝干树冠，只将徒长枝、交叉枝、病虫枝及过密枝剪去，适用于萌芽力弱的树种，如雪松、广玉兰等，栽后树冠恢复快、绿化效果好。截枝式只保留树冠的一级分枝，将其上部截去，如香樟等一些生长快，萌芽力强的树种。截干式修剪，只适宜生长快，萌芽力强的树种，将整个树冠截去，只留一定高度的主干，如悬铃木等。由于截口较大易引起腐烂，应将截口用蜡或沥青封口。

（二）大树移植方法

1. 带土方木箱移植法

对于必须带土球移植的树木，土球规格如果过大（如直径超过 1.3 m 时），很难保证吊装运输的安全和不散坨，一般改用方木箱包装移植，较为稳妥安全。用方木箱包装，可移植胸径 15~30 cm 或更大的树木以及沙性土壤中的大树。带土方木箱移植法适用于雪松、桧柏、广玉兰、白皮松、龙柏、云杉，铅笔柏等常绿树。

（1）掘苗前的准备工作

掘苗前，先按照绿化设计要求的树种、规格选苗，并在选好的树上做出明显标记（在树干上拴绳或在北侧点漆），将树木的品种、规格（高度、干径、分枝点高度、树形及主要观赏面）分别记入卡片，以便分类，编出栽植顺序。对于所要掘取的大树，其所在地的土质、周围环境、交通路线和有无障碍物等，都要了解，以确定能否移植。此外，还应按照要求，准备好各种工具和材料，见表 3-8 所示。

表 3-8　木箱包装移植大树的主要材料、工具、机械表

	名称	规格、数量和用途
材料类	木板	木板分箱、上板、底板 3 种。①箱板：共需 4 块，每块由 3 条木板钉成，厚 5 cm，倒梯形。上边长分别为 1.5 m、1.8 m、2.0 m、2.2 m，下边比上边分别短 10 cm，高分别为 0.6 m、0.7 m、0.7 m、0.8 m；箱板上有 3 条带，板带厚 5 cm，宽 10~15 cm，长短随箱板高而定。②上板：2~4 块，厚 5 cm，宽 20 cm，长度比箱板上边长 10 cm 左右。③底板：若干块，厚 5 cm，宽 20 cm，长比箱板下边长 10 cm 左右
	铁皮	厚 0.1 cm，宽 3 cm，长 80~90 cm，共 40 条，钉木箱四角用；备长 50~60 cm 的铁皮 40 条，钉底板用。铁皮上每 5 cm 左右打钉眼
	钉子	3~3.5 cm，每株树约用 750 枚
	杉篙	比树高度略长，3 根，备作支撑用
	支撑横木	10 cm×10 cm 方木，长 80~90 cm，4 根，支撑箱板用
	垫板	共 8 块，每块为 3 cm，厚 15~20 cm 宽，其中 4 块长 20~25 cm，4 块长 15~20 cm 支撑横木垫木墩用
	方木	10 cm×10 cm~15×15 cm，长 1.5~2.0 m，共 8 根。吊装、运输、卸车时垫木箱用圆木墩高 30~35 cm，直径 25~30 cm，共 10 个
	草袋、蒲包	各 10 个，包土台四角，填充上板、底板及围裹树干
	扎把绳	10 根，捆杉篙，起吊木箱时牵引用

续表

名称		规格、数量和用途
工具类	铁锹	圆头，锋利的3~4把，掘树修理土台用
	平口锹	2把，削土台掏底用
	小板镐	2把，掏底用
	紧线器	2把，收紧箱板用
	钢丝绳	0.4根，每连打扣长10 m~12 m，每根附卡子4个
	小镐	2把，刨土用
	铁锤或斧子	2~4把钉铁皮用
	小铁棍	粗0.6 cm~0.8 cm，长40 cm，2根
	冲子、剁子	各1个，剁铁皮和铁皮打眼用
	鹰嘴板子	1个，调整钢丝绳卡子用
	起钉器	2个，起弯钉用
	油压千斤顶	1个，上底板用
	钢卷尺	1个，量土台用
	废机油	少量，钉坚硬木时润滑钉子用
机械类	起重机	根据需要，配备5 t~8 t起重机1台~2台，如土质太软，应配备履带式吊车；如木箱板规格为1.5 m×1.5 m时，用5 t吊车；1.8 m×1.8 m时用8 t吊车；2.0 m×2.0 m时15 t吊车
	卡车	1辆，载重量依据树木大小而定

注：上列工具材料和机械，基本上是一组（4个人）所需的数字；木箱标准是按1.8 m计算的。掘苗多时，有些工具、材料可交替使用，机械则应根据情况而增加。

(2) 掘苗和运输

掘苗 掘苗时，应先根据树木的种类、株行距和干径的大小确定在植株根部留土台的大小。一般可按苗木胸径（即树木高1.3 m处的树干直径）的7~10倍确定土台。不同胸径树木应留土台和所用木箱的大小，详见表3-9。

表3-9 各类胸径树木应留土台及所用木箱规格简表

树木胸径（cm）	15~17	18~24	25~27	28~30
木箱规格（m×m）（上边长×高）	1.5×0.6	1.8×0.70	2.0×0.70	2.2×0.80

土台的大小确定之后，要以树干为中心，按照比土台大 10 cm 的尺寸，划一正方形的线印，将正方形内的表面浮土铲除掉，然后沿线印外缘挖一宽 60 cm~80 cm 的沟，沟深应与规定的土台高度相等。挖掘树木时，应随时用箱板进行校正，保证土台的上端尺寸与箱尺寸完全符合，土台下端可比上端略小 5 cm 左右。土台的四个侧壁，可略微突出，以便装上箱板时能紧紧抱住土台，切不可使土台侧壁中间凹两端高。挖掘时，如遇有较大的侧根，可用手锯或剪枝剪切断，切口留在土台里。

装箱 修整好土台之后，应立即上箱板，其操作顺序和注意事项如下。

①上侧板。先将土台的 4 个角用蒲包片包好，再将箱板围在土台四面，两块箱板的端部不要顶上，以免影响收紧。用木棍或锹把箱板临时顶住，经过检查、校正，要使箱板上下左右都放得合适，保证每块箱板的中心都与树干处于同一条线上，使箱板上边低于土台 1 cm 左右，作为吊运土台下沉系数，即可将经检查合格的钢丝绳分上下两道绕在箱板外面（图 3-17）。

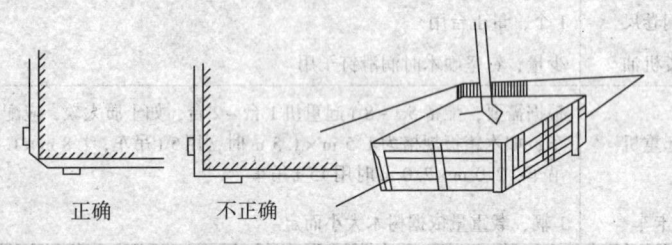

图 3-17 箱板与紧线器的安装法

②上钢丝绳：上下两道钢丝绳的位置，应在距离箱板上下两边各 15 cm~20 cm 处。在钢丝绳的接口处，装上紧线器，并将紧线器松到最大限度，紧线器的旋转方向是从上向下转动为收紧。上下两道钢丝绳上的紧线器，应分别装在相反方向的箱板中央的带板上，并用木墩将钢丝绳支起，便于收紧。收紧紧线器时必须两道同时进行。钢丝绳上的卡子，不可放在箱角上或带板上以免影响拉力。收紧紧线器时，如钢丝绳子跟着转，则应用铁棍将钢丝绳子别住。将钢丝绳收紧到一定程度时，应用锤子锤打钢丝绳，如发出"当当"之声，表明已收得很紧，即可进行下一道工序。

③钉铁皮：先在两块箱板相交处，即土台的四角上钉铁皮，每个角的最上一道和最下（最后）一道铁皮，距箱板的上下两个边各为 5 cm；如是 1.5 m 长的箱板，每个角钉铁皮 7 道~8 道；1.8 m~2.0 m 长的箱板，

每个角钉铁皮8道~9道；2.2 m长的箱板，每个角钉铁皮9道~10道。铁皮通过每面箱板两边的带板时，最少应在带板上钉两个钉子，钉子应稍向外斜，以增加拉力；不可把钉子砸弯，如砸弯，应起出重钉。箱板四角与带板之间的铁皮，必须绷紧、钉直。将箱板四角铁皮钉好之后，要用小锤轻轻敲打铁皮，如发出老弦声，表明已经钉紧，即可旋松紧线器，取下钢丝绳（图3-18）。

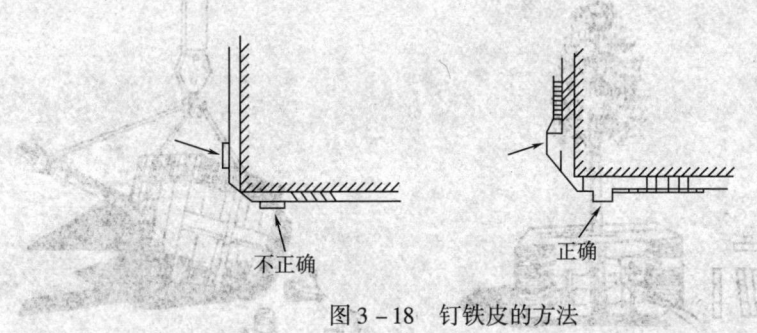

图3-18 钉铁皮的方法

④掏底和上底板：将土台四周的箱板钉好之后，要紧接着掏出土台底部的土，上底板和盖板。a. 备好底板：按土台底部的实际长度，确定底板的长度和需要的块数。然后在底板的两头各钉上一块铁皮，但应将铁皮空出一半，以便上底板时将剩下的一半铁皮钉在木箱侧面的带上。b. 掏底：先沿着箱板下端往下挖35 cm深，然后用小板镐和小平铲掏挖土台下部的土，掏底土可在两侧同时进行。当土台下边能容纳一块底板时，就应立即上一块底板然后再向里掏土。c. 上底板：先将底板一端空出的铁皮钉在木箱板侧面的带板上，再在底板下面放一个木墩顶紧；在底板的另一端用油压千斤顶将底板顶起，使之与土台紧贴，再将底板另一端空出的铁皮钉在木箱板侧面的带板上，然后撤下千斤顶，再用木墩顶好。上好一块底板之后，再向土台内掏底，仍按照上述方法上其他几块底板。在最后掏土台中间的底土之前，要先用4根10 cm×10 cm的方木将木箱4个侧面的上部支撑住。即在坑边挖一个小槽，槽内立一块小木板作支垫，将方木的一头顶在小木板上。另一头顶在木箱板的中间带板上，并用钉子钉牢，就能防止土台歪倒。然后再向中间掏出底土，使土台的底面呈突出的弧形，以利收紧底板。掏挖土时，如遇树根，应用手锯锯断，锯口应留在土台内，不可使它凸起，以免妨碍收紧底板。掏挖中间底土要注意安全，不得将头伸入土台下面；在风力超过4级时，应停止掏底作业。

237

⑤上盖板：于树干两侧的箱板上口钉上排板条，称上盖板。上盖板前，先修整土台表面，使中间部分稍高于四周；表层有缺土处，应用潮湿细土填严拍实。土台应高出边板上口 1 cm 左右，于土台表面铺一层蒲包片，再在上面钉盖板（图 3-19）。

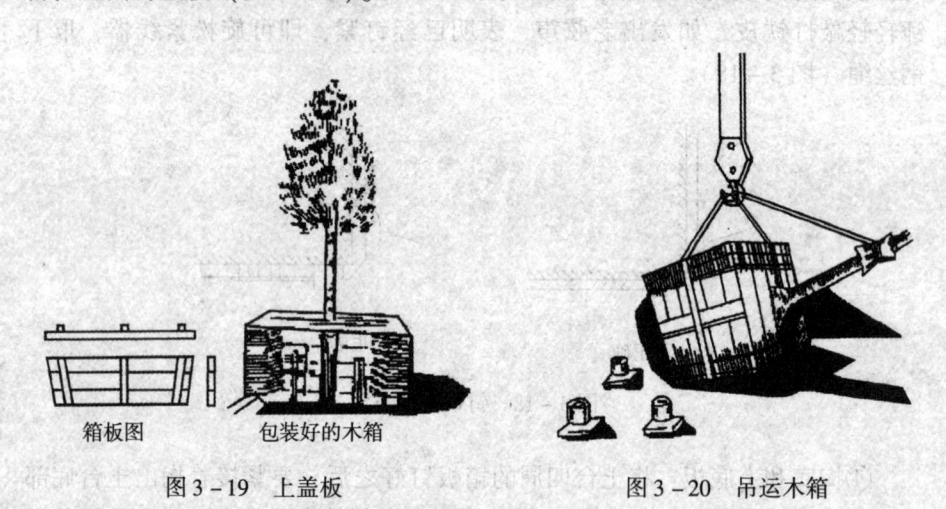

箱板图　　　包装好的木箱

图 3-19　上盖板　　　　　　　　图 3-20　吊运木箱

吊运、装车　吊运、装车必须保证树木和木箱的完好以及人员的安全。其操作顺序和注意事项为：①每株树的重量超过 2 t 时，需要用起重机吊装，用大型卡车运输。②吊装带木箱的大树，应先用一根较短的钢丝绳，横着将木箱围起把钢丝绳的两端扣放在木箱的一侧，即可用吊钩钩好钢丝绳，缓缓起吊，使树身慢慢躺倒。在木箱尚未离地面时，应暂时停吊，在树干上围好蒲包片，捆上脖绳，将绳的另一端也套在吊钩上，同时在树干分枝点上拴一麻绳，以便吊装时用人力控制方向。拴好绳后，可继续将树缓缓起吊，准备装车。吊装时，应有专人指挥吊车，吊杆下面不得站人（图 3-20）。③装车时，树冠应向后，土台上口应与卡车后轴在一直线上，在车厢底板与木箱之间垫两块 10 cm×10 cm 的方木，分放在捆钢丝绳处的前后。木箱在车厢中落实后，再用两根较粗的木棍交叉成支架，放在树干下面，用以支撑树干，在树干与支架相接处应垫上蒲包片，以防磨伤树皮。待树完全放稳之后，再将钢丝绳取出，关好车厢，用紧线器将木箱与车厢刹紧。树干应捆在车厢后的尾钩上，树冠应用草绳围拢紧，以免树梢垂下拖地（图 3-21）。

运输　运输苗木的人员，必须了解所运苗木的树种、规格和卸苗地点；对于要求对号入位的苗木必须知道具体卸苗地址。运输苗木的人员，必须站

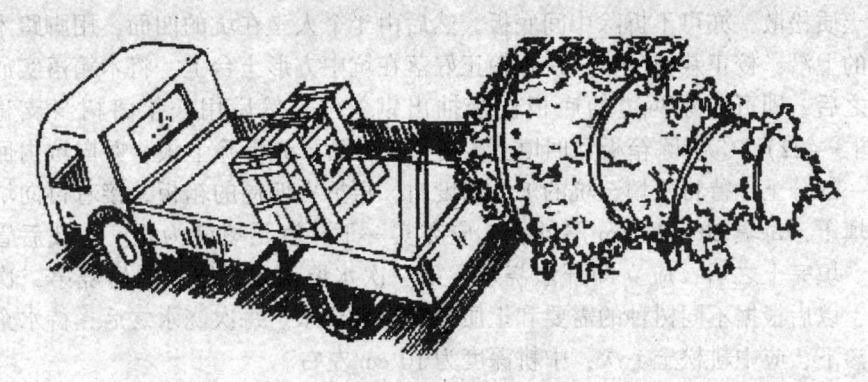

图 3-21 方箱包大树装车法

在车上树干附近，切不可坐在木箱底部，以免发生危险。车上备有竹竿，以备中途遇到低的电线时，能挑起通过。

卸车 大树运至现场后，应在适当位置卸车。卸车前先将围拢树冠的小绳解开，对于损伤的枝条进行修剪，取掉刹（捆）车用的紧线器，解开卡车尾钩上的绑绳。

卸车的操作方法与装车大体相同，只是捆钢丝绳的位置应比装车稍靠近上端，树干上的脖绳也可稍短些。当大树被缓缓吊起离开车厢时，应将卡车立刻开走，然后在木箱准备落地处横放一根或数根高度为 35～40 cm 的大方木，再将木箱徐徐放下，使木箱上口落在方木上，然后木棍顶住木箱落地的一边，以防木箱滑动，再徐徐松动吊绳，摆动吊杆，使树木缓缓立起。当木箱不再滑动时，即可去掉木棍，并在木箱落地处按 80～100 cm 的距离平行地垫好两根 10 cm×10 cm×200 cm 的方木，使树木立于其上，以便栽植树时穿捆钢丝绳。

（3）栽植

包括以下几个步骤。①挖坑。栽植前，应按设计要求定好点，放好线，测好标高，然后挖坑。栽植坑的直径，一般应比大树的土台大 50～60 cm；土质不好的，应是土台的 1 倍。需要换土的，应用沙质壤土，并施入充分腐熟的优质堆肥 50～100 kg。坑的深度，应比土台的高度大 20～25 cm。在坑底中心部位要堆一个厚 70～80 cm 的方形土堆，以便放置木箱。②吊树入坑。先在树干上包好麻包或草袋，然后用两根等长的钢丝绳兜住木箱底部，将钢丝绳的两头扣在吊钩上，即可将树直立吊入坑中，如果树木的土台较坚硬，可在树木移吊到坑的上面还未全部落地时，先将木箱中间的底板拆除，如土质松散，亦可不拆除中间底板。然后由4个人坐在坑的四面，用脚蹬木箱的上沿，校正栽植位置，使木箱正好落在坑中方形土台上。将木箱落实放稳之后，即可拆除两边的底板慢慢抽出钢丝绳，然后用长竿将树身支稳（图3-22）。③拆除箱板和回填土。树身支稳后，先拆除上板，并向坑内回填一部分土，待将土填至坑的1/3高度时，再拆去四周的箱板，接着再向坑内填土，每填20~30 cm厚的土，应夯实一下，直至填满为止。④栽后管理。填完土之后，应立即开堰浇水。第一次水要浇足，隔1周后浇第二次水，以后根据不同树种的需要和土质情况合理浇水。每次浇水之后，待水全部渗下，应中耕松土1次，中耕深度为10 cm左右。

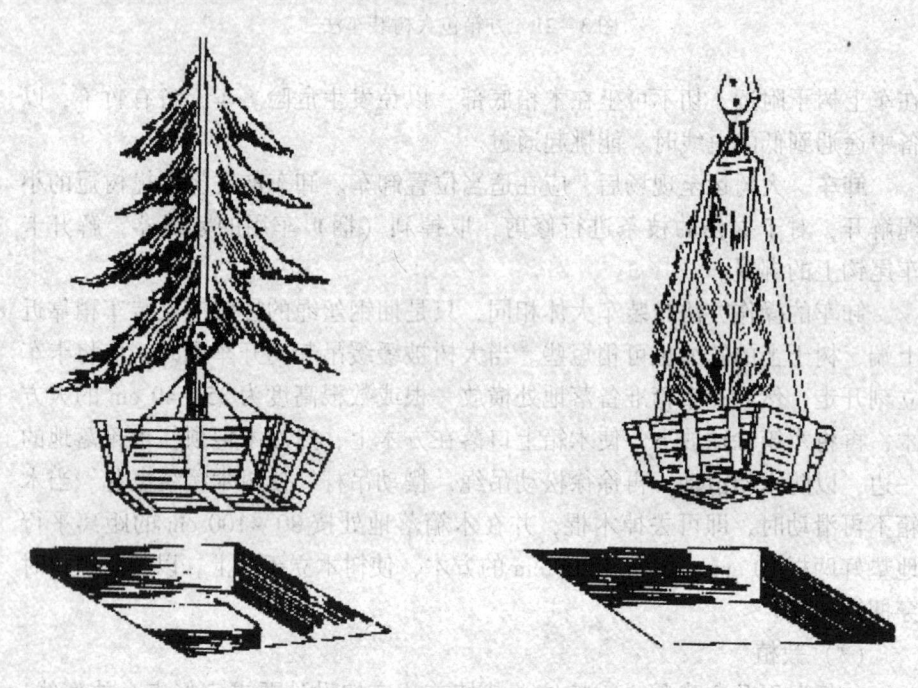

图3-22 栽植入坑

2. 软包装土球移植法

大树带土球移植，适用于白皮松、雪松、香樟、桧柏、龙柏、广玉兰等常绿树，以及银杏、榉树、白玉兰、国槐等落叶乔木，其方法比方木箱移植法简单。

（1）掘苗准备工作

掘苗的准备工作，与方木箱的移植相似，但不需要用木箱板、铁皮等材

(2) 掘苗和运输

包括以下几个步骤。①确定土球的大小。一般可按树木胸径（树干1.3 m处的直径）的1~10倍来确定。具体规格见表3-10。②挖掘。土球规格确定之后，以树干为中心，按比土球直径大3~5 cm的尺寸划一圆圈，然后沿着圆圈挖一宽60~80 cm的操作沟，其深度应与确定的土球高度相等。当掘到应挖深度的1/2时，应随挖随修整土球，将土球表面修平，使之上大下小，局部圆滑，呈红星苹果型。修整土球时如遇粗根，要用剪枝剪或小手锯锯断，切不可用锹断根，以免将土球震散。③打包。草绳包扎方式有3种，详见第二章第十节苗木出圃部分。④吊装运输。方法详见苗木出圃部分。⑤假植。苗木如短期内不能栽植则应假植。假植场地应距施工现场较近，且交通方便，水源充足，地势高燥不积水。假植树木量较多时，应按树种、规格分门别类集中排放，便于假植期间养护管理和日后运输。较大树木假植时，可以双行成一排株距以树冠侧枝互不干扰为准，排间距保持在6~8 m间，以便通行运输车辆。树木安排好后，在土球下部培土，至土球高度的1/3处左右，并用铁锹拍实，切不可将土球全部埋严，以防包装材料腐朽。必要时应立支柱，防止树身倒歪，造成树木损伤。假植期间，要经常喷水保持土球和叶面潮湿，以保持树体水分代谢平衡。随时检查土球包装材料情况，发现腐朽损坏的应及时修整，必要时应重新打包。要注意防治病虫害。加强围护看管，防止人为破坏。一旦栽植条件具备，则应立即栽植。

表3-10 土球规格简表

树木胸径 (cm)	土球规格（cm）			捆草绳密度
	土球直径	土球高度 (cm)	留底直径	
10~12	树胸径的8~10倍	60~70	土球直径的1/3	四分草绳，双股双轴，间距8 cm~10 cm
13~15	7~10倍	70~80	土球直径的1/3	四分草绳，双股双轴间距8 cm~10 cm

(3) 栽植

技术要点为：①定点刨坑。栽植前，应按照设计要求定好点，测出标高，编好树号，以便栽植时对号入位。定植的树坑，其直径应比土球大30~40 cm，深度应比土球的高度大20~30 cm。如定植坑的土质不好，还应适当加大坑径并换土。②栽植。吊装入穴前，要将树冠生长最丰满、完好的一面朝向主要观赏方向。吊装入穴（坑）时，粗绳的捆绑方法与装卸时的方法相同。吊起时，应使树干立直，然后慢慢放入坑内，坑内应先堆放 15～25 cm 厚的松土，使土球能刚好立在土堆上。填土前，应将草绳、蒲包片尽量取出。若不好取出，也应剪断草绳，剪碎蒲包片然后分层填土踏实。栽植的深度，不要超过土球的高度，与原土痕印相平或略深 3～5 cm 即可。③栽后管理。栽后于坑的外围开堰并浇第一次水，水量不要太大，起到压实土壤的作用即可；2～3 天以后浇第二次水，水量要足；再过一周浇第三次水，待水渗下即可中耕、松土、封堰。

3. 裸根移植法

大规格的落叶乔木移植时常采用裸根法，在秋季树木落叶后，春季发芽前均可进行。目前，对胸径 10～20 cm 的落叶乔木移植，相当成功，对于栽植后易于成活的树种，移植胸径可放宽到 40～50 cm。

（1）重剪

移植前对树冠进行重剪。中央领导枝明显的树种应将树梢剪去，适当疏枝，对中央领导枝弱的和萌芽力、成枝力强的树种，可将分枝点以上的树冠锯去，或根据需要定干和留主枝。重剪的修剪量大，修剪时应注意不将下部的枝芽劈裂。

（2）挖掘

裸根法移植大树，带根系的幅度为树木胸径的 8～10 倍。以树干为中心划圆，在圆圈处向外挖操作沟，沟宽约 60～80 cm，向下挖至 70 cm 左右仍不见侧根时，应缩小半径向土球中部挖，以便斩断主根。粗大的侧根用手锯锯断，不可用锹斩断，以免劈裂。主根和全部侧根切断后，将操作沟的一侧挖深些，轻轻推倒树干，拍落根部泥土。当土壤黏重坚硬时，用尖头镐顺着根系方向刨净附泥，但不可损伤根皮和细须根。

（3）装运

用人力或吊车装运树木时，应轻抬轻放。装车与软材包装移植法相同。在长途运输时，树根与树身要加覆盖，以防风吹日晒。并适当喷水保湿。运到现场后要逐株抬下，不可推下车。

（4）栽植

栽植穴的直径要比根幅大 20~30 cm，加深 10~20 cm。将树木在运输过程中的损伤的枝、根系加以修剪后栽植。穴底先施基肥并堆一个 20 cm 左右的土堆，将根立在土堆上回填土壤，填土至一半时，抱住树干轻轻上提或摇动，使土壤与根系紧密结合，踏实土壤，再填土至满踏实。栽植深度应比原土痕略深 3~5 cm。最后筑土埂以便浇水。

第四章　园林植物养护管理

本章提要

园林植物经繁殖、栽植后，在其整个生长发育过程中，要不断地加以管理，使之发挥最佳的绿化、美化效果。栽培方式的不同，养护管理措施不同。本章分别介绍露地栽培园林植物和保护地栽培园林植物的养护管理，主要包括一般措施（灌溉与排水、施肥、除草松土、防寒等），整形修剪技艺；针对园林树木的特性介绍了养护管理工作月历，树木树体的保护与修补，古树名木的养护。

第一节　露地栽培园林植物养护管理措施

一、园林植物养护管理的一般方法

（一）灌溉与排水

1. 灌溉

园林植物和其他所有植物一样，整个生命过程都离不开水，水是植物各种器官的重要组成部分，也是植物生长发育过程中必不可少的物质。因此，依据园林植物在一年中各个物候期的需水特点、气候特点和土壤的含水量等情况，采用适宜的水源适时适量灌溉，是植物正常生长发育的重要保证措施。

灌溉的主要内容包括：灌溉时期、灌溉量、灌溉次数、灌溉方式与方法，以及灌溉用水。

(1) 灌溉时期

按季节灌溉来说明这个问题。

早春灌溉 随气温的升高，植物进入萌芽期、展叶期、抽枝期，即新梢迅速生长期，此时北方一些地区干旱少雨多风，及时灌溉显得相当重要。早春灌溉不但能补充土壤中水分的不足，使植物地上部分与地下部分的水分保持平衡，也能防止春寒及晚霜对树木造成的危害。

夏季灌溉 夏季气温较高，植物生长处于旺盛时期，开花、花芽分化、结幼果都消耗大量的水分和养分，因此应结合植物生长阶段的特点及本地同期的降水量，决定是否进行灌溉。对于一些进行花芽分化的花灌木要适当扣水，以抑制枝叶生长，从而保证花芽的质量。灌溉时间应选在清晨和傍晚时进行，此时水温与地温相近，对根系生长活动影响小。

秋季灌溉 随气温的下降，植物的生长逐渐减慢，要控制浇水以促进植物组织生长充实和枝梢充分木质化，加强抗寒锻炼。但对于结果植物，在果实膨大时，要加强灌溉。

冬季灌溉 我国北方地区冬季严寒多风，为了防止植物受冻害或因植物过度失水而枯梢，在入冬前，即土壤冻结前应进行适当灌溉（俗称"灌冻水"）。随气温的下降土壤冻结，土壤中的水分结冰放出潜热从而使土壤温度、近地面的气温有所回升，植物的越冬能力也相应提高。灌溉应在中午前后进行。

另外，植株移植、定植后的灌溉与成活关系甚大。因移植、定植后根系尚未与土壤充分接触，移植又使一部分根系受损，吸水力减弱，此时如不及时灌水，植株因干旱使生长受阻，甚至死亡。一般来说，在少雨季节移植后应间隔数日连灌2~3次水。但对大树、大苗的栽植应注意，亦不能灌水过多，否则新根未萌，老根吸水能力差，宜导致烂根。

(2) 灌溉量

木本植物相对于草本植物较耐旱，灌溉量要小。耐旱的植物如樟子松、蜡梅、虎刺梅、仙人掌等灌溉量可小些。不耐旱的如垂柳、枫杨、蕨类、凤梨科等植物灌溉量要多些。

植物生长旺盛期，如枝梢迅速生长期、果实膨大期，灌水量应大些。

质地轻的土壤如沙地，其保水保肥性差，宜少量多次灌溉，以防土壤中的营养物质随重力水淋失而使土壤更加贫瘠。黏重的土壤，其通气性和排水性不良，对根系的生长不利，灌水量要适当多些；盐碱地的灌溉量每次不宜过多，以防返碱或返盐。

根据植物需水期的天气状况来定灌溉量。春季干旱少雨天气，应加大灌溉量；夏季降雨集中期，应少浇或不浇。

掌握灌溉量大小的一个基本原则是保证植物根系集中分布层处于湿润状态，即根系分布范围内的土壤湿度达到田间最大持水量70%左右。土壤墒情可依据表4-1的方法来判断，一般需调整墒情在黑墒与黄墒之间。以小水灌透为原则，使水分慢慢渗入土中。

表4-1 土壤墒情检验表

类别	土色	潮湿程度（%）	土壤状态	作业措施
黑墒（饱墒）	深暗	湿，含水量大于20	手攥成团，揉搓不散，手上有明显水迹；水稍多而空气相对不足，为适度上限，持续时间不宜过长	松土散墒，适于栽植和繁殖
褐墒（合墒）	黑黄偏黑	潮湿，含水量15~20	手攥成团，一搓即散，手有湿印；水气适度	松土保墒，适于生长发育
黄墒	潮黄	潮，含水量12~15	手攥成团，微有潮印，有凉感；适度下限	保墒、给水，适于蹲苗，花芽分化
灰墒	浅灰	半干燥，含水量5~12	攥不成团，手指下才有潮迹，幼嫩植株出现萎蔫	及时灌水
旱墒	灰白	干燥，含水量小于5	无潮湿，土壤含水量过低，草本植物脱水枯萎，木本植物干黄，仙人掌类停止生长	需灌透水
假墒	表面看似合墒色灰黄	表潮里干	高温期，或灌水不彻底，或土壤表面因苔藓、杂物遮阴粗看潮润，实际内部干燥	仔细检查墒情，尤其是盆花；正常灌水

(3) 灌溉次数

一二年生草本花卉及球根花卉（如凤仙花、大花三色堇、郁金香、仙客来、马蹄莲等）容易干旱，灌溉次数应较宿根花卉和木本花卉（如万年青、大花君子兰、荷苞牡丹、茉莉、变叶木等）为多。

北方地区露地栽培的花木，入冬土壤封冻前要浇1次透水，以防止冬寒及春旱。春夏季植物生长旺盛期，一般每月浇水2~3次，阴雨或雨量充沛的天气要少浇或不浇。秋季减少浇水量，如遇天气高燥时，每月浇水1~2次。

疏松的土质如沙土，灌溉次数应比黏重的土质多。

晴天风大时应比阴天无风时多浇几次。

原则是只要土壤水分不足就要立即灌溉。

（4）灌溉方式与方法

一般根据植物的栽植方式来选择。灌溉的方式方法多种多样，在园林绿地中常用的有以下几种：①单株灌溉。对于露地栽植的单株乔灌木如行道树、庭荫树等，先在树冠的垂直投影外开堰，利用橡胶管、水车或其他工具，对每株树木进行灌溉。灌水应使水面与堰埂相齐，待水慢慢渗下后，及时封堰与松土。②漫灌。适用于在地势平坦的地方群植、林植的植物。这种灌溉方法耗水较多，容易造成土壤板结，注意灌水后及时松土保墒。③沟灌。在列植的植物如绿篱等旁边开沟灌溉，使水沿沟底流动浸润土壤，直至水分充分渗入周围土壤为止。④喷灌。用移动喷灌装置或安装好的固定喷头对草坪、花坛等人工或自动控制进行灌溉。这种灌溉方法基本上不产生深层渗漏和地表径流，省水、省工、效率高，且能减免低温、高温、干热风对植物的危害，提高了植物的绿化效果。

（5）灌溉用水

以软水为宜，避免使用硬水。自来水、不含碱质的井水、河水、湖水、池塘水、雨水都可用来浇灌植物，切忌使用工厂排出的废水、污水。在灌溉过程中，应注意灌溉用水的酸碱度对植物的生长是否适宜。北方地区的水质一般偏碱性，对于某些要求土壤中性偏酸或酸性的植物种类来说，容易出现缺铁现象。

2. 排水

不同种类的植物，其耐水力不同。当土壤中水分过多时致使土壤缺氧，土中微生物的活动、有机物的分解、根系的呼吸作用都会受到影响，严重时根系腐烂，植物体死亡，因此需采用以下3种常用的方法对不耐水的植物进行排水。①地表径流法。这是园林绿地常用的排水方法。即将地面改造成一定坡度，保证雨水顺畅流走。坡度的降比应合适，过小，排水不畅；过大，易造成水土流失。地面坡度以0.1%~0.3%为宜。②明沟排水法。当发生暴雨或阴雨连绵积水很深时，在不易实现地表径流的绿化地段挖一定坡度的明沟来进行排水的方法。沟底坡度以0.1%~0.5%为宜。③暗沟排水法。在绿地下挖暗沟或铺设管道，借以排出积水。

（二）施肥

内容包括肥料种类、施肥依据、施肥时期、施肥的方式与方法、施肥深度和范围。

1. 肥料种类

（1）有机肥

又称全效肥料，即含有氮、磷、钾等多种营养元素和丰富的有机质，是迟效性肥料，常做基肥用。常用的有堆肥、厩肥、圈肥、人粪尿、饼肥、骨粉、鱼肥、血肥、作物秸秆、树枝、落叶、草木灰等。有机肥在逐渐分解的过程中，能释放出各种营养元素、大量的二氧化碳等供植物所利用，其作用是任何化肥所不能替代的。所用的有机肥要充分发酵、腐熟和消毒，以防烧坏植物根系、传播病虫害等。

（2）无机肥

又称矿质肥料，是由化学方法合成或由天然矿石提炼而成的化学肥料，是速效性肥料，常做追肥用。主要有氮肥（尿素、硫酸铵等）、磷肥（过磷酸钙等）、钾肥（氯化钾、硝酸钾等）、复合肥（磷酸二氢钾、氮磷钾混合颗粒肥等）。其肥效较快，使用方便，能及时满足植物不同生长发育阶段的要求。

（3）腐殖酸类肥料

除了上述可用于基肥、追肥的肥料外，喜酸性花灌木还常用腐殖酸类肥料，即以含腐殖酸较多的泥炭或草炭为原料，加入适当比例的各种无机盐制成的有机、无机混合肥料。其肥效缓慢，肥质柔和，呈弱酸性。

在植物的施肥过程中，要做到有机肥与无机肥相结合，提倡施用多元复合肥或专用肥，逐步实行营养诊断平衡施肥。常见的有机肥料种类见表4-2。

表4-2 有机肥元素含量及施用特点

肥料种类	N	P_2O_5	K_2O	制备与施用
豆饼 花生饼 芝麻饼	6.55 7.56 5.86	1.32 13.1 3.27	2.46 1.50 1.45	加水4份使发酵后干燥碾碎地施；1.8 L饼末、9 L水、0.09 L过磷酸钙混合腐熟，稀释10倍浇生长旺盛的草花或20～30倍浇木本花卉
人粪（鲜） （干） 人尿（鲜）	1.30 2.60 0.60	1.16 1.95 0	1.40 1.15 0.50	发酵制成粉末作基或腐熟后加水10倍清液浇施，常与尿混合发酵；或作培养土成分
牛粪 猪粪	0.30 0.50	0.17 0.40	0.10 0.50	腐熟后地施或作培养土成分或加水腐熟后，取清液追肥
鸡粪	1.60	1.50	0.80	混1～2份土，加水湿润发酵腐熟作基肥，或加水50倍做液肥
骨粉、动物蹄角	19～25			放入土壤薄片或粉状物作基肥，或水发酵液稀释20～40倍追肥用

2. 施肥依据

（1）物候期和肥料种类

物候期的进展和养分分配规律决定着施肥时期和能否及时满足植物生长发育的需要。早春植物萌芽前，是根系生长的旺盛期，应施一定量的磷肥；萌芽后及花后新梢生长期，应以氮肥为主；花芽分化期、开花期与结果期，应施磷、钾肥；秋季对某些植物，在落叶后，正值根系生长高峰，此时应施磷肥，以后随苗木逐渐进入休眠期，应适时增施钾肥，来促进苗木充分木质化。除此之外，还应增施足够的有机肥，以补充翌年早春树木对养分的需求。

（2）气候条件

如植物生长各个时期的温度、降水量等。北方夏季正值植物旺盛生长、开花、花芽分化等时期，可结合下雨进行施肥。

（3）土壤条件

根据土壤的质地、结构、含水量、酸碱度等来决定施肥。

3. 施肥时期

在生产上，施肥时期常分为基肥和追肥两大类。基肥要早，追肥要巧。花前、花后、花芽分化期施追肥。对于观花、观果植物，花后追肥更为重要。北方一些地区，多在秋分前后早施基肥，此时正值根系生长高峰，有机养分积累的时期，能提高树体的营养储备和翌年早春土壤中养分的及时供应，以满足春季根系生长、发芽、开花、新梢生长的需要。

一二年生草本园林植物生育期短，植株比较矮小，对肥料的需求量相对较少。生产实践中，为减少栽培过程中追肥的次数，特别是为了改良土壤，应施用基肥。

具体的施肥时期和次数应依植物的种类、各物候期需肥特点、当地的气候条件等情况合理安排，灵活掌握。

4. 施肥的方式与方法

施肥方式主要有基肥、追肥和根外追肥3种。具体的施肥方法如下。

（1）环状沟施肥法

在树冠外围稍远处挖30~40 cm宽环状沟，沟深据树龄、树势以及根系的分布深度而定，一般深20~50 cm（如图4-1），将肥料均匀地施入沟内，覆土填平灌水。随树冠的扩大，环状沟每年外移，每年的扩展沟与上年沟之间不要留隔墙。此法多用于幼树施基肥。

(2) 放射沟施肥法

以树干为中心，从距树干60~80 cm的地方开始，在树冠四周等距离地向外开挖6~8条由浅渐深的沟，沟宽30~40 cm，沟长视树冠大小而定，一般是沟长的1/2在冠内，1/2在冠外，沟深一般20~50 cm（如图4-2），将充分腐熟的有机肥与表土混匀后施入沟中，封沟灌水。下次施肥时，调换位置开沟，开沟时要注意避免伤大根。此法适用于中壮龄树木。

(3) 穴施法

在有机肥不足的情况下，基肥以集中穴施最好，即在树冠投影外缘和树盘中，开挖深40 cm，直径50 cm左右的穴，其数量视树木的大小、肥量而定（如图4-3），施肥入穴，填土平沟灌水。此法适用于中壮龄树木。

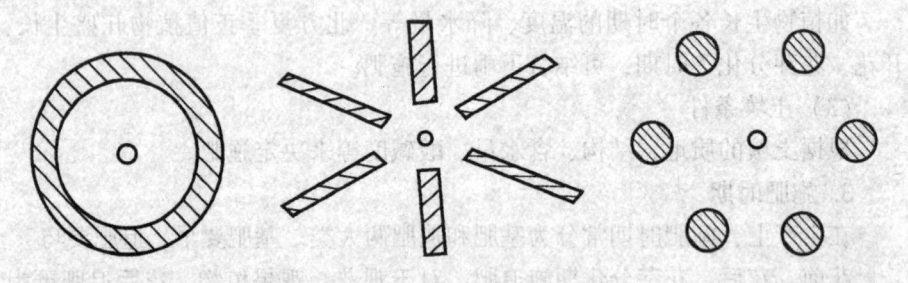

图4-1 环状沟施肥示意图　　图4-2 放射状沟施肥示意图　　图4-3 穴施示意图

(4) 全面撒施法

把肥料均匀地撒在树冠投影内外的地面上，再翻入土中。此法适用于群植、林植的乔灌木及草本植物。

(5) 灌溉式施肥

结合喷灌、滴灌等形式进行施肥，此法供肥及时，肥分分布均匀，不伤根，不破坏耕作层的土壤结构，劳动生产率高。

以上施肥方法可根据具体情况选用，且应交替更换不同的施肥方法。

(6) 根外追肥

又称为叶面追肥，指根据植物生长需要将各种速效肥水溶液，喷洒在叶片、枝条及果实上的追肥方法，是一种临时性的辅助追肥措施。叶面喷肥，简单易行，用肥量小，发挥作用快，可及时满足植物的需要，同时也能避免某些肥料元素在土壤中固定作用。尤其是缺水季节、缺水地区和不便施肥的地方，都可采用此法。叶面喷肥主要是通过叶片上的气孔和角质层进入叶片，而后运送到植株体内和各个器官。一般幼叶比老叶吸收快;叶背比叶面吸收快。喷时一定要把叶背喷匀,叶片吸收的强度和速率与溶液浓度、气温、湿度、风速等有关。一般根外追肥最适温度为 18~25 ℃,湿度较大些效果好,因而最好的时间应选择无风天气的上午 10 时以前和下午 4 时以后。

5. 施肥深度和范围

施肥主要是为了满足植物根系对生长发育所需各种营养元素的吸收和利用。只有把肥料施在距根系集中分布层稍深、稍远的部位,才利于根系向更深、更广的方向扩展,以便形成强大的根系,扩大吸收面积,提高吸收能力,因此从某种角度来看,施肥深度和范围对施肥效果来说显得很重要。

施肥深度和范围,要根据植物种类、年龄、土质、肥料性质等而定。木本花卉、小灌木如茉莉、米兰、连翘、丁香、黄栌等和高大的乔木相比,施肥相对要浅,范围要小。幼树根系浅,分布范围小,一般施肥较中、壮龄树浅、范围小。沙地、坡地和多雨地区,养分易流失,宜在植物需要时深施基肥。

氮肥在土壤中的移动性较强,浅施也可渗透到根系分布层,从而被树木所吸收;钾肥的移动性较差,磷肥的移动性更差,因此应深施到根系分布最多处。由于磷在土壤中易被固定,为了充分发挥肥效,施过磷酸钙和骨粉时,应与厩肥、圈肥、人粪尿等混合均匀,堆积腐熟后作为基肥施用,效果更好。

6. 施肥量

施肥量受植物的种类、土壤的状况、肥料的种类及各物候期需肥状况等多方面影响。施肥量根据不同的植物种类及大小确定,喜肥的多施,如梓树、梧桐、牡丹等;耐瘠薄的可少施,如刺槐、悬铃木、山杏等。开花结果多的大树较开花结果少的小树多施,一般胸径 8~10 cm 的树木,每株施堆肥 25~50 kg 或浓粪尿 12~25 kg,10 cm 以上的树木,每株施浓粪尿 25~50 kg。花灌木可酌情减少。草本花卉的施肥参见表 4-3。

表 4-3 花卉施肥量(kg/667 m²)

	花卉类别	N	P_2O_5	K_2O
一般标准	一二年生草花宿根与球根类	6.27~15.07 10.0~15.07	5.00~15.07 6.87~15.07	5.00~11.27 12.53~20.00
基肥	一二年生草花宿根与球根类	2.64~2.80 4.84~5.13	2.67~3.33 5.34~6.67	3 6
追肥	一二年生草花宿根与球根类	1.98~2.10 1.10~1.17	1.60~2.00 0.85~1.07	1.67 1.00

（三）除草松土

除草松土是植物养护管理中一项十分繁重的工作。除草可以减少水分、养分的消耗，尤其是能增加主景区的美化效果。松土可以切断土壤表层的毛细管，减少土壤水分的蒸发；在盐碱地上，还可防止土壤返碱；疏松土壤，改善土壤通气状况，促进土壤微生物的活动，有利于难溶养分的分解，提高植物对土壤有效养分的利用率。

除草松土一般同时进行。在植物的生长期内，一般要做到见草就除，除草即松土。

除草松土的次数要根据气候、植物种类、土壤等而定。如乔木、大灌木可两年一次，草本植物则一年多次。具体的除草松土时间可安排在天气晴朗或雨后、土壤不过干和不过湿时，以获得最大的除草保墒效果。

除草松土时应避免碰伤植物的树皮、顶梢等。生长在地表的浅根可适当削断。松土的深度和范围应视植物种类及植物当时根系的生长状况而定，一般树木松土范围在树冠投影半径的1/2以外至树冠投影外1 m以内的环状范围内，深度6~10 cm，对于灌木、草本植物，深度可在5 cm左右。

（四）整形修剪

植物是园林绿地的构成要素之一，其姿态直接影响着绿化美化的效果，因此整形修剪是保证园林植物健壮生长，充分发挥其各种功能和作用的一项重要养护管理措施。具体内容详见本章第三节所述。

（五）防寒越冬

主要针对露地栽植的园林植物而言。

1. 冻害

由于低温的危害，致使植物落叶、枯梢甚至死亡的现象称为冻害。常出现在秋末冬初和早春。

（1）产生冻害的原因

使植物发生冻害的原因很复杂，下面从内因、外因两方面来作介绍。①从内因上说，与植物种类、年龄、生长势、当年枝条的成熟度与是否休眠等有密切关系。不同植物，其生物学特性和生态习性不同，所能忍耐的最低温度及低温持续的时间就不一样。如原产于热带、亚热带地区的植物和大陆东岸冷凉型气候的植物比，其抗寒力稍差。枝条愈成熟，即木质化程度愈高，含水量愈少，其抗寒能力愈强。处于休眠状态的植物，其抗寒力随着休眠的加深而增强，因此解除休眠的早晚，决定着植物是否易受早春低温的威胁。②从外因上说，与天气、地势、土壤、坡向等因素分不开。常年同期气温下不受冻害的植物，若遇秋季持续高温，雨水充沛，使之不能及时转入抗寒锻炼而受冻；早春植物发芽，体内的抗寒锻炼（植物抗寒性的获得是在秋天和初冬期间逐渐发展起来的，这个过程称作"抗寒锻炼"）解除，复杂的有机物分解成简单的物质，致使抗寒力降低。地势、坡向不同，植物的抗寒力不同。如江浙一带种在山南面的柑橘，由于日夜温差变化较大，在同样的条件下比山北面的受冻重。土层深厚的地方，植物的根扎得深，吸收的水分和养分比较多，长得健壮，受冻相对较轻。

因此，当冻害发生时，要多方面进行分析，找出主要原因来解决防寒问题。

（2）冻害的表现

包括三方面。①地上部分的冻害。花芽尤其是顶花芽在早春回暖期易受冻内部变褐色而失去萌发力。幼树枝条在秋冬因贪青徒长不充实受冻；多年生枝条常表现树皮局部受冻变色下陷而干枯死亡，若形成层未受冻，还可能会逐渐恢复。枝杈部位由于输导组织不发达，抗寒能力差，易引起冻害，致使树皮变色，坏死凹陷，有的顺着主干下裂而成为劈枝。主干受冻主要是由气温的骤降，使皮层、木质部的张力不均而形成的纵裂，树皮成块状脱离木质部。②根颈冻害。根颈停止生长进入休眠最晚，而解除休眠最早，极易受初冬和早春低温的危害而受冻。受冻后，此处的树皮局部或成环状变色甚至干枯。③根系冻害。根系无明显的休眠期，其耐寒力较差，尤其是靠近地表的根系。根系是否受冻，通过地上部分枝芽的萌动与生长情况可以看出。

2. 干梢

有的地方称为抽条、烧条等。幼龄树木因越冬性不强而发生枝条脱水、皱缩、干枯的现象，称之干梢。其主要原因是冬季的生理干旱造成的。即冬季低温持续时间长，到早春又干旱多风、气温迅速回升，树木的地上部分大量蒸腾失水，苗根不能从土壤中及时吸收水分从而发生枯死或干梢。

3. 常用的防寒措施

有以下几种：①覆盖法。在霜冻到来前，覆盖干草、落叶、草席、牛粪等，直至翌年春晚霜过后去除。常用于一些二年生花卉、宿根花卉，一些可露地越冬的球根花卉和木本植物幼苗。②灌水法。北方一些地区，在土壤冻结前，利用水热容量大的特点进行冬灌来提高地面的温度，保护植物不受冻害。③培土法。结合灌冻水，在植物根颈处培土堆或壅埋、开沟覆土压埋植物的茎部来进行防寒，待春季萌芽前扒开培土即可。一些花灌木、宿根花卉、藤本植物等多用此法。④涂白或喷白。用石灰加石硫合剂对树干涂白，不但减少树干的水分蒸腾，还可防止因昼夜温差大引起对植物的危害，并兼有防治病虫害的作用。对一些苗干怕日灼和不能埋土防寒的落叶乔木适用此法。⑤包扎法。对一些大型的观赏植物，在气温很低的时候或地方，用稻草绳密密地缠绕树干来防寒，晚霜过后及时拆除。⑥设风障。对一些耐寒能力较强，但怕寒风的观赏植物，在来风的方向用高粱秆、玉米秆等材料捆编成的篱设风障防寒。

（六）越夏管理

在夏季高温酷暑的地方，对要求夏季干燥、凉爽的地中海气候型的植物来说，要保护其安全越夏，可采取叶面喷水、地面灌水、架设遮阳网、修剪枝叶、喷蒸腾抑制剂等措施。

二、园林植物养护管理工作月历

工作月历是当地园林部门制定的每月对园林植物怎样进行养护管理的主要内容，具有指导性意义。

由于全国各地气候差异很大，园林植物养护管理的内容也不尽相同。现针对园林树木介绍北京、哈尔滨、南京、广州四城市的树木养护管理工作月历。如表4-4、表4-5。

表4-4　北京、哈尔滨园林树木养护管理工作月历

月份	北　京	哈尔滨
1月 （小寒~大寒）	平均气温-4.7℃，平均降雨量2.6 mm。 进行冬剪，将病虫枝、伤残枝、干枯枝等枝条剪除。对于有伤流和易枯梢的树种，推迟到萌芽前进行。 检查防寒设施，发现破损应立即补修。 在树木根部堆集不含杂质的雪。 利用冬闲时节进行积肥。 防治病虫害，在树根下挖越冬的虫蛹、虫茧剪除树上虫包并集中销毁处理	平均气温-19.7℃，平均降水量4.3 mm。 露地树木休眠。 积肥和贮备草炭等。 对园林树木进行防寒设施的检查。 组织冬训，提高职工的技术管理水平

续表

月份	北京	哈尔滨
2月 (立春~雨水)	平均气温-1.9℃，平均降雨量7.7 mm。 继续进行冬剪，月底结束。 检查防寒设施的情况。 堆雪，利于防寒、防旱。 积肥与沤制堆肥。 防治病虫害。 进行春季绿化的准备工作	平均气温-15.4℃，平均降水量3.9 mm。 进行松类冻坨移植。 利用冬剪进行树冠的更新。 继续进行积肥
3月 (惊蛰~春分)	平均气温4.8℃，平均降雨量9.1 mm， 树木结束休眠，开始萌芽展叶。 春季植树，应做到随挖、随运、随栽、随养护。 春灌以补充土壤水分，缓和春旱。 开始进行追肥。 根据树木的耐寒能力分批拆除防寒设施。 防治病虫害	平均气温-5.1℃，平均降水量12.5 mm。 做好春季植树的准备工作。 继续进行树木的冬剪。 继续积肥
4月 (清明~谷雨)	平均气温13.7℃，平均降雨量22.4 mm。 继续进行植树，在树木萌芽前完成种植任务。 继续进行春灌、施肥。 剪除冬春枯梢，开始修剪绿篱。 看管维护开花的花灌木。 防治病虫害	平均气温6.1℃，平均降水量25.3 mm。 树木萌芽，连翘类开花。 土壤解冻到40 cm~50 cm时，进行春季植树，并做到"挖、运、栽、浇、管"五及时。 撤防寒设施。 进行春灌和施肥。 对新植树木立支撑柱
5月 (立夏~小满)	平均气温20.1℃，平均降雨量36.1 mm。 树木旺盛生长需大量灌水。 结合灌水施速效肥或进行叶面喷肥。 除草松土。 剪残花，除萌蘖和抹芽。 防治病虫害	平均气温14.3℃，平均降水量33.8 mm。 对新植或冬剪的树木进行及时的抹芽和除萌蘖。 继续灌溉与追肥。 中耕除草。 防治病虫害
6月 (芒种~夏至)	平均气温24.8℃，平均降雨量70.4 mm。 继续进行灌水和施肥，保证其充足供应。 雨季即将来临，剪除与架空线有矛盾的枝条，特别是行道树。 中耕除草。 防治病虫害。 做好雨季排水工作	平均气温20℃，平均降水量77.7 mm。 进行树木夏季的常规修剪。 继续灌溉与追肥。 继续松土除草。 防治病虫害

续表

月份	北 京	哈尔滨
7月 (小暑~大暑)	平均气温26.1℃，平均降雨量196.6 mm。 雨季来临，排水防涝。 增施磷、钾肥，保证树木安全越夏。 中耕除草。 移植常绿树种，最好入伏后降过一场透雨后进行。 抽稀树冠达到防风目的。 防治病虫害。 及时扶正被风吹倒、吹斜的树木	平均气温22.7℃，平均降水量176.5 mm，雨季来临，气温最高。 对某些树木进行造型。 继续中耕除草。 防治病虫害，尤其是杨树的腐烂病。 调查春植树木的成活率
8月 (立秋~处暑)	平均气温24.8℃，平均降雨量243.5 mm。 防涝，巡视，抢险。 继续移植常绿树种。 继续进行中耕除草。 防治病虫害。 行道树的养护和花木的修剪及绿篱等整形植物的造型	平均气温21.4℃，平均降水量107 mm。 加强排水，防止洪涝。 继续对树木进行修剪，同时修剪绿篱。 调查春植树木的保存率。 加强对树木的后期管理，及时中耕除草，保证其正常生长。 防治病虫害
9月 (白露~秋分)	平均气温19.9℃，平均降雨量63.9 mm。 迎国庆，全面整理绿地园容，修剪树枝。 对生长较弱、枝梢木质化程度不高的树木追施磷、钾肥。 中耕除草。 防治病虫害	平均气温14.3℃，平均降水量27.7 mm。 迎国庆，全面整理绿地园容，并对行道树进行涂白。 修剪树木，去掉枯死枝、病虫枝，挖除枯死树木。 中耕除草继续进行。 做好秋季植树的工作。 防治病虫害
10月 (寒露~霜降)	平均气温12.8℃，平均降雨量21.1 mm；随气温下降，树木相继开始休眠。 准备秋季植树。 收集枯枝落叶进行积肥。 本月下旬开始灌冻水。 防治病虫害	平均气温5.9℃，平均降水量26.6 mm。 本月中下旬开始秋季植树。 土壤封冻前灌冻水。 收集枯枝落叶、杂草，进行积肥，沤肥堆肥。 做好树木的防寒工作
11月 (立冬~小雪)	平均气温3.8℃，平均降雨量7.9 mm。 土壤冻结前栽种耐寒树种、完成灌水任务、深翻施基肥。 对不耐寒的树种进行防寒，时间不宜太早	平均气温-5.8℃，平均降水量16.8 mm。 土壤封冻前结束树木的栽植工作。 继续灌冻水。 对树木采取防寒措施。 做好冻坨移植的准备工作，在土壤封冻前挖好坑继续积肥

256

续表

月份	北 京	哈尔滨
12月 (大雪~冬至)	平均气温2.8℃，平均降雨量1.6 mm。 加强防寒工作。 开始进行树木的冬剪。 防治病虫害，消灭越冬虫卵。 继续积肥	平均气温-15.5℃，平均降水量5.7 mm。 冻坨移植树木。 砍伐枯死树木。 继续进行积肥

表4-5　南京、广州园林树木养护管理工作月历

月份	南 京	广 州
1月	平均气温1.9℃，平均降雨量31.8 mm。 冬植抗寒性强的树木，如遇冰冻天气立即停止，对樟树、石楠等喜温树种可先打穴。 冬季整形修剪，剪除病虫枝、伤残枝等，挖掘枯死树。 大量积肥和沤制堆肥。 深施基肥，冬耕。 做好防寒工作，遇有大雪，对常绿树、古树名木、竹类要组织打雪。 防治越冬虫害。 检查防寒措施的完好程度	平均气温13.3℃，平均降雨量36.9 mm。 打穴，整理地形，为下月进行种植做准备。 对树木进行常规修剪。 进行积肥堆肥，深施基肥。 对耐寒性较差的树种采取适当的防寒措施。 清除杂草和枯萎的乔灌木。 防治病虫害，消灭越冬虫卵
2月	平均气温3.8℃，平均降雨量53 mm。 继续进行一般树木的栽植，本月上旬开始竹类的移植。 继续做好积肥工作。 继续冬施基肥和冬耕，并对春花植物施花前肥。 继续防寒工作和防治越冬害虫	平均气温14.6℃，平均降雨量80.7 mm。 个别树木开始萌芽抽叶。开始绿化种植、补植等。 撤防寒设施。 继续进行积肥堆肥。 继续进行树木的修剪。 对抽梢的树木施追肥、施花前肥并及时松土
3月	平均气温8.3℃，平均降雨量73.6 mm。 做好植树工作，及时完成并保证成活率。 对原有的树木进行浇水和施肥。 清除树下杂物、废土等。 撤防寒设施	平均气温18.0℃，平均降雨量80.7 mm。 绝大多数树木抽梢长叶。绿化种植的主要季节，并进行补植、移植；对新植树木立支撑柱。 开始对树木进行造型或继续整形，对树冠过密的树木疏枝。 继续施追肥、除草松土。 防治病虫害

续表

月份	南 京	广 州
4月	平均气温 14.7 ℃，平均降雨量 98.3 mm。 本月上旬完成落叶树的栽植工作，对樟树、石楠等喜温树种此时栽适宜。 对新植树木立支撑柱。 对各类树木进行灌溉抗旱并除草、松土。 修剪绿篱，做好剥芽和除萌蘗工作。 防治病虫害，对易感染病害的雪松、月季、海棠等每10天喷一次波尔多液。	平均气温 22.1 ℃，平均降雨量 175.0 mm。 继续进行绿化种植、补植、改植等。 修剪绿篱、疏除过密枝、剪去枯死枝和残花。 继续对新植的树木立支柱、淋水养护。 除草松土、施肥。 防治病虫害
5月	平均气温 20 ℃，平均降雨量 97.3 mm。 对春季开花的灌木进行花后修剪，并追施氮肥和进行中耕除草。 新植树木夯实、填土，剥芽去蘗。 继续灌水抗旱。 及时采收成熟的种子。 防治病虫害	平均气温 25.6 ℃，平均降雨量 293.8 mm。 继续看管新植的树木。 修剪绿篱及花后树木。 继续绿化施工种植。 加强除草松土、施肥工作。 防治病虫害
6月	平均气温 24.5 ℃，平均降雨量 145.2 mm。 加强行道树的修剪，解决树木与架空线路及建筑物间的矛盾。 做好防暴风暴雨的工作，及时处理危险树木。 做好抗旱、排涝工作，确保树木花草的成活率和保存率。 抓紧晴天进行中耕除草和大量追肥，保证树木迅速生长。 及时对花灌木进行花后修剪。 防治病虫害	平均气温 27.4 ℃，平均降雨量 287.8 mm。 继续绿化种植。 对新植的树木加强水分管理。 对过密树冠进行疏枝，对花后树木进行修剪以及植物的整形。 继续进行除草松土、施肥工作。 防治病虫害
7月	平均气温 28.1 ℃，平均降雨量 181.7 mm。 本月暴风雨多，暴风雨过后及时处理倒伏树木，凹穴填土夯实，排除积水。 继续行道树的修剪、剥芽。 新栽树木的抗旱、果树施肥及除草松土。 防治病虫害	平均气温 28.4 ℃，平均降雨量 212.7 mm。 继续绿化种植，移植或绿化改造。 处理被台风吹倒的树木，修剪易被风折的枝条加强绿篱等的整形修剪。 中耕除草、松土，尤其加强花后树木的施肥。 防治病虫害

续表

月份	南　京	广　州
9月	平均气温22.9℃，平均降雨量101.3 mm。 准备迎国庆，加强中耕除草、松土与施肥。 继续抓好防台风、防暴雨工作，及时扶正吹斜的树木。 对绿篱的整形修剪月底完成。 防治病虫害，特别是蛀干害虫	平均气温27.0℃，平均降雨量189.3 mm。 进行带土球树木的种植。 处理被台风影响的树木。 继续除草松土、施肥和积肥。 对绿篱等进行整形和树形维护。 防治病虫害
10月	平均气温16.9℃，平均降雨量44 mm。 全面检查新植树木，确定全年植树成活率。 出圃常绿树木，供绿化栽植。 采收树木种子。 防治病虫害	平均气温23.7℃，平均降雨量69.2 mm。 继续带土球树木的种植。 加强树木的灌水。 清理部分一年生花卉，并进行松土除草。 防治病虫害
11月	平均气温10.7℃，平均降雨量53.1 mm。 大多数常绿树的栽植。 进行树木的冬剪。 冬季施肥，深翻土壤，改良土壤结构。 对不耐寒的树木等进行防寒。 大量收集枯枝落叶堆集沤制积肥。 防治病虫害，消灭越冬虫卵等	平均气温19.4℃，平均降雨量37.0 mm。 带土球或容器苗的绿化施工。 检查当年绿化种植的成活率。 加强灌水，减轻旱情。 深翻土壤，施基肥。 开始进行冬季修剪。 防治病虫害
12月	平均气温4.6℃，平均降雨量30.2 mm。 除雨、雪、冰冻天气外，大部分落叶树可进行移植。 继续堆肥、积肥。 深翻土壤，施足基肥。 继续进行树木的冬剪。 继续做防寒工作。 防治病虫害	平均气温15.2℃，平均降雨量24.7 mm。 加强淋水，改善树木生长环境的缺水状况。 继续深施基肥。 继续进行冬剪。 防治病虫害，杀灭越冬害虫。 对不耐寒的树木进行防寒

三、树木树体的保护与修补

（一）保护与修补的意义

　　树木的树干和骨干枝上，往往因病虫害、冻害、日灼及机械损伤等原因造成伤口。这些伤口，如果不及时治疗、修补，经过长期雨水侵蚀和病菌滋生，容易使内部腐烂形成树洞。另外，园林中的树木，生长之处车辆或人流较多，树体会经常受到人为的破坏，如树盘内的土壤被长期践踏变得坚实，在树干上刻字留念或拉枝折枝等。若大面积的树皮损伤没有得到及时地处理，也很可能导致病虫害的发生。所有这些，对树木的生长都有很大影响。因此，对树体进行保护和修补是非常重要的养护措施。

（二）保护与修补的方法

1. 枝干伤口的治疗

对于枝干上因病害、虫害、冻害、日灼或修剪等原因造成的伤口，首先应当用锋利的刀刮净削平四周，使皮层边缘成弧形，然后用药剂（2%～5%硫酸铜溶液，0.1%的升汞溶液，石硫合剂原液）消毒。

修剪造成的伤口，应将剪口削平然后涂以保护剂。

由于风使树木枝干折裂，应立即用绳索捆绑加固，然后涂保护剂。也有用两个半弧形的铁圈加固，树皮用棕麻绕垫，用螺栓连接的。还有用螺栓旋入树干，起到连接和加紧的作用。

由于雷击使枝干受伤，应将烧伤部位锯除并涂保护剂。保护剂配方参见第三节整形修剪。

2. 树洞的修补

因各种原因造成的树干上伤口长久不愈合，长期外露的木质部受雨水侵蚀逐渐腐烂，形成树洞。修补树洞的方法有3种。①开放法。树洞不深或树洞过大都可以采用此法。具体做法是：将洞内腐烂木质部彻底清除，刮去洞口边缘的死组织，直至露出新的组织为止，用药剂消毒并涂防护剂。同时，改变洞形，以利排水。也可以在树洞最下端插入排水管。防护剂每半年左右重涂一次。②封闭法。树洞消毒处理后，在洞口表面钉上板条，用安装玻璃用的油灰封闭，再涂以白灰乳胶，用颜料粉面以增加美观。或在上面压上树皮花纹，或钉上一层真树皮。③填充法。树洞大，边材受损时，可采用实心填充。即在树洞内立一木桩或水泥柱作支撑物，其周围固定填充物，填充物从底部开始，每20～25 cm为一层，用油毡隔开，略向外倾斜，以利于排水。填充物与洞壁之间距离为5 cm为宜。树洞灌入聚氨酯，使填充物与洞壁连成一体，再用聚硫密封剂封闭，最后粘贴树皮。填充物最好是水泥和小石砾的混合物。如无水泥，也可就地取材。

3. 表皮损伤的治疗

先对树皮上的伤疤进行清洗，并用30倍的硫酸铜溶液进行喷涂2次（间隔30 min），晾干后用聚硫密封剂封闭伤口。在损伤处粘贴原树皮。

4. 顶枝

大树或古树如有树干倾斜、大枝下垂时，需要设支柱撑好。支柱可采用金属、木桩、钢筋混凝土材料，应有坚固的基础，上端与树干连接处应有适当形状的拖杆，并加软垫，以免损伤树皮。设支柱时一定要考虑到协调，要与周围环境相适应。

5. 涂白

树干涂白，可防治病虫害和延迟树木萌芽，避免日灼伤害。

涂白剂的成分各地不一，一般常用的配方是：水10份，生石灰3份，石硫合剂原液0.5份，食盐0.5份，油脂少许。配制时要先化开生石灰，把油脂倒入后充分搅拌，再加水拌成石灰乳，最后放入石硫合剂及盐水。

四、古树名木的养护管理

（一）古树名木的作用

所谓的古树名木，一般认为：年龄在百年以上，或具有特别的纪念意义，或是稀有的特有的珍贵植株等。实际上，名木或古树并没有一个绝对的标准。在我国，各地有许多的古树或名木，如山东省黄县的周代的银杏为2 500多年，陕西省黄陵县的轩辕侧柏的树龄为2 700多年，台湾阿里山的巨大桧柏也有2 700多年，而山东省莒县浮来山的银杏据称有3 200多年。至于名木，更是遍及神州，一般为名人所植。例如深圳市仙湖植物园中邓小平同志亲手栽植的高山榕，广东省高州市江泽民同志亲手栽植的荔枝树等。所有古树或名木，在园林中往往是独成一景，甚至是全园的主景，也具有很高的观赏价值和纪念意义，称得上是园林行业的宝贵财富。因此，对古树名木实行科学的管理是园林工作者义不容辞的责任。

（二）古树名木养护管理方法

1. 尽可能地保持原有的生长环境

如果植物在原有的环境条件下生存了几百年甚至几千年，说明它对当前的环境是十分适应的，因而不能随便改变。如需要在其周围进行其他的建设时，应首先考虑是否会对植物的生长环境造成影响。如果对植物的生长有较大的损害，就应该采取保护措施甚至退让。否则，就会较大地改变植物的环境，从而使植物的生长受到伤害，形成千古之恨。

2. 改善土壤结构，增强通气保水能力

古树名木的种植时间较长，若是处于城市公园中，则有可能由于人来人往使树茎周围的土壤异常板结，部分根系暴露，严重影响植物的生长，因此应尽快采取措施，在树冠投影外 1 m 以内至投影半径 1/2 以外的范围内进行环状深翻松土。暴露的根系要用土壤重新覆盖，并注意松土过程中不能损伤根系。另外，对重点保护的植株，最好能在树木的周围加设护栏，防止游人践踏。

3. 加强肥水管理

植株长期生长在同一地方，若不补给营养，必然会影响植物的持续生长或复壮，因此应结合上述松土的同时进行施肥。肥料的种类以长效肥为主。夏季速生期增施速效肥。施肥后要加强淋水，提高肥效。

4. 加强病虫害防治

随着树龄的增加，树木长势衰弱，经常遇到病虫的危害，因此一经发现，应尽快组织防治。

5. 及时补洞治伤

由于古树长势较差，又受人为的损害、病菌的侵袭，使部分的枝干腐烂蛀空，形成大小不一的树洞。为防止蔓延、提高观赏价值、尽量恢复长势，有必要进行补洞治伤。

6. 防止自然灾害

古树的树体较高大，树冠的生长不均衡，树干常被蛀空，易发生雷击、风折、风倒，所以要采取安装避雷针、立支架支撑和截去枯枝等防护措施。

7. 树体喷水

由于城市空气的浮尘污染，古树树体截留灰尘极多，影响观赏和进行光合作用，因此要用喷水的方法进行清洗。

8. 立档建卡和明确责任

在详细调查的基础上，建立古树的档案、统一编号和挂牌，记录其生长、养护管理的情况，定时检查，利于加强管理和总结经验。

另外，也可以在树木的周围种植可与之嫁接的同种或同属植物的苗木。待长到一定的高度后，将苗木与树木进行桥接，利用幼树的根系给老树供给养分。此法不失为一种较科学的复壮方法。

（三）古树名木养护管理实例

深圳市在古树名木的养护方面有较好的经验。他们把市内的所有的古树

名木的管养均定为一级管养,目的是要使保护的对象都能生长优良,枝叶繁茂。其主要内容如下。

1. 保护原有环境

不得随意改变树木的周围环境条件。在古树名木树冠边缘以外地面 3～5 m 范围内,不能兴建永久性建筑及倾倒有害于树木生长的污水污物或堆放物料、挖坑取土。对新近列入重点保护的古树,一般情况下都有根系裸露的情况,所以要先进行地表的清理及土壤的补充。填土前,要先将树下的杂物、石块进行清理干净,再将古树基部腐朽和被伤害的部位进行挖除、消毒,然后将树冠范围内的地面板结的土壤进行疏松,填入疏松肥沃的土壤或森林表土。填土的高度以不见裸露根系为原则。严禁在树干上乱刻、乱划、钉钉、缠绕绳索、铁线和用树木作施工的支撑物。

2. 设立围栏

在古树名木周围建立围栏。为防止腐烂,围栏一般不用竹木材料,而采用砖石水泥围砌或用钢筋栏。面积尽量不少于树冠的投影面积,以使树冠的滴水线在围栏之内,以有效地避免人为对古树的伤害。

3. 加强水肥的管理

根据不同的生长季节、天气和不同的植物种类,在树干的周围开沟进行灌溉,然后用土覆盖沟面。干旱季节要对古树进行叶面喷雾,水中可加入少量的叶面速效肥料和微量元素。古树名木的施肥要适时适量。肥料以迟效的有机肥为主。施肥要深埋施,方法是:在树冠投影外 1 m 以内至投影半径 1/2 以外的圆环范围内地面挖深沟,再行施肥。施肥后要回土、踏实、淋足水、找平,切忌肥料裸露。

4. 定时修剪

对严重衰老的古树的树冠部分进行重度裁剪,剪掉衰老和干枯的枝条,以缩短树体内营养的运输线,提高体液的循环速度,促发健壮的枝梢。对有病的腐木、过度衰老的枝条以及病虫害枝进行适当的修剪,以达到通风透光、改良生长发育条件的目的。

5. 病虫害防治

随时做好病虫害的防治工作,以防为主,精心管养,使植物增强抗病虫能力,而且要经常检查,早发现早处理。采取综合防治、化学防治、物理人工防治和生物防治等方法防止病虫害的蔓延。发生病虫危害,最严重的单株受害率应在3%以下。

6. 做好防台风的工作

对生长不均衡树木主干或延伸较长的枝丫设立支柱，以防风折，增强抵御台风的能力。

7. 及时修复创伤

古树名木受到雷电风雨、人畜危害而受到创伤，会造成劈裂、折断、腐枝、疮痂、溃疡、孔洞、剥皮、干枯等创伤。对于创伤要及时要加以清除、剪除或挖除腐垢杂物后，进行消毒和防腐处理。

8. 建卡立档

统一设立古树名木标志，标明树名、学名、科属、树龄、地点。更为重要的是，权属和管理养护责任单位要明确。要求各单位对所有的古树名木进行严格的养护管理的基础上，细致观察并记录树木生长情况和管理措施，为以后管养积累经验。

第二节　保护地栽培园林植物的养护管理

保护地栽培园林植物的养护管理内容与露地栽培园林植物的养护管理相似，也包括施肥、浇水、松土除草和整形修剪等内容。下面就其养护管理的特殊性加以介绍。

一、土壤管理

无论是地栽还是盆栽，由于保护地生产的特殊性，最好使用培养土。若是保护地规模大，配制土壤有一定难度时，也应在园土的基础上，尽量按照培养土的要求进行改良。

（一）培养土的配制

各类花卉适宜的培养土多种多样，不同生长期的同一种花卉，对培养土要求也各不相同。

定植用培养土要比繁殖用或幼苗期用培养土的腐殖质成分偏低一成。

配制比例一般用4~5份提供营养和有机质的成分，3~4份园土和1~2份沙、煤渣或蛭石等。

有的还依据需要添加硫酸亚铁以调节pH值或加入一些消毒剂，或排水通气的成分。

在保护地面积大时，地栽花卉常用掺入部分沙或大量基肥的方法来改善土壤肥力和结构。

（二）酸碱度调节

当培养土或当地园土 pH 值达不到花卉的生长要求时，常用人工的方法来调节。改善 pH 值的方法如下。

1. 降低培养土 pH 值的方法

（1）施用硫酸亚铁

盆栽花卉用矾肥水的方法来解决 pH 值偏高的问题。具体做法是：黑矾（硫酸亚铁）2.5～3 kg，油粕或豆饼 5～6 kg，粪肥 10～15 kg，水 200～250 kg，在缸或池内混合后暴晒 20 多天，待腐熟为黑色液体后，可稀释后浇花。每天取上清液一半稀释浇用。一般的酸性花卉生长季每月浇 4～5 次，休眠期停止使用。不同 pH 值要求的花卉可适当增减。

直接用硫酸亚铁水浇花，浓度依植物种类而变化，一般用农用硫酸亚铁 1∶100～200 水溶液浇灌。

另外，酸性化肥或一部分无毒害的酸性盐也可用于调节 pH 值，如硫酸铵、硫酸钾铝等。

（2）施用硫黄

此法很适于地栽，特点是降低 pH 值较慢，但效果持续时间长。一般提前半年施硫黄粉 450 kg/hm^2，pH 值可从 8.0 降至 6.5 左右。盆栽培养土使用前半年，掺入硫黄粉 0.1%，栽培过程中适量浇 1∶50 硫酸钾铝，并适量补充磷肥。

（3）大量施用腐肥

施用腐肥要长期多施，因其调节 pH 值的幅度小。

2. 升高 pH 值的方法

施用石灰和石膏较多，也可用一些无毒的碱性盐类，如硝酸钙。

二、施肥

（一）施肥方式

1. 基肥

栽植前直接施入土壤中的肥料称基肥。也可结合培养土的配制或晚秋、早春上盆、换盆时施用。基肥以有机肥为主，且常与长效化肥结合使用。

2. 追肥

依据花卉生长发育进程而施用，以速效肥为主。生长期以氮肥为主，与磷、钾肥结合施用；花芽分化期和开花期适量施磷、钾肥。

追肥次数因种而异，在温暖的生长时期次数多些，保护地较冷时适当减少次数或停施。每次追肥后要立即浇水，并喷洒叶面，以防肥料污染叶面。

（二）施肥方法

1. 混施

把土壤与肥料混匀作培养土，是保护地内施基肥的主要方法。地栽与盆栽时，均可用此法。

2. 撒施

把肥料撒于土面，浇水，使肥料渗入土壤。是追肥或施肥面积大时常用的方法。

3. 穴施

以木本植物或植株较大的草花为主。方法是：在植株周围挖3~4个穴施入肥料，再埋土浇水。

4. 条施

在地栽花卉垄间挖条状浅沟，施入肥料。

5. 液施

把肥料配成一定浓度的液肥，浇在栽培土壤中。化肥以浓度0.1%为宜，每周施用1次，最大浓度不超过1%。有机肥按规定稀释倍数，每周1次。盆花养护时，多用此法。

6. 叶面喷施

把施用肥料配成0.1%~1%的溶液，喷洒在植株叶部，通过叶面吸收来达到施肥目的。

三、浇水

（一）浇水的原则

1. 根据盆栽花卉的特性

盆栽花卉的浇水量有其特殊性，据花农多年的栽培经验总结如下。

（1）灌饱浇透

从土表到盆底一致湿润，忌拦腰水（上湿下干）；忌窝底水（盆底积水）；忌抽空盆心（土壤随水自盆孔流出而掏空盆心）。常在上盆、换盆后进行浇水。

（2）间湿间干

盆土干透至灰墒浇透水，做到干透湿透。

（3）适时找水

保护地温度高时，酌情适量补浇。

（4）放水

在生长发育旺盛期，为发枝或促进生长，结合追肥，加大浇水量，保持表土不见白茬，叶不见萎蔫。

（5）勒水

在休眠期或保护地温度较低时，或蹲苗防止徒长促进花芽分化时，适当控制浇水量，保持潮润，并结合松土保墒。

（6）扣水

上盆、换盆植株，因根系损伤，宜用潮润的培养土（合墒），在 4~48 h 内不浇水，以加快根系恢复、防止烂根、黄化脱水和植株萎蔫。

（7）旱涝处理

过度干旱，叶片萎蔫，不可立即浇大水，宜放置庇荫处，稍浇水并向叶面喷水，待茎叶挺立，再浇透水。

2. 根据保护地的温度

一般来说，温度高时，浇水量和次数较多；温度较低需保温时，应适当控制浇水量。

3. 根据花卉生长发育情况

叶片萎蔫常是缺水；花卉徒长则是水大；叶黄而薄多是缺水。植株烂根多为多水造成，必须控水，尤其对球根和块根、肉浆类花卉。

（二）浇水方法

1. 手工灌水

用橡皮管或无喷头水壶浇水于土壤或盆内。常在栽植后进行。人工喷淋植株，能使叶色新鲜，冲去灰尘，降低气温，增加湿度，还可直接补充土壤水分，一般在保护地气温较高时进行。

2. 喷灌系统

以电动压力泵作动力，用固定在保护梁架上的管道送水，以定距安装喷头，向下或向上喷淋。可定时或定量喷水，既适于盆栽又适于地栽。

3. 滴灌

以电动压力泵和管道输送水，滴水管道穿插花卉行间，通过滴孔不断少量供水。此法适于大规模地栽生产，具有节水省工之效果，但是不适于盆栽。

4. 浸盆

（1）人工浸盆

把盆放入浅水池或浅水缸内，通过盆孔让水渗入。浸水深度 8~10 cm 或为盆高的 1/3~2/3，不可过深，以浸透为度。

（2）浸水槽法

浸水槽内放入盆花，盆底和盆间填充石砾或煤渣。槽底设有可关闭的排水口，水深 8~10 cm 时停止放水，到浸透为止。

第三节　修剪与整形

本节主要讲述园林植物枝芽生长特性与修剪整形的关系，及常用的修剪方法，重点介绍各类园林植物修剪整形技艺。

一、修剪整形的目的和作用

修剪整形是园林植物栽培中的重要养护管理措施。修剪是指对植株的某些器官，如芽、干、枝、叶、花、果、根等进行剪截、疏除或其他处理的操作。整形是指为提高园林植物观赏价值，按其习性或人为意愿而修整成为各种优美的形状与树姿的措施。

修剪是手段，整形是目的，两者紧密相关，统一于一定的栽培管理的要求下。在土、肥、水管理的基础上进行的科学修剪整形，是提高园林绿化水平的一项重要技术环节。

1. 修剪整形的目的

（1）提高园林植物移栽的成活率

苗木起运时，不可避免地会伤害根部。苗木移栽后，根部难以及时供给地上部分充足的水分和养料，造成树体的吸收与蒸腾比例失调，虽然顶芽或一部分侧芽仍可萌发，但仍有可能树叶凋萎甚至造成整株死亡。通常情况下，在起苗之前或起苗后，适当剪去劈裂根、病虫根、过长根，疏去病弱枝、徒长枝、过密枝，有些还需适当摘除部分叶片（大树移植时，高温季

节甚至截去若干主、侧枝），以确保栽植后顺利成活。

（2）控制园林植物生长势

园林绿地中种植的花木，其生存空间有限，只能在建筑物旁、假山、漏窗及池畔生长，为与环境相协调，必须控制植株的高度和体量。屋顶和平台种植的树木，由于土层浅，空间小，更应使植株长期控制在一定的体量范围内，不能越长越大。宾馆、饭店的室内花园中，栽培的热带观赏植物，应压低树高缩小冠幅。这些都要通过修剪整形来实现。

（3）促使园林植物多开花结实

通过修剪调节树体内的营养，使其合理分配，防止徒长，养分集中供给顶芽、叶芽，促进花芽分化形成更多花枝、果枝，提高花、果数量和质量，使观花植物能生产更多的鲜、切花，使芳香花卉生产更多的香料，使观果植物结出更多的果实，创造花繁似锦、香飘四溢、果实累累、美不胜收的醉人画面。

此外，一些花灌木还可通过修剪达到控制花期或延长花期的目的。

（4）保证园林植物健康生长

修剪整形可使树冠内各层枝叶获得充分的阳光和新鲜的空气。否则，树木枝条年年增多，叶片拥挤，相互遮挡阳光，尤其树冠内膛光照不足，通风不良。通过适当疏枝，一是增强树体通风透光能力，二是提高了园林植物的抗逆能力和减少了病虫害的发生概率。冬季集中修剪时，同时剪去病虫枝、干枯枝，并集中起来堆积焚烧，既能保持绿地清洁，又能防止病虫蔓延，促使园林植物更加健康地生长。树木衰老时，进行重剪，剪去树冠上绝大部分侧枝，或把主枝也分次锯掉，能刺激树干皮层内的隐芽萌发，便于选留粗壮的新枝代替老枝，达到恢复树势、更新复壮的目的。

（5）创造各种艺术造型

通过修剪整形，还可以把树冠培育成符合特定要求的形态，使之成为一定冠形、姿态的观赏树形，如各种动物、建筑、主体几何形的类型。通过修剪整形也可使观赏树木像树桩盆景一样造型多姿、形体多娇，具有"虽由人作，宛自天开"的意境。虽然花灌木没有明显的主干，也可以通过修剪协调形体的大小，创造各种艺术造型。在自然式的庭园中讲究树木的自然姿态，崇尚自然的意境，常用修剪的方法来保持"古干虬曲，苍劲如画"的天然效果。在规则式的庭园中，常将一些树木修剪成尖塔形、圆球形、几何形以便和园林形式协调一致。

(6) 创造最佳环境美化效果

人们常将观赏树木的个体或群体互相搭配造景，配植在一定的园林空间中或者和建筑、山水、桥等园林小品相配，创造相得益彰的艺术效果。为了达到以上目的，一定要控制好树的形体大小比例。例如，在假山或狭小的庭园中配置树木，可用修剪整形的办法来控制其形体大小，以达到小中见大的效果。树木相互搭配时，可用修剪的手法来创造有主有从、高低错落的景观。优美的庭园花木，多年以后就会长得拥挤，有的会阻碍小径影响散步行走或失去其美丽的观赏价值，因此必须经常修剪整形，保持其美观与实用。

2. 修剪整形的作用

(1) 修剪整形对树木生长发育的双重作用

修剪整形的对象，主要是各种枝条，但其影响范围并不限于被修剪整形的枝条本身，还对树木的整体生长有一定的作用。从整株园林植物来看，既有促进也有抑制。

局部促进作用表现在：一个枝条被剪去一部分，减少了枝芽数量，使养料集中供给留下的枝芽生长，被剪枝条的生长势增强。同时，修剪改善了树冠的光照和通风条件，提高了叶片的光合效能，使局部枝芽的营养水平有所提高，从而加强了局部的生长势。促进作用的强弱，依树龄、树势、修剪程度及剪口芽的质量有关。树龄越小，修剪的局部促进作用越大。同样树势，重剪较轻剪促进作用明显。一般剪口下第一芽生长最旺，第二和第三个芽的生长势则依次递减。而疏剪只对其剪口下方的枝条有增强生长势的作用，对剪口以上的枝条则产生削弱生长势的作用。剪口下留强芽，可抽长粗壮的长枝。剪口留弱芽，其抽枝也较弱。休眠芽经过刺激也可以发枝，衰老树的重剪同样可以实现更新复壮。

整体抑制作用表现在：由于修剪后减少了部分枝条，树冠相对缩小，叶量及叶面积减小，光合作用产物减少，同时修剪留下的伤口愈合也要消耗一定的营养物质，所以修剪使树体总的营养水平下降，园林植物总生长量减少。这种抑制作用的大小与修剪轻重及树龄有关。树龄小，树势较弱，修剪过重，则抑制作用大。另外，修剪对根系生长也有抑制作用，这是由于整个树体营养水平的降低，对根部供给的养分也相应减少，发根量减少，根系生长势削弱。

修剪时应全面考虑其对园林植物的双重作用，是以促为主还是以抑为主，应根据具体的植株情况而定。

(2) 修剪整形对开花结果的影响

合理的修剪整形，能调节营养生长与生殖生长的平衡关系。修剪后枝芽数量减少，树体营养集中供给留下的枝条，使新梢生长充实，并萌发较多的侧枝开花结果。修剪的轻重程度对花芽分化影响很大。连年重剪，花芽量减少；连年轻剪，花芽量增加。不同生长强度的枝条，应采用不同程度的修剪。一般来说，树冠内膛的弱枝，因光照不足，枝内营养水平差，应行重剪，以促进营养生长转旺；而树冠外围生长旺盛，对于营养水平较高的中、长枝，应轻剪，以促发大量的中、短枝开花。此外，不同的花灌木枝条的萌芽力和成枝力不同，修剪的强弱也应不同。一般枝芽生长点较多的花灌木，比生长点少的植物生长势缓和，花芽分化容易，因此生产上通常对栀子花、六月雪、月季、棣棠等萌芽力和成枝力强的花卉实行重剪，以促发更多的花枝，增加开花部位。对一些萌芽力或成枝力较弱的植物，不能轻易修剪。

（3）修剪整形对树体内营养物质含量的影响

修剪整形后，枝条生长强度改变，是树体内营养物质含量变化的一种形态表现。短截后的枝条及其抽生的新梢，含氮量和含水量增加，碳水化合物含量相对减少。为了减少修剪整形造成的养分损失，应尽量在树体内含养分最少的时期进行修剪。一般冬季修剪应在秋季落叶后，养分回流到根部和枝干上贮藏时和春季萌芽前树液尚未流动时进行为宜。生长季修剪，如抹芽、除萌、曲枝等应越早越好。

修剪后，树体内的激素分布、活性也有所改变。激素产生于植物顶端幼嫩组织中，由上向下运输，短剪除去了枝条的顶端，排除了激素对侧芽（枝）的抑制作用，提高了下部芽的萌芽力和成枝力。据报道，激素向下运输，在光照条件下比黑暗时活跃。修剪改变了树冠的透光性，促进了激素的极性运转能力，一定程度上改变了激素的分布，活性增强。

二、园林植物枝芽生长特性与修剪整形的关系

1. 芽的生长特性与修剪整形

（1）芽的类型

根据芽着生的位置，可将其分为顶芽、侧芽和不定芽。顶芽着生在枝条顶端，在当年停止生长时形成，第二年萌发；侧芽着生在叶腋内，当年形成，第二年不一定都萌发；不定芽的芽原基长在根颈或树干上，只有在树干受伤时（如截干、风折），芽原基薄壁细胞才会继续分裂长出不定芽，并抽梢生长。

根据芽的性质，可将其分为叶芽和花芽两种。叶芽内具有雏梢和叶原基，萌发后形成新梢。花芽又分为纯花芽和混合芽。纯花芽内只含花的雏

形，萌发后只开花不生枝叶；混合芽内有雏梢、叶原基和花的雏形，萌发后既长花序又长枝叶，如葡萄、柑橘、海棠、丁香等。花芽一般肥大而饱满，与叶芽较易区别。

根据芽的萌发情况，又可将其分为活动芽和休眠芽两种。活动芽于形成的当年或第二年即可萌发，如顶芽、部分侧芽、腋芽。花芽与混合芽一定是活动芽。休眠芽一般不萌发，又称隐芽、潜伏芽，寿命较长。休眠芽在没有受到刺激时，可能一生都处于休眠状态。不定芽和休眠芽常用来更新复壮老树或老枝。如小叶榕、桃花、梅花的休眠芽可存活一定的年份，稍遇刺激或修剪、损伤等即可萌发，抽出粗壮直立的枝条。休眠芽长期休眠，发育上比一般芽年轻，用其萌发出的强壮旺盛的枝代替老树，便可达到更新复壮的目的。侧芽可以用来控制或促进枝条的长势。

(2) 芽的异质性

在芽的发育过程中，由于营养物质和激素的分配差异以及外界环境条件的不同，同一枝条上不同部位的芽存在着形态和质量的差异，称为芽的异质性。

一般枝条基部或近基部的芽较瘦小，不健壮，主要是因为早春抽梢时，气温较低，光照较弱，当时叶面积小，叶绿素含量低，光合强度和效率不高，碳素营养积累少。随着气温的升高，叶面积很快扩大，同化作用加强，树体营养水平提高，枝条中部及以上的芽，发育充实，形态饱满。同样，秋、冬梢形成的芽一般也较为瘦小。短枝由于生长停止早，腋芽多不发育。因此，顶芽最充实。

芽的异质性导致同一年中形成的甚至同一枝条上的芽质量各不相同。芽的质量直接关系到其是否萌发和萌发后新梢生长的强弱。长枝基部的芽常不萌发，成为休眠芽潜伏；中部的芽萌发抽枝，长势最强；先端部分的芽萌发抽枝长势最弱，常成为短枝或弱枝。修剪整形时，正是利用芽的这一特性来调节枝条生长势，平衡植物生长和促进花芽形成与萌发的。如为使骨干枝的延长枝发出强壮的枝条，常在新梢的中上部饱满芽处进行剪截。对于生长过强的个别枝条，为抑制其过于旺盛的生长，可选择在弱芽处短截，抽出弱枝以缓和其长势。为平衡树势，扶持弱枝，常利用饱满芽当头，抽生壮枝，使枝条由弱转强。总之，在修剪中要合理利用芽的异质性，不断提高修剪技艺，才能有效地调节园林植物生长势并创造出理想的造型。

(3) 萌芽力与成枝力

一年生枝条上的芽的萌发能力，称为萌芽力。芽萌发的多则萌芽力强，反之则弱。萌芽力用萌芽率表示，即枝条上萌发的芽数占该枝上总芽数的百分比。

一年生枝条上芽萌发抽梢长成长枝的能力，称为成枝力。一般而言，枝上的芽抽生成的长枝的数量越多，则说明该枝上的芽成枝力越强。生产上可以用抽生长枝的具体数来表示。

萌芽力与成枝力的强弱，因树种、树龄、树势而不同。萌芽力与成枝力都强的园林植物有葡萄、紫薇、桃、月季、六月雪、小叶榕、福建茶、黄杨等。有些植物的萌芽力和成枝力都弱，如梧桐、翻白叶、松树、桂花等。梨的萌芽力强而成枝力弱，层性明显。另外，长势好、年龄较小的植物，其萌芽力和成枝力都较同种但年龄较大的强。

一般萌芽力和成枝力都强的园林植物，枝条多，树冠容易形成，易修剪，耐修剪，在灌木类修剪后易形成花芽开花，但树冠内膛过密影响通风透光，修剪时宜多疏轻截。对萌芽力与成枝力弱的树种，树冠多稀疏，应注意少疏，适当短截，促其发枝。

2. 枝条的生长特性与修剪整形

（1）枝条的类型

园林植物的枝条，按其性质可分为营养枝和开花结果枝两大类。但营养枝与开花结果枝之间是可以相互转化的，它们随着体内的营养水平和生长环境的变化而改变。

营养枝 在枝条上只着生叶芽，萌发后只抽生枝叶的为营养枝。营养枝又可根据其生长发育的不同程度，分为发育枝、徒长枝、细弱枝和叶丛枝。①发育枝。枝条上的芽比较饱满，生长健壮，萌发后常可形成骨干枝，扩大树冠。发育枝还可培养成开花结果枝。②徒长枝。一般是由于植物的生长环境及该休眠芽的激素水平造成的，与正常的枝条相比，徒长枝生长特别旺盛，节间长，芽较小，叶大而薄，组织比较疏松，木质化程度较低。由于徒长枝在生长过程中常常夺取其他枝条的养分和水分，消耗营养物质较多，影响其他枝条的生长，故一般发现后应立即剪去。只有在需利用它来进行更新复壮，或填补树冠空缺时才加以保留和进一步培养利用。③细弱枝。多生长在树冠内膛阳光不足的部位，与正常枝条相比，枝细小而短，叶片小又薄，最终自然枯死。一般内膛若不空虚，多作适当疏剪。④叶丛枝。年生长量很小，顶芽为叶芽，无明显腋芽，节间极短，故称叶丛枝。如银杏、雪松，在营养条件好时，可转化为结果枝。

开花结果枝 枝条上着生花芽或花芽与叶芽混生，在抽生的当年或第二年开花结果的枝条。依开花结果枝的长度可分为长、中、短花（果）枝。桃、李、樱花等，还有极短的花束状花枝。

另外，根据枝条的年龄，又可分为嫩梢、新梢、一年生枝、二年生枝等。萌发后抽生的枝条尚未木质化的称为嫩梢；已木质化的在落叶以前称为新梢；落叶后则称一年生枝；随着年龄的增长，一年生枝转变为二年生枝或多年生枝。形态学上常借助枝条基部的芽鳞痕等来识别枝龄和树龄。

按枝条抽生的季节，也可以将枝条分为春梢、夏梢、秋梢和冬梢。在春季萌发成枝的枝条称为春梢；夏季在春梢的基础上再次抽出的新梢称为夏梢；在热带及南亚热带地区，由于秋冬的天气依然适合部分植物的生长，故仍会在夏梢的基础上的抽出秋梢；部分植物甚至还会抽生冬梢，如大叶竹柏、柑橘等。不同季节其抽出的新梢生长发育状况不同，梢与梢明显分段，常有盲节，容易识别。通常情况下，在我国较冷的地区，秋冬梢由于来不及充分木质化而易受冻害。

在修剪整形中，还常根据枝条的级别不同，将枝条分为主枝、侧枝和若干级侧枝，这对于培育树形和维持冠形比较重要。另外，根据枝条之间的相互关系，而习惯称呼的重叠枝、平行枝、并生枝、轮生枝、交叉枝等，在修剪时都要有选择地进行疏、截。

（2）植物的分枝方式

自然生长的树木，有多种多样的树冠形式，这是由于各树种的分枝方式不同而形成的。植物的分枝方式按其习性可分为以下3种。

单轴分枝　亦称总状分枝。这类植物顶芽健壮饱满，生长势极强，每年持续向上生长，形成高大通直的树干，侧芽萌形成侧枝；侧枝上的顶芽和侧芽又以同样的方式进行分枝，形成次级侧枝。这种分枝方式以裸子植物为最多，如雪松、水杉、桧柏等。阔叶树中也有属于这种分枝方式的，在幼年期表现突出，在成年树上表现不太明显，如银杏、杨树、大叶竹柏、栎树等。

单轴分枝形成的树冠大多为塔形、圆锥形、椭圆形等，其树冠不宜抱紧，也不宜松散，易形成多数竞争枝，降低观赏价值，修剪时要控制侧枝促进主枝。

合轴分枝　此类树木顶芽发育到一定时期死亡或生长缓慢或分化成花芽，由位于顶芽下方的侧芽萌发成强壮的延长枝，连接在主轴上继续向上生长，以后此侧枝的顶芽又自剪，由它下方的侧芽代之，逐渐形成了弯曲的主轴。合轴分枝易形成开张式的树冠，通风透光性好，花芽、腋芽发育良好，以被子植物为最多，如碧桃、杏、李、苹果、月季、榆、核桃等。

合轴分枝树木放任自然生长时，往往在顶梢上部有几个势力相近的侧枝同时生长，形成多叉树干，不美观。可采用摘除顶端优势的方法或将一年生的顶枝短截；剪口留壮芽，同时疏去剪口下 3~4 个侧枝。而花果类树干，应扩大树冠，增加花果枝数目，促使树冠内外开花结果。幼树时，应培养中心主枝，合理选择和安排各侧枝，达到骨干枝明显，花果满膛的目的。

假二叉分枝 是合轴分枝的另一种形式，在一部分叶序对生的植物中存在。这类植物的顶芽停止生长或形成花芽后，顶芽下方的一对侧芽同时萌发，形成外形相同、优势均衡的两个侧枝，向相对方向生长，以后如此继续分枝。因其外形与低等植物的二叉分枝相似，故称为假二叉分枝。此类分枝方式形成的树冠为开张式，如丁香、石竹、梓、泡桐等。可用剥除枝顶对生芽中的一个芽，留一个壮芽来培养干高。植物的分枝方式见图 4-4。

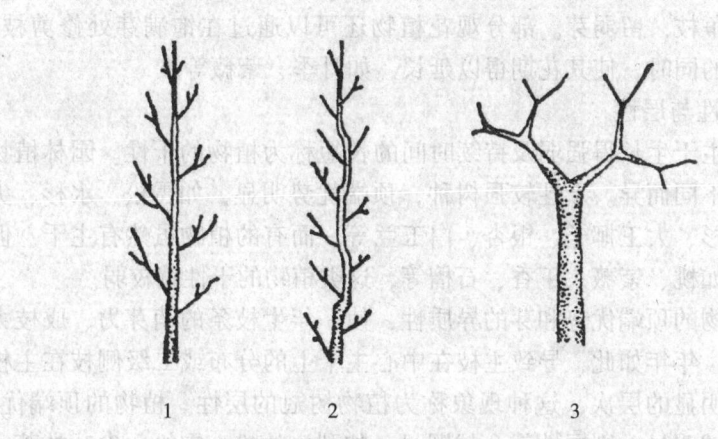

图 4-4　树木的分枝方式

植物的分枝方式不是固定不变的，它会随着生长环境和年龄的变化而改变。植物的分枝方式将决定是采取自然式或人工整形式的修剪方式，以便能提高植物整形的效率和起到促花保果的作用。

（3）顶端优势

同一枝条上顶芽或位置高的芽抽生的枝条生长势最强，向下生长势递减的现象称为顶端优势，它是枝条极性生长和体内激素分配的结果。顶端优势的强度与枝条的分枝角度有关。枝条越直立，顶端优势表现越强；枝条越下垂，顶端优势越弱。

针叶树顶端优势较强，可对中心主枝附近的竞争枝进行短截，削弱其生长势，从而保证中心主枝顶端优势地位。若采用剪除中心主枝的办法，使主枝顶端优势转移到侧枝上去，便可创造各种矮化树形或球形树。

阔叶树的顶端优势较弱，因此常形成圆球形的树冠。为此可采取短截、疏枝、回缩等方法，调整主侧枝的关系，以达到促进树高生长、扩大树冠、促发中庸枝、培养主体结构良好树形的目的。

幼树的顶端优势比老树、弱树明显，所以幼树应轻剪，促使树木快速成型；而老树、弱树则宜重剪，以促进萌发新枝，增强树势。

枝条着生位置愈高，顶端优势愈强，修剪时愈要注意将中心主枝附近的侧枝短截、疏剪，来缓和侧枝长势，保证主枝优势地位。内向枝、直立枝的优势强于外向枝、水平枝和下垂枝，所以修剪中常将内向枝、直立枝剪到瘦芽处，对其他枝通常改造为侧枝、长枝或辅养枝。

剪口芽如果是壮芽，优势强；是弱芽，则优势较弱。扩大树冠，留壮芽；控制竞争枝，留弱芽。部分观花植物还可以通过在饱满芽处修剪枝梢，在促发新梢的同时，使其花期得以延长，如月季、紫薇等。

（4）干性与层性

植物的主干生长得强弱及持续时间的长短称为植物的干性。园林植物的干性因树种不同而异。干性较强树种，顶端优势明显，如雪松、水杉、尖叶杜英、南洋杉、大王椰子、银杏、白玉兰等。而有的植物虽然有主干，但是较为短小，如桃、紫薇、丁香、石榴等，这类植物的干性就较弱。

由于植物的顶端优势和芽的异质性，使一年生枝条的萌芽力、成枝力自上而下减小，年年如此，导致主枝在中心主干上的分布或二级侧枝在主枝上的分布形成明显的层次，这种现象称为植物树冠的层性。植物的顶端优势、芽的异质性越明显，则层性就会越明显，如梨、油松、雪松、尖叶杜英、南洋杉、竹柏等。反之，顶端优势越弱，成枝力越强，芽的异质性越不明显，则植物的层性越不明显。

修剪整形时，干性和层性都好的植物树形高大，适合整形成有中心主干的分层树形。而干性弱的植物，树形一般较矮小，树冠披散，多适合整形成自然形或开心形的树形。

另外，观花类植物的修剪还应了解其开花习性。因种类不同，花芽分化的时期和部位也不相同，修剪时应注意避免剪去花枝或花芽，影响开花。一般多在花芽分化前对一年生枝进行重短截和花后轻短截，以促进更多的花芽形成。

总之，掌握植物的枝芽生长特性是进行园林植物修剪整形的重要依据。修剪方式、方法、强弱都因树种而异，应顺其自然，做到"因树整形，因势修剪"。进行植物的人工造型时，虽然是依据修剪者的意愿将树冠整成特定的形式，但都是依据该植物的萌芽力、成枝力、耐修剪的能力而定的。

三、修剪的基本方法

1. 园林植物常见的修剪整形形式

常见的修剪整形形式可分为两类，即自然式修剪与整形式修剪。

（1）自然式修剪整形

各个植物因分枝方式、生长发育状况不同，形成了各式各样的树冠形式。在保持原有的自然冠形的基础上适当修剪，称为自然式修剪整形。自然式修剪整形能充分体现园林的自然美。在自然树形优美，树种的萌芽力、成枝力弱，或因造景需要等都应采取自然式修剪整形。自然式修剪整形的主要任务是幼龄期培育恰当的主干高及合理配置主、侧枝，以保证迅速成形；以后做到"形而不乱"，只是对枯枝、病弱枝及少量扰乱树形的枝条作适当处理。常见的自然式修剪整形有以下几种。①尖塔形。单轴分枝的植物形成的冠形之一，顶端优势强，有明显的中心主干，如雪松、南洋杉、大叶竹柏和落羽杉等。见图4-5。②圆柱形。也是单轴分枝的植物形成的冠形之一，

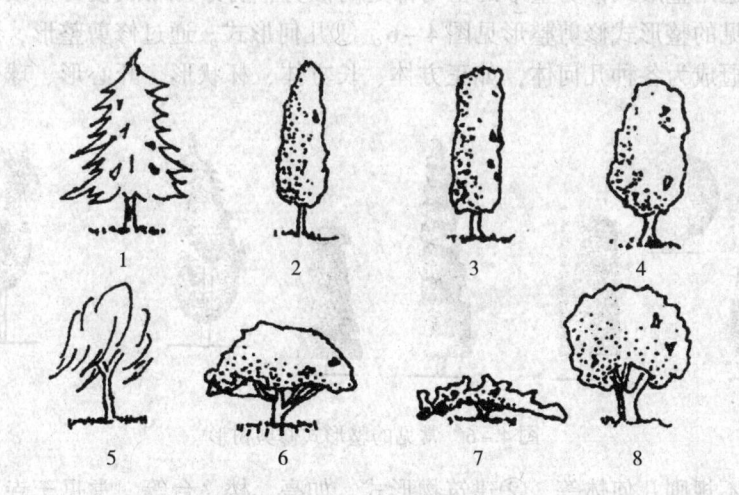

图4-5 常见园林植物自然式修剪树形
1. 尖塔形；2. 圆锥形；3. 圆柱形；4. 椭圆形；
5. 垂枝形；6. 伞形；7. 匍匐形；8. 圆球形

中心主干明显，主枝长度上下相差较小，形成上下几乎同粗的树冠。如龙柏、钻天杨等。③圆锥形。介于尖塔形和圆柱形之间的一种树形，由单轴分枝形成的冠形，如桧柏、银桦、美洲白蜡等。④椭圆形。合轴分枝的植物形成的树冠之一，主干和顶端优势明显，但基部枝条生长较慢，大多数阔叶树属此冠形，如加杨、扁桃、大叶相思和乐昌含笑等。⑤圆球形。合轴分枝形成的冠形。如樱花、元宝枫、馒头柳、蝴蝶果等。⑥伞形。一般也是合轴分枝形成的冠形，如合欢、鸡爪槭。只有主干、没有分枝的大王椰子、假槟榔、国王椰、棕榈等也属于这种树形。⑦垂枝形。有一段明显的主干，但所有的枝条却似长丝垂悬，如垂柳、龙爪槐、垂枝榆、垂枝桃等。⑧拱枝形。主干不明显，长枝弯曲成拱形，如迎春、金钟、连翘等。⑨丛生形。主干不明显，多个主枝从基部萌蘖而成，如贴梗海棠、玫瑰、山麻秆等。⑩匍匐形。枝条匍地生长，如偃松、偃柏等。

(2) 整形式修剪整形

根据园林观赏的需要，将植物树冠强制修剪成各种特定形式，称为整形式修剪整形（或规则式修剪整形）。由于修剪不是按树冠的生长规律进行，植物经过一定时期自然生长后会破坏造型，需要经常不断地整形修剪。一般来说，适用整形式修剪整形的植物都是耐修剪、萌芽力和成枝力都很强的种类。常见的整形式修剪整形见图 4-6。①几何形式。通过修剪整形，最终植物的树冠成为各种几何体，如正方体、长方体、杯状形、开心形、球体、半

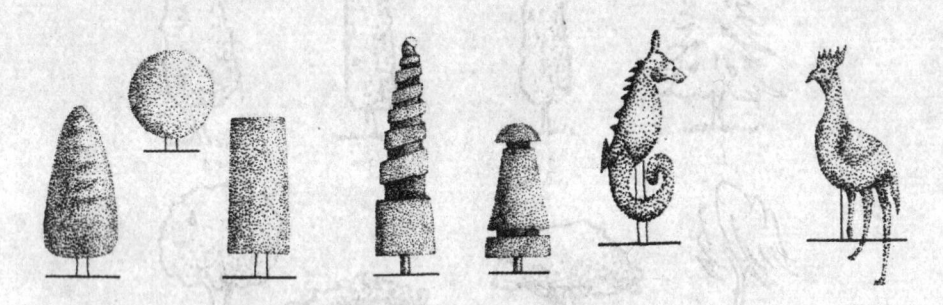

图 4-6 常见的整形式修剪树形

球体或不规则几何体等。②建筑物形式。如亭、楼、台等，常见于寺庙、陵园及名胜古迹处。③动物形式。如鸡、马、鹿、兔、大熊猫等，惟妙惟肖，栩栩如生。④古树盆景式。运用树桩盆景的造型技艺，将植物的冠形修剪成单干式、多干式、丛生式、悬崖式、攀缘式等各种形式，如小叶榕、勒杜鹃等植物可进行这种形式的修剪。

2. 园林植物修剪整形的依据

园林植物的修剪整形，既要考虑观赏的需要，又应根据植物本身的生长习性；既要考虑当前效应，又要顾及长远意义。园林植物种类很多，各自的生长习性不同，冠形各异，具体到每一株植物应采取什么样的树形和修剪方式，应依据以下因素综合考虑。

（1）植物的生长习性

在选择修剪整形方式时，首先应考虑植物的分枝习性、萌芽力和成枝力的大小、修剪伤口的愈合能力等因素。以单轴分枝方式为主的针叶树，采取自然式修剪整形，目的是促使顶芽逐年向上生长，修剪时适当控制上端竞争枝。以合轴分枝、假二叉分枝为主的植物，则既可以进行整形式修剪，也可以进行自然式修剪。一般来讲，乔木树种大多数用自然式修剪，草本与灌木两者皆可。

萌芽力、成枝力及伤口的愈合能力强的树种，称为耐修剪植物，反之称为不耐修剪植物。九里香、福建茶、黄杨、悬铃木、海桐、黄叶榕等这类耐修剪的植物，其修剪的方式完全可以根据组景的需要及与其他植物的搭配而定。例如黄杨，既可以成行种植，修剪整形成绿篱，也可以修剪成球形；罗汉松可以修剪整形为各种动物形状或树桩盆景式。玉兰、桂花等不耐修剪的植物，应以维持其自然冠形为宜，只能轻剪、少剪，仅剪除过密枝、病虫枝及干枯枝。

（2）树龄树势

不同年龄的植物应采用不同的修剪方法。幼龄期植物应围绕如何扩大树冠及形成良好的冠形而进行适当的修剪。盛花期的壮年植物，要通过修剪来调节营养生长与生殖生长的关系，防止不必要的营养消耗，促使分化更多的花芽。观叶类植物，在壮年期的修剪只是保持其丰满圆润的冠形，不能发生偏冠或出现空缺现象。生长逐渐衰弱的老年植物，应通过回缩、重剪刺激休眠芽的萌发，发出壮枝代替衰老的大枝，以达到更新复壮的目的。

同样，不同生长势的植物，采用的修剪方法也不同。生长势旺盛的植物，宜轻剪，以防重剪而破坏树木的平衡，影响开花；生长势弱的植物常表现为营养枝生长量减少，短花枝或刺状枝增多，应进行重短剪，剪口下留饱满芽，以促弱为强，恢复树势。

（3）园林功能

园林中种植的众多植物都有其自身的功能和栽植目的，整形修剪时采用的冠形和方法因树而异。以观花为主的植物，如梅、桃、樱花、紫薇、夹竹桃、大红花等，应以自然式或圆球形为主，使上下花团锦簇、花香满树。绿篱类则采取规则式的修剪整形，以展示植物群体组成的几何图形美。庭荫树以自然式树形为宜，树干粗壮挺拔，枝叶浓密，发挥其游憩休闲的功能。

在游人众多的主景区或规则式园林中，修剪整形应当精细，并进行各种艺术造型，使园林景观多姿多彩，新颖别致，生机盎然，发挥出最大的观赏功能以吸引游人。在游人较少的地方，或在以古朴自然为主格调的游园和风景区中，应当采用粗剪的方式，保持植物的粗犷、自然的树形，身临其境，有回归自然的感觉，可使游人尽情领略自然风光。

(4) 周围环境

园林植物的修剪整形，还应考虑植物与周围环境的协调、和谐，要与附近的其他园林植物、建筑物的高低、外形、格调相一致，组成一个相互衬托、和谐完整的整体。例如，在门厅两侧可用规则的圆球式或悬垂式树形；在高楼前宜选用自然式的冠形，以丰富建筑物的立面构图；在有线路从上方通过的道路两侧，行道树应采用杯状式的冠形；在空旷、风大地方，应适当控制树木的高生长，降低分枝点高度，并抽稀树冠，增加风的穿透力，以防风折、风倒。

另外，在不同的气候带，也应采用不同的修剪方法。南方地区雨水多，空气特别潮湿，易引起病虫害，因此除应加大株行距外，还应进行重剪，增强树冠的通风和光照条件，保持植物健壮生长。如果在干燥的北方地区，降雨量少，易引起干梢或焦叶，修剪不宜过重，应尽量保持较多的枝叶，使其相互遮阳，以减少水分蒸腾，保持植物体内较高的含水量。在东北等冬季长期积雪的地区，对枝干较易折断的植物应进行重剪，尽量缩小树冠的体积，以防大枝被重厚的积雪压断。

3. 修剪整形的时期

园林植物修剪整形工作，贯穿于年生长周期和生命周期。显然，对其修剪整形的时期，生产实践中应灵活掌握，但最佳时期的确定应至少满足两个条件。一是不影响园林植物的正常生长，减少营养徒耗，避免伤口感染。如抹芽、除蘖宜早不宜迟；核桃、葡萄等应在春季伤流期前修剪完毕等。二是不影响开花结果，不破坏原有冠形，不降低其观赏价值。如观花观果类植物，应在花芽分化前和花期后修剪；观枝类植物，为延长其观赏期，应在早春芽萌动前修剪等。总之，修剪整形一般都在植物的休眠期或缓慢生长期进行，以冬季和夏季修剪整形为主。

(1) 休眠期修剪（冬季修剪）

落叶树从落叶开始至春季萌发前，树木生长停滞，树体内营养物质大都回归根部贮藏，修剪后养分损失最少，且修剪的伤口不易被细菌感染腐烂，对树木生长影响较小，大部分树木及多量的修剪工作在此时间内进行。热带、亚热带地区原产的乔、灌观花植物，没有明显的休眠期，但是从11月下旬到第二年3月初的这段时间内，它们的生长速度明显缓慢，有些树木也处于半休眠状态，所以此时也是修剪的适期。

冬季修剪的具体时间应根据当地的寒冷程度和最低气温来决定，有早晚之分。如冬季严寒的地方，修剪后伤口易受冻害，因此以早春修剪为宜；对一些需保护越冬的花灌木，在秋季落叶后立即重剪，然后埋土或卷干。在温暖的南方地区，冬季修剪时期，自落叶后到翌春萌芽前都可进行，因为伤口虽不能很快愈合，但也不至于遭受冻害。有伤流现象的树种，一定要在春季伤流期前修剪。冬季修剪对树冠构成、枝梢生长、花果枝的形成等有重要作用，一般采用截、疏、放等修剪方法。

(2) 生长期修剪（夏季修剪）

在植物的生长期进行修剪。此期花木枝叶茂盛，甚至影响到树体内部通风和采光，因此需要进行夏季修剪。一般采用抹芽、除蘖、摘心、环剥、扭梢、曲枝、疏剪等修剪方法。

常绿树没有明显的休眠期，春夏季可随时修剪生长过长、过旺的枝条，使剪口下的叶芽萌发。常绿针叶树在6~7月进行短截修剪，还可获得嫩枝，以供扦插繁殖。

一年内多次抽梢开花的树木，花后及时修去花梗，使其抽发新枝，开花不断，延长观赏期，如紫薇、月季等观花植物。草本花卉为使株形饱满，抽花枝多，要反复摘心。观叶、观姿类的树木，一旦发现扰乱树形的枝条就要立即剪除。棕榈等，则应及时将破碎的枯老叶片剪去。绿篱的夏季修剪，既要使其整齐美观，同时又要兼顾截取抽穗。

4. 修剪工具

园林植物的种类不同，修剪的冠形各异，需选用相应功能的修剪工具。只有正确地使用这些工具，才能达到事半功倍之效。常用的工具有修枝剪、园艺锯、梯及劳动保护用品。

(1) 修枝剪

又称枝剪，包括各种样式的圆口弹簧剪、绿篱长刀剪、高枝剪等。传统的圆口弹簧剪由一主动剪片和一被动剪片组成。主动剪片的一侧为刀口，需要提前重点打磨。圆口弹簧剪及其使用方法（图4-7）。绿篱长刃剪适用于

园林植物栽培与养护

绿篱、球形树等规则式修剪（图4-8）。高枝剪适用于庭园孤立木、行道树等高干树的修剪。因枝条所处位置较高，用高枝剪，可免登高作业。

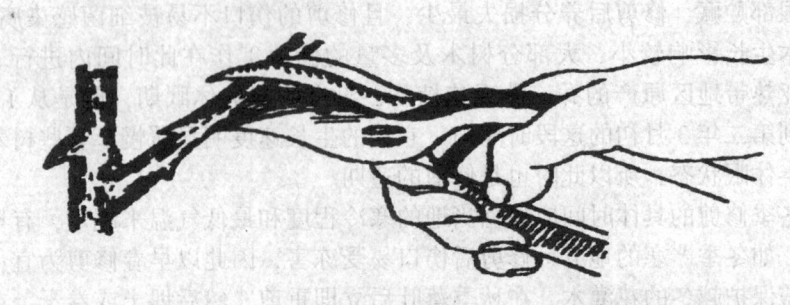

图4-7 修枝剪及其使用方法

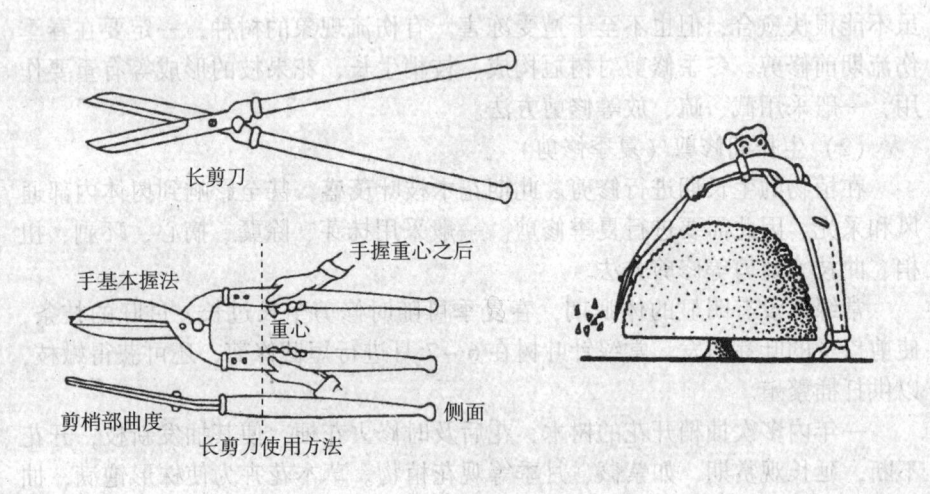

图4-8 长刃剪及其使用方法

（2）园艺锯

园艺锯的种类也很多，使用前通常需锉齿及扳芽（亦称开缝）。对于较粗大的枝干，在回缩或疏枝时常用锯操作。为防止枝条的重力作用而造成枝干劈裂，常采用分步锯除。首先从枝干基部下方向上锯入枝粗的1/3左右，再从上方一口气锯下。

（3）梯子

主要在修剪高大树体的高位干、枝时登高而用。在使用前首先要观察地面凹凸及软硬情况，放稳以保证安全（图4-9）。

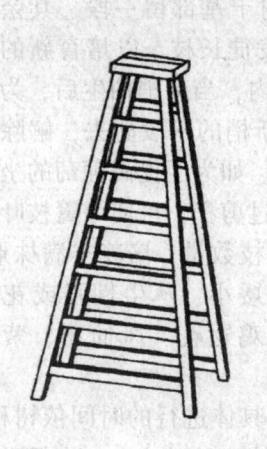

图 4-9 修剪梯子及正确使用

（4）劳动保护用品

包括安全带、安全绳、安全帽、工作服、手套、胶鞋等。

5. 修剪方法

归纳起来，修剪的基本方法有"截、疏、伤、变、放"5种，实践中应根据修剪对象的实际情况灵活运用。

（1）截

是将植物的当年生、一年生或多年生枝条的一部分剪去，以刺激剪口下的侧芽萌发，抽发新梢，增加枝条数量，多发叶多开花。它是园林植物修剪整形时最常用的方法。根据短剪的程度，可将其分为几种。①轻短剪。只剪去一年生枝的少量枝段，一般剪去枝条的 1/4~1/3。如在春秋梢的交界处（留盲节），或在秋梢上短剪。截后易形成较多的中、短枝，单枝生长较弱，能缓和树势，利于花芽分化。②中短剪。在春梢的中上部饱满芽处短剪，一般剪去枝条的 1/3~1/2。截后形成较多的中、长枝，成枝力高，生长势强，枝条加粗生长快，一般多用于各级骨干枝的延长枝上或复壮枝势。③重短剪。在春梢的中下部短剪，一般剪去枝条的 2/3~3/4。重短剪对局部的刺激大，对全树总生长量有影响，剪后萌发的侧枝少，由于植物体的营养供应较为充足，枝条的长势较旺，易形成花芽，一般多用于恢复长势和改造徒长枝、竞争枝。④极重短剪。在春梢基部仅留 1~2 个不饱满的芽，其余剪去，此后萌发出 1~2 个弱枝，一般多用于竞争枝处理或降低枝位。⑤回缩，又称缩剪，即将多年生枝的一部分剪掉。当树木或枝条生长势减弱，部分枝条开始下垂，树冠中下部出现光秃现象时，为了改善光照条件和促发粗壮旺枝，以恢复树势或枝势时常用缩剪。将衰老枝或树干基部留一段，其余剪去，使剪口下方的枝条旺盛生长或刺激休眠芽萌发徒长枝，以培育新的树冠，重新生长。⑥摘心和剪梢。在园林植物生长期内，当新梢抽生后，为了限制新梢继续生长，将生长点（顶芽）摘去或将新梢的一段剪去，解除新梢顶端优势，使其抽出侧枝以扩大树冠或增加花芽。如为了提高葡萄的坐果率，在开花前摘心，可促进二次开花；绿篱植物通过剪梢，可使绿篱枝叶密生，增加观赏效果和防护功能；草花摘心可增加分枝数量，培养丰满株形，使其多开花或花期得以延长。但有些草花，植株矮小、丛生性强或花穗长而大不宜摘心，如三色堇、矮雪轮、半支莲、鸡冠花、凤仙花、紫罗兰等。

摘心与剪梢的时间不同，产生的影响也不同。具体进行的时间依树种、目的要求而异。为了多发侧枝，扩大树冠，宜在新梢旺长时摘心；为促进观花植物多形成花芽开花，宜在新梢生长缓慢时进行；观叶植物不受限制。

摘心与剪梢通常在生长期内进行，而对一年生枝条的短剪或对多年生枝条的回缩等，修剪量较大，宜在冬季园林植物休眠期进行。

下列情况要用"截"的方法进行修剪：规则式或特定式的修剪整形，常用短剪进行造型及保持冠形；为使观花观果植物多发枝以增加花果量时；冠内枝条分布及结构不理想，要调整枝条的密度比例，改变枝条生长方向及夹角时；需重新形成树冠；老树复壮；除掉病弱枝、下垂枝等。

（2）疏

又称疏剪或疏删，即把枝条从分枝点基部全部剪去。疏剪主要是疏去膛内过密枝，减少树冠内枝条的数量，调节枝条均匀分布，为树冠创造良好的通风透光条件，减少病虫害，增加同化作用产物，使枝叶生长健壮，有利于花芽分化和开花结果。疏剪对植物总生长量有削弱作用，对局部的促进作用不如截，但如果只将植物的弱枝除掉，总的来说，对植物的长势将起到加强作用。

疏剪的对象主要是病虫枝、伤残枝、干枯枝、内膛过密枝、衰老下垂枝、重叠枝、并生枝、交叉枝及干扰树形的竞争枝、徒长枝、根蘖枝等。

疏剪强度可分为轻疏（疏枝量占全树枝条的10%或以下）、中疏（疏枝量占全树的10%~20%）、重疏（疏枝量占全树的20%以上）。疏剪强度依植物的种类、生长势和年龄而定。萌芽力和成枝都很强的植物，疏剪的强度可大些；萌芽力和成枝力较弱的植物，少疏枝，如雪松、凤凰木、白千层等应控制疏剪的强度或尽量不疏枝。幼树一般轻疏或不疏，以促进树冠迅速扩大成形；花灌木类宜轻疏以提早形成花芽开花；成年树生长与开花进入盛期，为调节营养生长与生殖生长的平衡，适当中疏；衰老期的植物，枝条有限，疏剪时要小心，只能疏去必须要疏除的枝条。

抹芽和除蘖是疏的一种形式。在树木主干、主枝基部或大枝伤口附近常会萌发出一些嫩芽而抽生新梢，妨碍树形，影响主体植物的生长。将芽及早除去，称为抹芽；或将已发育的新梢剪去，称为除蘖。抹芽与除蘖可减少树木的生长点数量，减少养分的消耗，改善光照与肥水条件。如嫁接后贴木的抹芽与除蘖对接穗的生长尤为重要。抹芽与除蘖，还可减少冬季修剪的工作量和避免伤口过多，宜在早春及时进行，越早越好。

(3) 伤

用各种方法损伤枝条，以缓和树势、削弱受伤枝条的生长势为目的。如环剥、刻伤、扭梢、折梢等。伤主要是在植物的生长季进行，对植株整体的生长影响不大。①环剥。在发育期，用刀在开花结果少的枝干或枝条基部适当部位剥去一定宽度的环状树皮，称为环剥。环剥深达木质部，剥皮宽度以1月内剥皮伤口能愈合为限，一般为枝粗的1/10左右。由于环削中断了韧皮部的输导系统，可在一段时间内阻止枝梢碳水化合物向下输送，有利于环剥上方枝条营养物质的积累和花芽的形成，同时还可以促进剥口下部发枝。但根系因营养物质减少，生长受一定影响。②刻伤。用刀在芽的上方横切并深达木质部，称为刻伤。刻伤因位置不同，所起作用不同。在春季植物未萌芽前，在芽上方刻伤，可暂时阻止部分根系贮存的养分向枝顶回流，使位于刻伤口下方的芽获得较多的营养，有利于芽的萌发和抽新枝。刻痕越宽，效果越明显。如果生长盛期在芽的下方刻伤，可阻止碳水化合物向下输送，滞留在伤口芽的附近，同样能起到环剥的效果。对一些大型的名贵花木进行刻伤，可使花、果更加硕大。③扭梢与折梢。在生长季内，将生长过旺的枝条，特别是着生在枝背上的旺枝，在中上部将其扭曲下垂，称为扭梢；或只将其折伤但不折断（只折断木质部），称为折梢。扭梢与折梢是伤骨不伤皮，其阻止了水分、养分向生长点输送，削弱枝条生长势，利于短花枝的形成。

(4) 变

改变枝条生长方向，控制枝条生长势的方法称为变。如用曲枝、拉枝、抬枝等方法，将直立或空间位置不理想的枝条，引向水平或其他方向，以加大枝条开张角度，使顶端优势转位、加强或削弱。将直立生长的背上枝向下曲成拱形时，顶端优势减弱，生长转缓。下垂枝因向地生长，顶端优势弱，生长不良，为了使枝势转旺，可抬高枝条，使枝顶向上生长。

(5) 放

又称缓放、甩放或长放，即对一年生枝条不做任何短截，任其自然生长。利用单枝生长势逐年减弱的特点，对部分长势中等的枝条长放不剪，下部易发生中、短枝，停止生长早，同化面积大，光合产物多，有利于花芽形成。幼树、旺树，常以长放缓和树势，促进提早开花、结果。长放用于中庸树、平生枝、斜生枝效果更好，但对幼树的骨干枝的延长枝或背生枝、徒长枝不能长放。弱树也不宜多用长放。

上述各种修剪方法应结合植物生长发育的情况灵活运用，再加上严格的土肥水管理，才能取得较好的效果。

(6) 花卉的其他整形修剪方法

在花卉栽培中，还有一些方法更为精细，如摘蕾、摘花、摘果、摘叶、支缚等。

摘蕾 如有些月季，主蕾旁还有小花蕾，需将其摘除，使营养集中于主蕾；再如多花型菊花需把顶蕾摘除。又如茶花常需摘去部分花蕾，使营养集中有利于剩下的花蕾的开放。

摘花与摘果 摘花，一是摘除残花，如杜鹃的残花久存不落，影响美观及嫩芽的生长，需摘除；二是不需结果时将凋谢的花及时摘去，以免其结果而消耗营养；三是残缺、僵化、有病虫损害而影响美观的花朵需摘除。摘果是摘除不需要的小果或病虫果。

摘叶 如摘除基部黄叶和已老化、徒耗养分的叶片，以及影响花芽光照的叶片和病虫叶。有的花卉经过休眠后，叶片杂乱无章，叶的大小不整齐，叶柄长短也很悬殊，需摘除不相称的叶片。

支缚 切花如大丽花、香石竹、菊花、唐菖蒲、满天星等，由于花朵太重或茎干柔软或细长质脆，易弯曲、倒伏或风折，需立支柱或支架以支撑绑缚。如每枝设立一个支柱，将枝条绑缚于支柱上；或用3~4根支柱，分插在植物周围，用棕线、尼龙绳等将每根支柱连扎成一圈，使植株居于中央；或在畦的两头安支柱，两边设纵向竹竿，用绑扎材料（如尼龙网）组成纵横网络，使植株枝条在自然生长中伸出网孔并固定，待网上枝长至25~30 cm 时，可再增加一层。

6. 修剪程序及需注意的问题

(1) 修剪程序

修剪的程序概括地说就是"一知、二看、三剪、四检查、五处理"。

①"一知"。修剪人员必须掌握操作规程、技术及其他特别要求。修剪人员只有了解操作要求,才可以避免错误。②"二看"。实施修剪前应对植物进行仔细观察,因树制宜,合理修剪。具体是要了解植物的生长习性、枝芽的发育特点、植株的生长情况、冠形特点及周围环境与园林功能,结合实际进行修剪。③"三剪"。对植物按要求或规定进行修剪。剪时由上而下,由外及里,由粗剪到细剪。④"四检查"。检查修剪是否合理,有无漏剪与错剪,以便修正或重剪。⑤"五处理"。包括对剪口的处理和对剪下的枝叶、花果进行集中处理等。

(2) 修剪需注意的问题

主要有以下一些。①剪口与剪口芽。剪口的形状可以是平剪口或斜切口,一般对植物本身影响不大,但剪口应离剪口芽顶尖 0.5~1 cm。剪口芽的方向与质量对修剪整形影响较大。若为扩张树冠,应留外芽;若为填补树冠内膛,应留内芽;若为改变枝条方向,剪口芽应朝所需空间处;若为控制枝条生长,应留弱芽,反之应留壮芽为剪口芽。②剪口的保护。若剪枝或截干造成剪口创伤面大,应用锋利的刀削平伤口,用硫酸铜溶液消毒,再涂保护剂,以防止伤口由于日晒雨淋、病菌入侵而腐烂。常用的保护剂有保护蜡和豆油铜素剂两种。保护蜡用松香、黄蜡、动物油按 5:3:1 比例熬制而成的。熬制时,先将动物油放入锅中用温火加热,再加松香和黄蜡,不断搅拌至全部溶化。由于冷却后会凝固,涂抹前需要加热。豆油铜素剂是用豆油、硫酸铜、熟石灰按 1:1:1 比例制成的。配制时,先将硫酸铜、熟石灰研成粉末,将豆油倒入锅内煮至沸腾,再将硫酸铜与熟石灰加入油中搅拌,冷却后即可使用。③注意安全。上树修剪时,所有用具、机械必须灵活、牢固,防止发生事故。修剪行道树时注意高压线路,并防止锯落的大枝砸伤行人与车辆。④修剪工具消毒与病枝处理。修剪工具应锋利,修剪时不能造成树皮撕裂、折枝断枝。修剪病枝的工具,要用硫酸铜消毒后再修剪其他枝条,以防交叉感染。修剪下的枝条应及时收集,有的可作插穗、接穗备用,病虫枝则需堆积烧毁。

四、各类园林植物修剪整形技艺

(一) 成片树林的修剪整形

成片树林的修剪整形,主要是维持树木良好的干性和冠形,解决通风透光条件,因此修剪比较粗放。对于有主干领导枝的树种要尽量保持中央领导干。出现双干时，只选留一个。如果中央领导枝已枯死，应于中央选一强的侧生嫩枝，扶直培养成新的领导枝，并适时修剪主干下部侧生枝，使枝条能均匀分布在合适的分枝点上。对于一些主干短，但树已长大，不能再培养成独干的树木，也可以把分生的主枝当主干培养，呈多干式。

对于松柏类树木的修剪整形，一般采用自然式的整形。在大面积人工林中，常进行人工打枝，即将处在树冠下方生长衰弱的侧枝剪除。但打枝多少，必须根据栽培目的及对树木生长的影响而定。有人认为甚至去掉树冠的1/3，对高生长、直径生长都影响不大。

（二）行道树和庭荫树的修剪整形

1. 行道树

行道树是城市绿化的骨架，在城市中起到沟通各类分散绿地、组织交通的作用，还能反映一个城市的风貌和特点。

行道树的生长环境复杂，常受到车辆、街道宽窄、建筑物高低、架空线、地下电缆、管道的影响。为了便于车辆通行，行道树必须有一个通直的主干，干高3~4 m为好。公园内园路两侧的行道树或林荫路上的树木主干高度以不影响游人的行走为原则，一般枝下高度在2 m左右。同一街道的行道树其干高与分枝点应基本一致，树冠端正，生长健壮。行道树的基本主干和供选择作主枝的枝条在苗圃阶段培养而成，其树形在定植以后的5~6年内形成，成形后不需大量修剪，只需要经常进行常规性修剪，即可保持理想的树形。

路面比较窄或上方有架空线的街道，应选择中干不强或不明显（无主轴）的树种作行道树，栽植点选在电线下方，定值后剪除中干（俗称"抹头"），令其主枝向侧方生长，在幼年期使其形成圆头形或扁圆形。待树木长大、枝条有接近电线的危险时，多采用杯状形整枝（所谓杯状形整枝即在分枝点上选留三个方向合适、与主干呈45°的主枝，再在各主枝上选留两个二级枝，分数年完成），并随时剪去向电线方向生长的枝条，枝条与电线应保持1 m左右，最后树形呈杯状，骨干枝从两边抱着电线生长，形成较大的对称树冠。对于斜侧树冠，遇大风有倒伏危险，应尽早重剪侧斜方向的枝条，另一方应轻剪，以使偏冠得以纠正。

对于路面比较宽、上方没有架空线的道路，行道树可选有中央领导干（有主轴）的树种，如银杏、广玉兰等。此种行道树除要求有一定分枝高度外，一般采用自然式树形。每年或隔年将病、枯枝及扰乱树形的枝条剪除。

整形后呈自然圆球形、半圆球形等。

由于行道树一般都比较高大，又地处车辆、行人较多的地方，修剪时一定要注意安全，严格遵守作业安全规章。

2. 庭荫树

庭荫树一般栽植在公园中草地中心、建筑物周围或南侧、园路两侧，具有庞大的树冠、挺秀的树形、健壮的树干，能造成浓荫如盖、凉爽宜人的环境，供游人纳凉避暑、休闲聚会之用。

庭荫树修剪整形，首先是培养一段高矮适中、挺拔粗壮的树干。树干的高度不仅取决树种的生态习性和生物学特性，主要应与周围的环境相适应。树干定植后，尽早将树干上 1.0～1.5 m 以下的枝条全部剪除，以后随着树的长大，逐年疏除树冠下部的侧枝。作为遮阳树，树干的高度相应要高些（1.8～2.0 m），为游人提供在树下自由活动的空间；栽植在山坡或花坛中央的观赏树主干可矮些（一般不超过 1.0 m）。

庭荫树一般以自然式树形为宜，于休眠期间将过密枝、伤残枝、枯死枝、病虫枝及扰乱树形的枝条疏除，也可根据置植需要进行特殊的造型和修剪。庭荫树的树冠应尽可能大些，以最大可能发挥其遮阳等保护作用，并对一些树皮较薄的树种还有防止日灼、伤害树干的作用。一般认为，以遮阳为主要目的的庭荫树的树冠占树高的比例以 2/3 以上为佳。如果树冠过小，则会影响树木的生长及健康状况。

（三）观赏灌木类（或小乔木）的修剪整形

1. 观花类

以观花为主要目的的修剪，必须考虑植物的开花习性、着花部位及花芽的性质。

（1）早春开花种类

绝大多数植物的花芽是在上一年的夏秋季进行分化的。花芽生长在二年生的枝条上，个别的在多年生枝条上。修剪时期以休眠期为主，结合夏季修剪。修剪的方法以截、疏为主，综合运用其他的修剪方法。

修剪时需注意 3 点。①要不断调整和发展原有树形。②对具有顶生花芽的种类，在休眠季修剪时，绝对不能短截着生花芽的枝条（如山茶）。对具有腋生花芽的种类，休眠季修剪时则可以短截枝条（如蜡梅、迎春）。③对具有混合芽的种类，剪口芽可以留混合芽（花芽），具有纯花芽的种类，剪口芽留叶芽。

在实际操作中，此类多数树种仅进行常规修剪，即疏去病虫枝、干枯枝、过密枝、交叉枝、徒长枝等，无须特殊造型和修剪。少数种类除常规修剪外，还需要进行造型修剪和花枝组的培养，以提高观赏效果。

对于先花后叶的种类，在春季花后修剪老枝，保持理想树形。对具有拱形枝条的种类如连翘、迎春等，采用疏剪和回缩的方法，一方面疏去过密枝、枯死枝、徒长枝、干扰枝外，另一方面要回缩老枝，促发强壮新枝，以使树冠饱满，充分发挥其树姿特点。

（2）夏秋开花的种类

此类树木的花芽在当年春天发出的新梢上形成，夏秋在当年生枝上开花，如八仙花、紫薇、木槿等。这类树木的修剪时间通常在早春树液流动前进行，一般不在秋季修剪，以免枝条受到刺激后发生新梢，遭受冻害。修剪方法因树种而异，主要采用短剪和疏剪。有的在花后还应去除残花（如珍珠梅、锦带花、紫薇、月季等），以集中营养延长花期，并且还可使一些树木二次开花。此类花木修剪时应特别注意：不要在开花前进行重短截，因为其花芽大部分着生在枝条的上部或顶端。

生产中还常将一些花灌木修剪整形成小乔木状，以提高其观赏价值。如蜡梅、扶桑、红背桂、月季、米兰、含笑等，其丛生枝条集中着生在根颈部位，在春季首先保留株丛中央的一根主枝，而将周围的枝条从基部剪掉，将以后可能萌发出的任何侧枝全部去掉，仅保留该主枝先端的4根侧枝，随后在这4根侧枝上又长出二级侧枝，这样就把一株灌木修剪成了小乔木状，花枝从侧枝上抽生而出。

另外，对萌芽力极强的种类或冬季易枯梢的种类，可在冬季自地面割去，如胡枝子、荆条、醉鱼草等，使其来春重新萌发新枝。蔷薇、迎春、丁香、榆叶梅等灌木，在定植后的头几年任其自然生长，待株丛过密时再进行疏剪与回缩，否则会因通风透光不良而不能正常开花。

2. 观果类

金银木、枸杞、铺地蜈蚣、火棘等是一类既可观花、又可观果的花灌木。它们的修剪时期和方法与早春开花的种类大体相同，但需特别注意及时疏除过密枝，确保通风透光，减少病虫害，促进果实着色，提高观赏效果。为提高其坐果率和促进果实生长发育，往往在夏季采用环剥、绞缢、疏花、疏果等修剪措施。

3. 观枝类

对于观枝类的花木，如红瑞木、棣棠等，为了延长其观赏期，一般冬季不剪，到早春萌芽前重剪，以后轻剪，使萌发多数枝叶，充分发挥其观赏作用。这类花木的嫩枝最鲜艳，老干的颜色往往较暗淡，除每年早春重剪外，应逐步疏除老枝，不断进行更新。

4. 观形类

这类花木，如垂枝桃、垂枝梅、龙爪槐、合欢、鸡爪槭等，不但可观其花，更多的时间是观其潇洒飘逸的形。这类花木的修剪方法因树种而异，如垂枝桃、垂枝梅、龙爪槐短截时不能留下芽，要留上芽；合欢、鸡爪槭等成形后只进行常规修剪，一般不进行短截修剪。

5. 观叶类

这类花木有观早春叶的，如山麻秆等；有观秋叶的，如银杏、元宝枫等；还有全年叶色为紫色或红色的，如紫叶李、红叶小檗等。其中有些种类不但叶色奇特，花也很具观赏价值。对既观花又观叶的种类，往往按早春开花的种类修剪；其他观叶类一般只作常规修剪。对观叶类花木要特别注意做好保护叶片工作，防止温度骤变、肥水过大或病虫害而影响叶片的寿命及观赏价值。

（四）藤本类的修剪整形

藤本类的修剪整形是尽快让其布架占棚，使蔓条均匀分布，不重叠，不空缺。生长期内摘心、抹芽，促使侧枝大量萌发，迅速达到绿化效果。花后及时剪去残花，以节省营养物质。冬季剪去病虫枝、干枯枝及过密枝。衰老藤本类，应适当回缩，更新促壮。

1. 棚架式

在近地面处先重剪，促使发生数条强壮主蔓，然后垂直引缚主蔓于棚架之顶，均匀分布侧蔓，这样便能很快地成为荫棚。

2. 凉廊式

常用于卷须类、缠绕类植物。这类植物不宜过早引于廊顶，否则易形成侧面空虚。

3. 篱垣式

将侧蔓水平诱引，每年对侧枝进行短剪，即能形成整齐之篱垣形式。

4. 附壁式

多用于吸附类植物，一般将藤蔓引于墙面，如爬山虎、凌霄、扶芳藤、常春藤等。这类植物能自行依靠吸盘或吸附根逐渐布满墙面，或用支架、铁丝网格牵引附壁。蔓一般不剪，除非影响门、窗采光。

（五）绿篱的修剪整形

绿篱的修剪形式有整形式修剪与自然式修剪两种。前者是以人们的意愿和需要不断地修剪成各种规则的形状，后者一般不作人工修剪整形，只适当控制高度和疏剪病虫、干枯枝，任其自然生长，使枝叶相接紧密成片提高阻隔效果。

绿篱依其高度可分为：①矮篱，高度控制在 0.5 m 以下；②中篱，高度控制在 1 m 以下；③高篱，高度在 1.0 m～1.6 m；④绿墙，高度在 1.6 m 以上。绿篱按其纵切面形状又可分为矩形、梯形、圆柱形、圆顶形、球形、杯形、波浪形等。用带刺植物，如红叶小檗、火棘、黄刺玫等组成的绿篱，又称刺篱；用开花植物，如栀子花、米兰、七姐妹蔷薇组成的绿篱，又称花篱。

培养绿篱的主要手段是经常合理地修剪。修剪应根据不同树种的生长习性和实际需要区别对待。

1. 绿篱的栽植

绿篱用苗以 2～3 年生苗最为理想。株距应按其生物学特性而定，不可为了追求当时的绿化效果而过分密植。栽植过密，通风透气性差，易滋生病虫，地下根系不能舒展而影响吸收，加上单株营养面积小，易造成营养不良，甚至枯死。因此，栽植时应为绿篱植物的日后生长留有空间。

即使是整形式绿篱，定植后第一年最好任其自然生长，以免修剪过早而影响根系生长。从第二年开始，按照预定的高度和宽度进行短截修剪。同一条绿篱应统一高度和宽度，凡超过规定高度、宽度的老枝或嫩枝一律剪去。修剪时，要依苗木大小，通常分别截去苗高的 1/3～1/2。为使苗木分枝高度尽量降低，多发分枝，提早郁闭，可在生长期内（5月～10月）对所有新梢进行 2～3 次修剪，如此反复 2～3 年，直至绿篱的下部分枝长得匀称、稠密，上部树冠彼此密接成形。高篱、绿墙除了栽植密度适宜外，栽植成活后，必须将顶部剪平，同时将侧枝一律短截，以克服下部"脱脚""光腿"现象，以后每年在生长季均应修剪一次，直至高篱、绿墙形成。

2. 绿篱成形后的修剪

绿篱成形后，可根据需要修剪成各种形状。为了保证绿篱修剪后平整，笔直划一，高、宽度一致，修剪时可在绿篱带的两头各插一根竹竿，再沿绿篱上口和下沿拉直绳子，作为修剪的准绳，达到事半功倍的效果。对于较粗枝条，剪口应略倾斜，以防雨季积水、剪口腐烂。同时注意直径 1 cm 以上的粗枝剪口，应比篱面低 1 cm～2 cm，使其掩盖于细枝叶之下，避免因绿篱刚修剪后粗剪口暴露影响美观。

绿篱的修剪时期，应根据不同的植物种类灵活掌握。常绿针叶树种应当在春末夏初进行第一次修剪，"立秋"后进行第二次修剪。为了配合节日，通常于"五一""十一"前修剪，以便至节日时，绿篱非常规则平整，观赏效果很好。大多数阔叶树种，一年内新梢都能加长生长，可随时修剪（以每年修剪 3～4 次为宜）。花篱大多不作规则式修剪，一般花后修剪一次，以免结实，并促进多开花；平时做好常规疏剪工作，将枯死枝、病虫枝、冗长枝及扰乱树形的枝条剪除。绿篱每年都要进行几次修剪，如长期不剪，篱形紊乱，向上生长快，下部易空秃和缺枝，而且一旦出现空秃较难挽救。

从有利于绿篱植物的生长考虑，绿篱的横断面以上小下大的梯形为好。正确的修剪方法是：先剪其两侧，使其侧面成为一个斜平面，两侧剪完，再修剪顶部，使整个断面呈梯形。这样的修剪可使绿篱植物上、下各部分枝条的顶端优势受损，刺激上、下部枝条再长新侧枝，而这些侧枝的位置距离主干相对变近，有利于获得足够的养分。同时，上小下大的梯形有利于绿篱下部枝条获得充足的阳光，从而使全篱枝叶茂盛，维持美观外形。横断面呈长方形或倒梯形的绿篱，下部枝条常因受光不良而发黄、脱落、枯死，造成下部光秃裸露。

3. 绿篱的更新

衰老的绿篱，更新过程一般需要 3 年。第一年，首先是疏除过多的老干，保留新的主干，使树冠内部具备良好的通风透光条件，为更新后的绿篱生长打下基础。然后，短截主干上的枝条，将保留的主干逐个进行回缩修剪。第二年，对新生枝条进行多次轻短截，促其发侧枝。第三年，再将顶部修剪至略低于目标高度，以后每年进行重剪。

选择适宜的更新时期很重要。常绿树种可选在 5 月下旬至 6 月底进行，落叶树种以秋末冬初进行为好。用作绿篱的落叶花灌木大部分具有较强的愈伤和萌芽能力，可用平茬的方法强剪更新。平茬后，因植株拥有强大的根系，萌芽力特别强，可在 1～2 年中形成绿篱的雏形，3 年后恢复原有的绿篱形状。绿篱的更新应配合土肥水管理和病虫害防治。

（六）其他特殊树形的修剪整形

特殊树形的整形也是植物修剪整形的一种形式。常见的形式有：动物形状和其他物体形状两大类。如罗汉松造型虎栩栩如生，紫薇造型花瓶、屏风更是令人拍案叫绝。

适于进行特殊造型的植物必须枝叶茂盛，叶片细小，萌芽力和成枝力强，自然整枝能力差，枝干易弯曲造型，如罗汉松、圆柏、黄杨、福建茶、黄爪龙树、六月雪、金雀花、水蜡树、紫杉、女贞、榆、栲、珊瑚树等。

对植物特殊的修剪整形，首先要具有一定的雕塑基本知识，能对造型对象各部分的结构、比例有较好的掌握。其次，这种整形非一日之功，应从基部做起，循序渐进，切忌急于求成。有些大的整形还要在内膛架设钢铁骨架，以增加树干的支撑力。最后，灵活并恰当运用多种修剪方法。常用的修剪方法是截、放、变3种形式。

1. 图案式绿篱的修剪整形

组字或图案式绿篱，采用矩形的整形方式，要求篱体边缘棱角分明，界限清楚，篱带宽窄一致，每年修剪的次数比一般镶边、防护的绿篱要多，枝条的替换、更新时间应短，不能出现空秃，以始终保持文字和图案的清晰可辨。

用于组字或图案的植物，应较矮小、萌枝力强、极耐修剪。目前常用的是瓜子黄杨或雀舌黄杨。可依字图的大小，采用单行、双行或多行式定植。

2. 绿篱拱门制作与修剪

绿篱拱门设置在用绿篱围成的闭锁空间处，为了便于游人入内常在绿篱的适当位置断开绿篱，制作一个绿色的拱门，与绿篱联为一体。制作的方法是：在断开的绿篱两侧各种1株枝条柔软的小乔木，两树之间保持较小间距，然后将树梢向内弯曲并绑扎而成。也可用藤本植物制作。藤本植物离心生长旺盛，很快两株植物就能绑扎在一起，而且由于枝条柔软，造型自然。绿色拱门必须经常修剪，防止新梢横生下垂，影响游人通行。反复修剪，能始终保持较窄的厚度，使拱门内膛通风通光好，不易产生空秃。

3. 造型植物的修剪整形

用各种侧枝茂盛、枝条柔软、叶片细小且极耐修剪的植物，通过扭曲、盘扎、修剪等手段，将植物整成亭台、牌楼、鸟兽等各种主体造型，以点缀和丰富园景。造型要讲究艺术构图，运用美学的原理，使用正确的比例和尺度，发挥丰富的联想和比拟等。同时做到各种造型与周围环境及建筑充分协调，创造出一种如画的图卷、无声的音乐、人间的仙境。

造型植物的修剪整形，首先应培养主枝和大侧枝构成骨架，然后将细小的侧枝进行牵引和绑扎，使它们紧密抱合生长，按照仿造的物体形状进行细致的修剪，直至形成各种绿色雕塑的雏形。在以后的培育过程中不能让枝条随意生长而扰乱造型，每年都要进行多次修剪，对"物体"表面进行反复短截，以促发大量的密集侧枝，最终使得各种造型丰满逼真，栩栩如生。造型培育中，绝不允许发生缺棵和空秃现象，一旦空秃难以挽救。常见造型示意见图4-10所示。

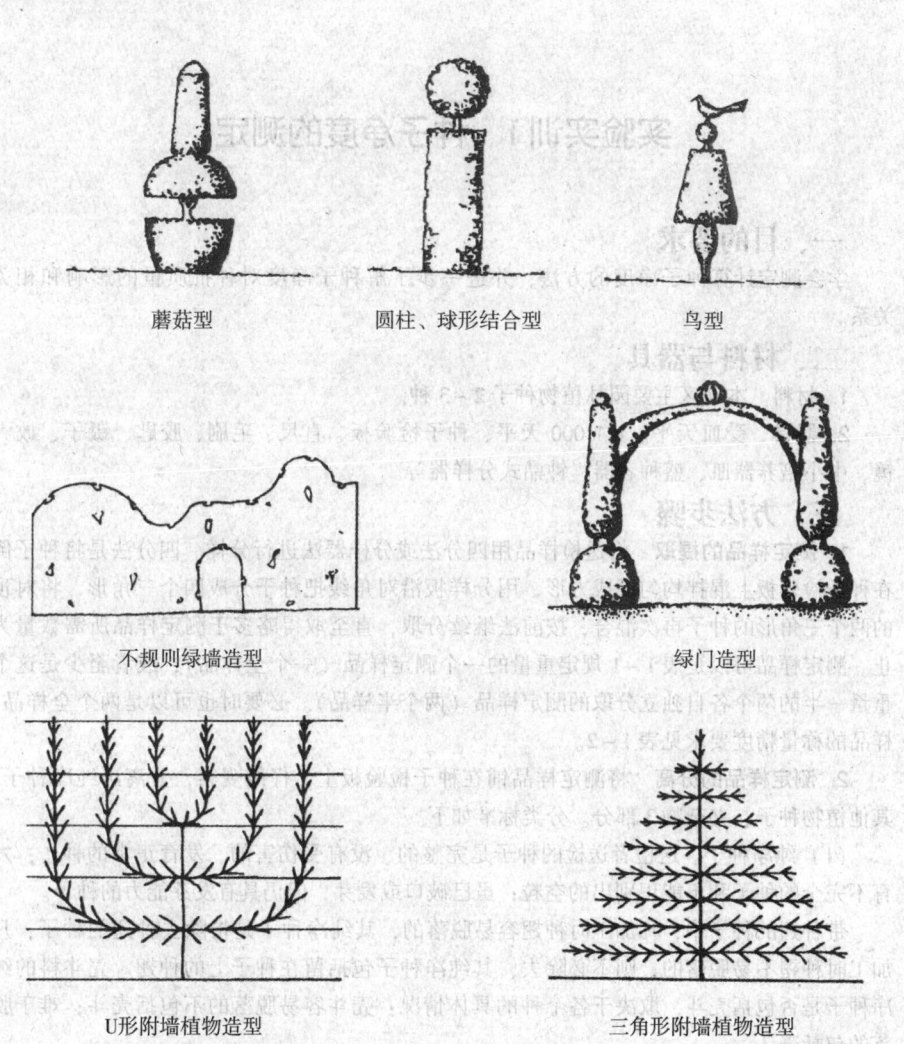

蘑菇型　　　　　　圆柱、球形结合型　　　　　　鸟型

不规则绿墙造型　　　　　　　　绿门造型

U形附墙植物造型　　　　　　三角形附墙植物造型

图4-10　几种常见造型示意图

实 验 实 训

实验实训1　种子净度的测定

一、目的要求

学会测定计算种子净度的方法，并进一步了解种子净度对种批质量的影响和相关关系。

二、材料与器具

1. **材料**　本地区主要园林植物种子2～3种。

2. **器具**　受皿天平、1/1 000天平、种子检验板、直尺、毛刷、胶匙、镊子、放大镜、中小培养器皿、盛种容器、钟鼎式分样器等。

三、方法步骤

1. **测定样品的提取**　将送检样品用四分法或分样器法进行分样。四分法是将种子倒在种子检验板上混拌均匀摆成方形，用分样板沿对角线把种子分成四个三角形，将对顶的两个三角形的种子再次混合，按前法继续分取，直至取得略多于测定样品所需数量为止。测定样品可以是表1-1规定重量的一个测定样品（一个全样品），或者至少是这个重量一半的两个各自独立分取的测定样品（两个半样品）。必要时也可以是两个全样品。样品的称量精度要求见表1-2。

2. **测定样品的分离**　将测定样品铺在种子检验板上，仔细观察，分离出纯净种子、其他植物种子、夹杂物3部分。分类标准如下。

（1）纯净种子。送检者送检的种子是完整的、没有受伤害的、发育正常的种子；发育不完全的种子和不能识别出的空粒；虽已破口或发芽，但仍具有发芽能力的种子。

带种翅的种子中，凡加工时翅容易脱落的，其纯净种子是指除去种翅的种子；凡加工时种翅不易脱落，则不必除去，其纯净种子包括留在种子上的种翅。壳斗科的纯净种子是否包括壳斗，取决于各个种的具体情况：壳斗容易脱落的不包括壳斗；难于脱落的包括壳斗。

（2）其他植物种子。分类学上与纯净种子不同的其他植物种子。

（3）夹杂物。能明显识别的空粒、腐坏粒、已萌芽因而显然丧失发芽能力的种子；严重损伤（超过原大小的一半）的种子和无种皮的裸粒种子；叶片、鳞片、苞片、果皮、种翅、壳斗、种子碎片、土块和其他杂质；昆虫的卵块、成虫、幼虫和蛹。

表1-1 送检样品与净度测定样品量表

树　种	送检样品重（g）	净度测定样品重（g）	树　种	送检样品重（g）	净度测定样品重（g）
核桃	>300粒	>300粒	黑松	70	35
板栗	>300粒	>300粒	云南松	85	35
银杏、楝树、栎属、油桐、油茶、文冠果	>500粒	>500粒	马尾松、思茅松	70	35
			黄山松	100	50
			白榆	30	15
红松	2 000	1 000	樟子松	40	20
华山松	1 000	700	红皮云杉	25	9
元宝枫、乌桕	850	400	福建柏	60	25
椴	500	250	杉木	50	30
槐树	100	50	兴安落叶松、长白落叶松、日本落叶松、	25	10
水曲柳、檫木	400	200			
油松	100	50			
刺槐	100	50	云杉、鱼鳞云杉	25	7
白蜡	200	100	水杉	15	5
臭椿	160	80	木麻黄	15	2
侧柏	120	60	大叶桉	15	-
火炬松	140	70	兰考泡桐	6	1
黄菠萝	85	50	窿缘桉	6	-
毛竹、紫穗槐			青扦、柏木	5	2
			杨属、旱柳	5	2

表1-2 净度分析样品的总体及各个组成成分的称量精度表

测定样品重（g）（全样品或"半样品"）	称量至小数位数（全样品或"半样品"及其组成）
1.000 0 以下	4
1.000～9.999	3
10.00～99.99	2
100.0～999.9	1
1 000 或 1 000 以上	0

3. 各成分分别称重　用天平分别称量纯净种子、其他植物种子和夹杂物的重量，称

量精度同测定样品。

4. 净度的计算

$$净度（\%）=\frac{纯净种子重}{纯净种子重+其他植物种子重+夹杂物重}\times100\%$$

净度分析中各个成分应计算到两位小数填入表 1－3。填表时按 GB/T8170 修约到一位小数。成分少于 0.05% 的填报为"微量"，若成分为零时用"－0.0－"表示。测定样品各成分总和必须为 100%。总和是 99.9% 和 100.1% 时，可从百分率的最大值中加减 0.1%。

表 1－3　净度分析记录表

编号_____

树种_____　　样品号_____　　样品情况_____
测试地点_____
环境条件：室内温度_____ ℃　　湿度_____ %
测试仪器：名称_____　　　　　　　编号_____

方法	试样重(g)	纯净种子重(g)	其他植物种子重(g)	夹杂物重(g)	总重(g)	净度(%)	备注
实际差距				容许差距			

本次测定：有效　□　　　　　　测定人_____
　　　　　　无效　□　　　　　　校核人_____
　　　　　　　　　　　　　　　　测定日期____年____月____日

5. 误差分析　一个全样品法测定时，实际差距＝测定样品重－（纯净种子重＋其他植物种子重＋夹杂物重）；容许差距＝测定样品重×5%。实际差距没有超过容许差距可以计算结果，否则需重做。

两个"半样品"法或两个全样品法测定时，分别算出每个成分的重量占各成分重量之和的百分率（至少保留两位小数），对应的百分数之差是实际差距；用对应的各成分的百分数平均值去查表 1－4 可得到容许差距。如果各成分的实际差距均在容许范围内，可以计算并在质量检验证书中填报每个成分重量百分数的平均值。任何一个成分的分析结果超过了容许差距，均按以下程序处理：

表1-4 同实验室同一送检样品净度分析容许差距表

(5%显著水平的两次测定 单位:%)

两次分析结果平均		不同测定之间的容许差距			
		半样品		全样品	
		非黏滞性种子	黏滞性种子	非黏滞性种子	黏滞性种子
99.95~100.00	0.00~0.04	0.20	0.23	0.1	0.2
99.90~99.94	0.05~0.09	0.33	0.34	0.2	0.2
99.85~99.89	0.10~0.14	0.04	0.42	0.3	0.3
99.80~99.84	0.15~0.19	0.47	0.49	0.3	0.4
99.75~99.79	0.20~0.24	0.51	0.55	0.4	0.4
99.70~99.74	0.25~0.29	0.55	0.59	0.4	0.4
99.65~99.69	0.30~0.34	0.61	0.65	0.4	0.5
99.60~99.64	0.35~0.39	0.65	0.69	0.5	0.5
99.55~99.59	0.40~0.44	0.68	0.74	0.5	0.5
99.50~99.54	0.45~0.49	0.72	0.76	0.5	0.5
99.40~99.49	0.50~0.59	0.76	0.82	0.5	0.6
99.30~99.39	0.60~0.69	0.83	0.89	0.6	0.6
99.20~99.29	0.70~0.79	0.89	0.95	0.6	0.7
99.10~99.19	0.80~0.89	0.95	1.00	0.7	0.7
99.00~99.09	0.90~0.99	1.00	1.06	0.7	0.8
98.75~98.99	1.00~1.24	1.70	1.15	0.8	0.8
98.50~98.74	1.25~1.40	1.19	1.26	0.8	0.9
98.25~98.49	1.50~1.74	1.29	1.37	0.9	1.0
98.00~98.24	1.75~1.99	1.37	1.47	1.0	1.0
97.75~97.99	2.00~2.24	1.44	1.54	1.0	1.1
97.50~97.74	2.25~2.49	1.53	1.63	1.1	1.2

续表

两次分析结果平均		不同测定之间的容许差距			
		半样品		全样品	
		非黏滞性种子	黏滞性种子	非黏滞性种子	黏滞性种子
97.25~97.49	2.50~2.74	1.60	1.70	1.1	1.2
97.00~97.24	2.75~2.99	1.67	1.78	1.2	1.3
96.50~96.99	3.00~3.49	1.77	1.88	1.3	1.3
96.00~96.49	3.50~3.99	1.88	1.99	1.3	1.4
95.50~95.99	4.00~4.49	1.99	2.21	1.4	1.5
95.00~95.49	4.50~4.99	2.09	2.22	1.5	1.6
94.00~94.99	5.00~5.99	2.25	2.38	1.6	1.7
93.00~93.99	6.00~6.99	2.43	2.56	1.7	1.8
92.00~92.99	7.00~7.99	2.59	2.73	1.8	1.9
91.00~91.99	8.00~8.99	2.74	2.90	1.9	2.1
90.00~90.99	9.00~9.99	2.88	3.04	2.0	2.2
88.00~89.99	10.00~11.99	3.08	3.25	2.2	2.3
86.00~87.99	12.00~13.99	3.31	3.49	2.3	2.5
84.00~85.99	14.00~15.99	3.52	3.71	2.5	2.6
82.00~83.99	16.00~17.99	3.69	3.90	2.6	2.8
80.00~81.99	18.00~19.99	3.86	4.07	2.7	2.9
78.00~79.99	20.00~21.99	4.00	4.23	2.8	3.0
76.00~77.99	22.00~23.99	4.14	4.37	2.9	3.1
74.00~75.99	24.00~25.99	4.26	4.50	3.0	3.2
72.00~73.99	26.00~27.99	4.37	4.61	3.1	3.3
70.00~71.99	28.00~29.99	4.47	4.71	3.2	3.3
65.00~69.99	30.00~34.99	4.61	4.86	3.3	3.4
60.00~64.99	35.00~39.99	4.77	5.02	3.4	3.6
50.00~59.99	40.00~49.99	4.89	5.16	3.5	3.7

在使用"半样品"的情况下，再分析一对"半样品"（但总共不必多于4对），直至一对"半样品"各成分的差距均在容许范围之内。将其成分的差异超过容许差距2倍的成对样品舍去不计，根据其余各对的数据计算各个成分的百分数的平均值。

在使用两个全样品的情况下，再分析一个全样品。只要最高值和最低值的差异未超过容许差距的2倍，就取这3次分析的平均值填报。

黏滞性种子是指容易相互黏附或容易粘附在其他物体上，容易被其他植物种子黏附或容易黏附其他植物种子，不易被清选、混合或抽样的种子。如果全部黏滞性结构（包括黏滞性杂质）占一个样品的1/3或更多，就认为该样品是有黏滞性。例如冷杉属、翠柏属、雪松属、扁柏属、柏木属、柳杉属、杉木属、落叶松属、云杉属、长叶松、刚松、黄杉属、红杉属、巨杉属、落羽杉属、铁杉属、槭属、臭椿属、桤属、桦木属、鹅耳枥属、梓属、石竹属、桉属、水青冈属、银桦属、女贞属、枫香属、鹅掌楸属、悬铃木属、竹类、杨属、香椿属、丁香属、崖柏属、椴树属、榆属、榉属植物都是黏滞性种子，应用容许差距表1-4时，应当使用黏滞性种子栏的容许误差。

四、作业

1. 将种子净度的测定结果填入净度分析记录表中。
2. 写出测定净度时，应注意的问题。

实验实训2　种子重量测定

一、目的要求

学会测定计算种子千粒重的方法，并进一步了解种子千粒重对种批质量的影响和相关关系。

二、材料与器具

1. **材料**　净度测定后的纯净种子
2. **器具**　受皿天平、1/1 000天平、种子检验板、胶匙、镊子、中小培养皿、数粒器等。

三、方法步骤

采用百粒法，即从纯净种子中不加选择地取出100粒种子为一组，重复取8组称量，并由此计算出每1 000粒种子的重量。

1. **测定样品的选取**　将净度测定后的纯净种子铺在种子检验板上，用四分法分到所剩下的种子略大于所需量。

2. **点数和称量**　从测定样品中不加选择地点数种子。点数时，将种子每5粒放成一堆，两个小堆合并成10粒的一堆，取10个小堆合并成100粒，组成一组。共取8组，分别称各组的重量，记入重量测定记录表2中，各重复称量精度同净度测定时的精度。

3. **计算重量**　根据8个重量的称量读数求8个组平均重量$\bar{x}$，然后计算标准差（S）及变异系数（C），公式如下：

$$标准差(S) = \sqrt{\frac{n(\sum x^2) - (\sum x)^2}{n(n-1)}}$$

式中：x——每个重复的重量（g）；
n——重复次数。

$$变异系数（C）= \frac{S}{\bar{x}} \times 100\%$$

式中：$\bar{x}$——100粒种子的平均重量。

种粒大小悬殊的种子和黏滞性种子，变异系数不超过6.0，一般种子的变异系数不超过4.0，就可计算测定结果。如变异系数超过上述限度，则应再数取8个重复、称重并计算16个重复的标准差。凡与平均数之差超过2倍标准差的各重复舍弃不计，将8个或8个以上的100粒种子的平均重量乘以10（即$10 \times \bar{x}$）即为种子千粒重，其精度要求与称重相同。

还可以将整个测定样品通过数粒器，并读出显示的种子粒数，也可以人工计数。将计数后的测定样品称重，换算出1 000粒种子重量。

四、作业

1. 将种子千粒重测定结果填入重量测定记录表中。
2. 写出测定千粒重时，应注意的问题。

表2-1 重量测定记录表

编号_____

树种_____ 样品号_____ 样品情况_____ 测试地点_____
环境条件：室内温度_____℃ 湿度_____% 测试仪器：名称_____ 编号_____ 测定方法_____

重复号	1	2	3	4	5	6	7	8
x, g								
标准差（S）								
变异系数								
千粒重（g, $10 \times x$）								

第_____组数据超过了容许误差，本次测定根据第_____组计算。

本次测定：有效□ 测定人_____
　　　　　无效□ 校核人_____
　　　　　　　　测定日期_____年_____月_____日

实验实训3　种子发芽测定

一、目的要求

种子发芽测定是为了确定播种量和一个种批的等级价值。要求掌握种子发芽测定的操作技术，并学会计算种子发芽率的过程。

二、材料与器具

1. **材料**　本地区主要园林植物种子3种~5种。

2. **器具及药品**　发芽箱、发芽盒、滤纸、纱布、脱脂棉、镊子、温度计（0~100 ℃）、取样匙、直尺、量筒、烧杯、甲醛、高锰酸钾、标签、电炉、蒸煮锅、蒸馏水、滴瓶、解剖刀、解剖针等。

三、方法步骤

1. **测定样品的提取**　用四分法从测定净度时选出的纯净种子，每个三角形中数取25粒种子组成100粒，共组成4个1 000粒，即为4次重复，分别装入纱布袋中。

桦属、桉属、杨属、柳属等特小粒种子可用称量发芽测定法，每个重复称量大约0.25 g，称量精度至毫克，4次重复。

2. **消毒灭菌**　为了避免霉菌感染，干扰检验结果，检验所使用的种子和各种物件一般都要经过消毒灭菌处理。

（1）检验用具的消毒灭菌。发芽盒、纱布、小镊子仔细洗净，并用沸水煮5~10 min，供发芽试验用的发芽箱用喷雾器喷洒甲醛后密封两三天然后使用。

（2）种子的消毒灭菌。目前常用的有甲醛、高锰酸钾。

使用甲醛时，将纱布袋连同其中的种子测定样品放入小烧杯中。注入0.15%的甲醛溶液（以浸没种子为度），随即盖好烧杯。20 min后取出绞干，置于有盖的玻璃皿中闷半小时，取出后连同纱布用清水冲洗数次即可使用高锰酸钾时，用0.2%~0.5%的高锰酸钾溶液浸2 h，取出用清水冲洗数次。

3. **浸种**　落叶松、油松、马尾松、云南松、樟子松、杉木、侧柏、水杉、黄连木、胡枝子等，用始温为45 ℃水浸种24 h，刺槐种子用80~90 ℃热水浸种，待水冷却后放置24 h，浸种所用的水最好更换1~2次。杨、柳、桉等则不必浸种。

4. **置床**　将经过消毒灭菌、浸种的种子安放到发芽床上。常用的发芽床有纱布、滤纸、脱纸棉。为了向种子提供足够的水分，可以用多层的纸，也可以在纸下或纱布下加垫脱脂棉。一般中、小粒种子可在发芽盒中放上纱布或滤纸作床。

每个发芽盒床上整齐地安放2个重复的种子，种粒之间保持的距离相当于种粒本身的1~4倍，以减少霉菌感染。种粒的排放应有一定的规则。在发芽盒不易磨损的地方贴上小标签，写明送检样品号、重复号、姓名和置床日期，然后将发芽盒盖好放入指定的能调控温度、光照的发芽箱内。

5. **管理**　经常检查测定样品及其水分、通气、温度、光照条件。发芽所用温度执行GB2772—1999中的规定。表3-1列举了部分树种发芽测定的主要技术规定。轻微发霉的种粒可以拣出用清水冲洗后放回原发芽床。发霉种粒较多的要及时更换发芽床或发芽容器。

表3-1 部分树种发芽测定的主要技术规定

树　种	温度（℃）	初次计数数（天）	末次计数数（天）	备　注
银杏	20/30	14	28	1℃～5℃层积28天
柏木	20	20	35	
福建柏	25	14	28	
侧柏	20/25	14	28	始温45℃水浸种24 h
湿地松	20/30	14	28	
火炬松	20/30	14	21	1～5℃层积28天
杉木	25	10	21	
樟子松	25	10	18	
兴安落叶松	20/25	14	28	始温45℃水浸种24 h
金钱松	20/30	21	35	
水杉	25	10	21	
木麻黄	30	7	14	
杜仲	25	14	21	在胚根一端将外皮轻工一刀，浸24 h
香椿	25	7	21	
刺槐	20/30	7	14	如85℃温水浸种24 h，剩余更粒再用始温85℃水浸种24 h
隆缘桉	25	7	14	称量发芽法
紫穗槐	20/25	7	14	去外种皮，始温60℃水浸种24 h
杨属	20/25	7	14	称量发芽法

6. 观察记载 发芽情况要定期观察记载。观察记载的间隔时间根据树种和样品情况自行确定，但初次记数和末次记数必须有记载。

发芽测定持续时间见表3-1中的末次计数天数，自置床之日起算，不包括预处理时间。

记载项目按发芽床的编号依次填入（见表3-2）。达到正常幼苗标准的记数后从发芽床上拣出，严重腐坏的幼苗也应拣出。

正常幼苗是该树种应有的幼苗基本结构全都完整、匀称、健康、生长良好。

具有下列情况之一的幼苗为不正常幼苗。

（1）初生根：生长停滞、粗短、缺失、断折、自顶端开裂、缢缩、纤细、束缚在种皮中、呈负向地性、玻璃状、因原发性感染而腐坏、禾本科植物种子无种子根或仅有1条孱弱的种子根。

（2）下胚轴、上胚轴和中胚轴：粗短、深度横裂或断折、完全纵裂、缺失、缢缩、极度扭曲、弯曲向下、呈环状或螺旋状、纤细、玻璃状、因原发性感染而腐坏。

(3) 子叶（下述缺陷所占面积超过子叶面积的一半者为不正常，只占一半或不足一半者为正常，称为"50%规则"。但只要损伤或腐坏出现在子叶同幼苗中轴的联结点上或茎尖附近，该幼苗就属于不正常幼苗，在这种情况下不考虑50%规则）：肿胀或卷曲、畸形、断折或有其他损伤、断离或缺失、变色、坏死、玻璃状、因原发性感染而腐坏。

表3-2 发芽测定记录表

编号_____

树种_____ 样品号_____ 样品情况_____ 测试地点_____
环境条件：室内温度_____℃ 湿度____% 测试仪器：名称_____编号_____
预处理_____ 置床日期_____ 测定条件_____

项目	样品重(g)	正常幼苗数（个）			不正常幼苗数	未萌发粒分析（粒）					
		初次计数	末次计数	合计		新鲜粒	死亡粒	硬粒	空粒	无胚粒	涩粒	虫害粒	合计
日期												
重复 1												
重复 2												
重复 3												
重复 4												

组间最大差距_____ 容许差距_____ 本次测定：有效□ 无效□
测定人_____ 校核人_____ 测定结束日期____年___月___日

(4) 初生叶：畸形、损伤、缺失、变色、坏死、外形正常但小于正常大小的1/4、因原发性感染而腐坏。

(5) 顶芽及其周围的组织：畸形、损伤、缺失、因原发性感染而腐坏（如果顶芽有缺陷或者缺失，即使已经生出一个或两个侧芽，该幼苗仍为不正常幼苗）。

(6) 芽鞘和第一片叶（禾本科、棕榈科）。

芽鞘：畸形、损伤、缺失、顶端损伤或缺失、极度向下弯曲、呈环状或螺旋状、严重扭曲，从顶端向下开裂长度超过全长的1/3，基部开裂或有其他损伤。

第一片叶：伸展长度不及芽鞘的一半、缺失、撕裂或呈其他畸形。

(7) 幼苗整体：畸形、断裂、子叶先出、二苗融合、胚乳环圈不落、黄化或白化、纤细、玻璃状、因原发性感染而腐坏。

发芽结束后，将各重复中的未发芽粒用切开法进行鉴定，分别归成新鲜粒、死亡粒、硬粒、空粒、无胚粒、涩粒、虫害粒等几类并记入表3-2。

7. 计算发芽率

$$发芽率（\%）=\frac{n}{N}\times100\%$$

式中：n——生成正常幼苗的种子数；

N——供检种子总数。

发芽率按组计算，然后计算4组的算术平均值，按GB/T8170修约至整数。组间的容许差距见表3-3，如果没有超过允许差距，就用各重复发芽百分率的平均数作为该次测定的发芽率。

表3-3 发芽率测定容许差距表（%）

平均发芽百分率		最大容许差距
99	2	5
98	3	6
97	4	7
96	5	8
95	6	9
93~94	7~8	10
91~92	9~10	11
89~90	11~12	12
87~88	13~14	13
84~86	15~17	14
81~83	18~20	15
78~80	21~23	16
73~77	24~28	17
67~72	29~34	18
56~66	35~45	19
51~55	46~50	20

如果超过容许差距时，应当提取测定样品用原定方法重新测定。如果第一次和第二次的测定结果一致，即两次测定结果之差不超过表3-4规定的最大容许差距，则以两次测定的平均数作为测定结果填报。如果超过最大容许差距，应当仍用同样的测定方法作第三次测定。以3次测定中相互一致的两次的平均数作为测定结果填报。

表3-4 发芽率重新测定容许差距表（%）

两次测定的发芽平均数		最大容许误差	两次测定的发芽平均数		最大容许误差
98~99	2~3	2	77~84	17~24	6
95~97	4~6	3	60~76	25~41	7
91~94	7~10	4	51~59	42~50	8
85~90	11~16	5			

称量发芽测定法的测定结果用单位重量样品中的正常幼苗数表示，单位为株/g。计

算时，利用表3-4检查重复间的差异是否为随机误差。先计算4个重复中幼苗的总数，在表3-5第1栏找出该总数所在范围，并在第2栏中查到最大容许差距。如果4个重复中正常幼苗数的最大值和最小值之差等于或小于最大容许差距，该次测定可靠，以4个重复单位重量的正常幼苗数的平均数作为测定结果填报。

表3-5　称量发芽测定容许差距表（粒）

供检样品总重量中的正常发芽数	最大容许差距	供检样品总重量中的正常发芽数	最大容许差距
7~10	6	161~174	27
11~14	8	175~188	28
15~18	9	189~202	29
19~22	11	203~216	30
23~26	12	217~230	31
27~30	13	231~244	32
31~38	14	245~256	33
39~50	15	257~270	34
51~56	16	271~288	35
57~62	17	289~302	36
63~70	18	303~321	37
71~82	19	322~338	38
83~90	20	339~358	39
91~102	21	359~378	40
103~112	22	379~402	41
113~122	23	403~420	42
123~134	24	421~438	43
135~146	25	439~460	44
147~160	26	>460	45

四、作业

1. 填写种子发芽测定记录表，计算种子发芽率。
2. 说明测定种子发芽率在生产工作中的意义。

实验实训4　种子生活力测定

一、目的要求

用化学试剂测定种子生活力，可以在短时间内评定种子质量。特别是对休眠期长的种子难于进行发芽测定，采用此法测定种子的生活力具有明显的优越性。通过实验要求了解测定种子生活力的基本原理，并学会其操作程序。

二、材料与器具

1. 材料　本地区主要园林植物种子 3～5 种。

2. 器具及药品　种子检验板、烧杯、解剖刀、量筒、受皿天平、小镊子、手持放大镜、培养皿、解剖针、胶匙、培养箱、四唑等。

三、方法步骤

以四唑染色法为例。

1. 抽取测定样品　从净度测定后的纯净种子中随机数取 100 粒种子作为一个重复，共取 4 个重复。此外，还需抽取约 100 粒种子作为后备，以便代替取种仁时弄坏的种子。

2. 种子预处理　为了软化种皮，便于剥取种仁，要对种仁进行预处理。较易剥掉种皮的种子，可用始温 30～45 ℃ 的水浸种 24～48 h，每日换水，如杉木、马尾松、湿地松、火炬松、黄山松、安息香、黄连木、杜仲等。硬粒种子，如肯氏相思、楝树、南洋楹、银合欢等，可用始温 80～85 ℃ 水浸种，搅拌并在自然冷却中浸种 24～72 h，每日换水。种皮致密坚硬的种子，如孔雀豆、台湾相思、黑荆树、黑格、白格、漆树和滑桃树等，可用 98% 的浓硫酸浸种 20～180 min，充分冲洗，再用水浸种 24～48 h，每日换水。

3. 配药　使用氯化（或溴化）四唑的水溶液，浓度随树种而略有不同，0.1%～1.0%。如果所使用蒸馏水的 pH 值不在 6.5～7.5 范围之内，可将四唑溶于缓冲溶液。缓冲溶液的配制方法如下。

溶液 a——在 1 000 ml 水中溶解 9.078 g 磷酸二氢钾（KH_2PO_4）；

溶液 b——在 1 000 ml 水中溶解 11.876 磷酸氢二钠（$Na_2HPO_4 \cdot 2H_2O$），或 9.472 g 磷酸氢二钠（Na_2HPO_4）。

取溶液 a 2 份和溶液 b 3 份混合，配成缓冲溶液。

在该缓冲溶液里溶解准确数量的四唑盐，以获得正确的浓度。例如，每 100 ml 缓冲溶液中溶入 1 g 四唑盐即 1% 浓度的溶液。最好随配随用。剩余的溶液可在短期内贮于低温 1～5 ℃ 的黑暗条件下。

4. 染色前的种子准备　一般的种子可全部剥皮，取出种仁。发现的空粒、腐坏粒和病虫害粒记入表 4 中。剥出的种仁先放入盛有清水的器皿中，待一个重复全部剥完后再一起放入四唑溶液中，使溶液淹没种仁，上浮者要压沉。

也可切除部分种子。如女贞属植物的种子，可以在浸种后在胚根相反的较宽一端横切，将种子切去 1/3。许多树种，如松属和白蜡属植物的种子可以纵切，即在平行于胚的纵轴纵向剖切，但不能穿过胚。白蜡属植物的种子可以在两边各切一刀，但不要伤胚。大粒种子，如板栗、锥栗、核桃、银杏等，可取"胚方"。取"胚方"是指经过浸种的种子，切取大约 1 cm² 包括胚根、胚轴和部分子叶（或胚乳）的方块。

表 4-1　生活力测定记录表

编号_____

树种_____　样品号_____　样品情况_____
染色剂_____　浓度_____
测试地点_____
环境条件：室内温度_____℃　湿度_____%
测试仪器：名称_____　编号_____

重复	测定种子数（粒）	种子解剖结果（粒）					进行染色数（粒）	染色结果				平均生活力（%）	备注
		备注	腐烂	涩粒	病虫害	空粒		无生活力		有生活力			
								粒数	%	粒数	%		
1													
2													
3													
4													
平均													

测定方法

实际差距_____　　　　容许差距_____
本次测定：有效 □　　　　测　定　人_____
　　　　　无效 □　　　　校　核　人_____
　　　　　　　　　　　　　测定日期____年___月___日

5. 染色　将装有种仁和四唑溶液的器皿盖好盖子，4 个重复均贴好标签后，放入培养箱或恒温箱中，保持黑暗，30~35 ℃。染色时间因树种和条件而异。

6. 结果鉴定　染色后，沥去溶液，用清水冲洗，将种仁摆在铺有湿滤纸的发芽皿中，逐一剖开胚乳，使胚露出。胚和胚乳完全染上红色的是有生活力的种子。还有些种子在胚或胚乳上显现未着色的斑块，表明是一些坏死的组织。判断种子有无生活力主要是看坏死的组织出现的部位和大小，而不一定在于染色的深浅。

7. 计算生活力　测定结果以有生活力种子的百分率表示，分别计算各个重复的百分率。重复内最大容许差距与发芽率测定相同。如果各重复中最大值与最小值之差没有超过容许差距范围，就用各重复的平均数作为该次测定的生活力。如果超过容许差距，与发芽测定同样处理。计算结果按 GB/T8170 修约至整数。

四、作业

1. 填写种子生活力测定记录表。
2. 写出四唑染色法测定种子生活力的原理。

实验实训 5　种子含水量测定

一、目的要求

为妥善贮存和调运种子时控制种子适宜含水量提供依据。要求掌握测定种子含水量的操作技术及计算方法。

二、材料与器具

1. **材料**　本地区主要园林植物种子 2~3 种。
2. **器具**　恒温箱、温度计、干燥器、样品盒、坩埚钳、取样匙、1/1 000 分析天平、量筒、解剖刀、水分测定仪等。

三、方法步骤

1. **低恒温烘干法**

(1) 样品盒准备。将 2 个样品盒编号、烘干、称量，记入表 5-1 中。

表 5-1　含水量测定记录表

编号_____

树种_____　样品号_____　样品情况_____
测试地点_____
环境条件：室内温度_____℃　湿度_____%
测试仪器：名称_____　编号_____
测定方法_____

容器号			
容器重（g）			
容器及测定样品原重（g）			
烘至恒重（g）			
测定样品原重（g）			
水分重（g）			
含水量（g）			
平均（g）			
实际差距	%	容许差距	%

本次测定：有效 □　　　测定人_____
　　　　　无效 □　　　校核人_____
　　　　　　　　　　　测定日期____年____月____日

(2) 提取测定样品。从含水量的送检样品中随机分取两份测定样品。每份样品重量为：样品盒直径小于 8 cm 时 4~5 g；直径等于或大于 8 cm 时 10 g。大粒种子（每千克小于 5 000 粒）以及种皮坚硬的种子（豆科），每个种子应当切成小片，再取 5~10 g 测定样品。分别装入样品盒后，称重，记下读数。称重以克为单位，保留3位小数。

(3) 烘干。将装有测定样品的样品盒放入已经保持在103±2 ℃的烘箱中烘17±1 h。烘箱回升至所需温度时开始计算烘干时间。达到规定的时间后，迅速盖好样品盒的盖子，并放入干燥器里冷却30~45 min。冷却后，称出样品盒连盖及样品的重量，记下读数。

(4) 结果计算。含水量以重量百分率表示，用下式计算到1位小数。

$$含水量（\%）= \frac{M_2 - M_3}{M_2 - M_1} \times 100\%$$

式中：M_1——样品盒和盖的重量（g）；

M_2——样品盒和盖及样品的烘前重量（g）；

M_3——样品盒和盖及样品的烘后重量（g）。

两份测定样品测定结果不能超过容许差距，容许差距查表5-2。如超过容许差距，必须重新测定。如第二次测定的差异不超过容许差距，则按第二次结果计算含水量。

表5-2 含水量测定两次重复间的容许差距*

种子大小类别*	平均原始水分		
	<12%	12%~25%	>25%
小种子	0.3%	0.5%	0.5%
大种子	0.4%	0.8%	2.5%

*含水量测定结果在质量检验证书上填报，精度为0.1%。

*小种子是指每千克超过5 000粒的种子。

大种子是指每千克最多为5 000粒的种子。

2. 二次烘干法 含水量高于17%的种子，采用此法。称取两个预备样品。每个样品至少称取25 g±0.2 mg，放入已称过重量的样品盒内，在70 ℃的烘箱中预烘2~5 h，取出后置于干燥器内冷却，称重。将预烘过的种子切片，称取测定样品，用低恒温烘干法测定含水量。用下式计算种子含水量。

$$含水量（\%）= S_1 + S_2 - \frac{S_1 \times S_2}{100}\%$$

式中：S_1——第一次测定的含水量百分数；

S_2——第二次测定的含水量百分数。

四、作业

1. 填写种子含水量测定记录表，并写出计算过程。
2. 联系生产实际说明种子含水量测定的意义。

实验实训6 园林植物的播种育苗

A. 园林植物的露地播种

一、目的要求

掌握园林植物种子的处理方法和露地播种技术。

二、材料与器具

园林植物种子（大粒、中粒、小粒）、药品等。

浸种容器、育苗床、喷壶、铁锹、耙子、细筛、镇压板、塑料薄膜或草帘等。

三、方法步骤

1. **催芽方法**　根据种子发芽、出苗特性，选择合适的种子催芽处理方法。
2. **处理**　严格掌握浸种的水温、时间和药物处理的用药浓度及处理时间。
3. **播前准备**　整地作床。
4. **确定播种量和播种方法**　一般细小粒种子用撒播，中粒种子条播，大粒种子点播。
5. **覆土、浇水、覆盖**　覆土厚度一般为种子直径的2～3倍。用喷壶浇水、反复多次，直至浇透。应情况决定是否覆盖。

四、作业

将种子处理、播种过程记录、整理成报告。

B. 园林植物的容器播种

一、目的要求

掌握园林植物容器播种技术。

二、材料器具

园林植物种子、药品、播种基质等。

浸种容器、播种容器（瓦盆或穴盘等）、喷壶（或浸盆用水池）、玻璃盖板等。

三、方法步骤

1. **催芽方法**　根据种子发芽、出苗特性，选择合适的种子催芽处理方法。
2. **处理**　严格掌握浸种的水温、时间和药物处理的用药浓度及处理时间。
3. **基质**　选择并配制好播种基质。
4. **播种**　填装基质，进行点播或撒播。
5. **播后处理**　覆土，浇水（或浸盆），盖好玻璃盖板，嫌光性种子再加盖旧报纸移至催芽室（或温室）内。
四、作业
将种子处理、播种过程记录、整理成报告。

实验实训 7　苗期管理

A. 园林植物露地播种苗的管理

一、目的要求
掌握苗床管理方法与幼苗移栽技术。
二、材料与器具
幼苗期苗木、生长苗木的苗床、各种肥料、农药、除草剂等。
花锄、铁锹、移苗铲、喷壶、水桶、喷雾器等。
三、方法步骤
1. **管理**　根据苗木生长情况进行浇水、施肥、松土。
2. **防草防虫**　根据杂草、病虫害发生情况进行除草和防治。
3. **移栽**　根据苗木稀密适时进行幼苗移栽
四、作业
观察抚育管理后苗木生长情况，杂草、病虫害防除效果，调查幼苗移栽成活率，并书写报告。

B. 园林植物容器播种的管理

一、目的要求
掌握幼苗移栽技术及温、湿度管理。
二、材料器具
容器播种幼苗，生长苗木的苗床，各种肥料等。
移苗铲、喷壶、喷雾器等。
三、方法步骤
1. **水肥管理**　根据苗木生长情况适时喷雾浇水和追肥。
2. **移栽**　根据苗木稀密进行幼苗移栽。
3. **温湿度管理**　调节温室内温度、湿度，使之适宜于幼苗生长。

4. **炼苗** 视室内外温度差异，移植至露地栽植前，进行为期1周左右的"炼苗"处理。

四、作业

观察幼苗移栽及水肥管理后的生长情况，调查移栽成活率，并书写报告。

实验实训8　园林植物的扦插育苗技术

一、目的要求

掌握插穗选择、剪制、扦插及插后管理的技术，了解插穗的抽芽和生长发育规律。

二、材料与器具

1. **插穗**　选用本地区常用园林植物2种~3种，插穗各若干。
2. **工具**　修枝剪、切条器、钢卷尺、盛条器、测绳、喷水壶、铁锹、平耙等。
3. **药品**　生根粉或萘乙酸、酒精等。
4. **插床**　一般苗床和沙床。

三、方法步骤

（一）硬枝扦插

1. **选条**　落叶植物在秋季落叶后至春季萌发前均可采条；常绿植物在芽苞开放前采条为宜。选生长健壮、无病虫害的母本植株上近根颈处1年~2年生枝条作插穗。

2. **制穗**　用修枝剪剪取插穗。枝剪的刃口要锋利，特别注意上下剪口的位置、形状、剪口的光滑，以利愈合生根。插穗长度与粗度要适宜。

3. **催根处理**　用浓度为1 000~1 500 mg/L的生根粉或萘乙酸速蘸，促进生根。也可以用较低浓度的生根剂、温水浸泡催根。

4. **扦插**　在事先准备好的插床上扦插。用直插法或斜插法均可。落叶植物将插穗全部插入，上剪口与地面相平或略高于地面。常绿植物将插穗长度的1/3~1/2插入基质中。密度可根据植物种类、肥力高低等确定。注意插穗与土壤或其他基质一定要紧密结合。

5. **管理**　插后要立即浇透水。秋季扦插要搭建小拱棚。各地根据实际情况制定养护的措施。

（二）嫩枝扦插

1. **选条**　选生长健壮、无病虫害的半木质化的当年生嫩枝作插穗。

2. **制穗**　用修枝剪剪插穗。每穗要带2~3片叶或带半叶。注意插穗不要太长。采、制插穗要在阴凉处进行，以减少水分散失。

3. **催根处理**　一般用速蘸法处理。激素种类与浓度与硬枝扦插相近。

4. **扦插**　一般在沙床上。采用湿插法直插。扦插深度为插穗长度的 1/3～1/2。密度以插后叶片相不覆盖为度。

5. **管理**　最好采用自动间歇喷雾装置来保持空气相对湿度，防止高温危害插穗。按要求适时移植。

四、作业

1. 将扦插实习过程记录、整理成实习报告。
2. 用表格调查扦插成活率及生长情况（表8-1和8-2）。

表8-1　扦插育苗生长观察记载表

植物种类：_____　插穗类型（含处理）：_____　扦插日期：_____　成活率：_____%

观察日期（日/月）	生产日期（天）	苗高（cm）	地径（cm）	苗木生长情况			
				开始放叶（日/月）	放叶插穗数（个）	开始生根（日/月）	生根插穗数（个）

班组_____　填表人_____

表8-2　扦插成活调查表

品　种	扦插数量（个）	成活数量（个）	成活率（%）

组别_____　调查人_____　日期_____

实验实训9　园林植物的嫁接育苗技术

一、目的要求

掌握园林植物的嫁接技术。嫁接后定期检查管理，了解嫁接苗愈合成活和生长发育规律。

二、材料与器具

1. **材料**　供嫁接用的接穗和砧木各若干。

2. **用具** 修枝剪、芽接刀、枝接刀、盛穗容器、湿布、塑料绑扎条若干、油石等。

三、方法步骤

（一）芽接

1. 剪穗 采穗母本必须是具有优良性状、生长健壮、无病虫害的植株。选采穗母本冠外围中上部向阳面的当年生、离皮的枝作接穗。采穗后要立即去掉叶片（带0.5 cm左右的叶柄）。注意穗条水分平衡。

2. 嫁接方法 主要进行"T"字形芽接和嵌芽接实习。

3. 嫁接技术 切削砧木与接穗时，注意切削面要平滑，大小要吻合；绑扎要紧松适度，叶柄可以露出也可以不外露。

4. 管理 接后要及时剪断砧木，2周内要检查成活率并解绑，适时补接和除萌以及其他管理措施。

（二）枝接

1. 采穗 枝接采穗要求用木质化程度高的1~2年生的枝。穗可以不离皮。

2. 嫁接方法 主要进行劈接、切接、靠接、插皮接等的实习。

3. 嫁接技术 切削接穗与砧木时，注意切削面要平滑，大小要吻合；砧木和接穗的形成层一定要对齐，绑扎要松紧适度。接后要套袋或封蜡保湿。

接后及时检查成活率，及时松绑，做好除萌、立支柱等管理工作。

四、作业

1. 将各种嫁接方法的操作过程整理成实习报告。
2. 调查嫁接成活率。填写下表：

嫁接成活调查表

嫁接方法与种类	嫁接日期	嫁接数量	愈合情况	成活数量	成活率

调查人＿＿＿＿　调查日期＿＿＿＿

实验实训10　园林植物分生育苗技术

一、目的要求

掌握园林植物分生育苗技术与操作规程。

二、材料与器具

材料

1. **宿根花卉** 萱草、荷兰菊、芍药、宿根福禄考、随意草、吊兰等。
2. **球根花卉** 大丽花、美人蕉、鸢尾、唐菖蒲、百合、朱顶红、马蹄莲、君子兰等。
3. **花灌木** 牡丹、玫瑰、黄刺玫等。
4. **用具** 铁锹、修枝剪等。

三、方法步骤

1. **宿根花卉分生育苗技术** 在春季将整株挖起,将带根的幼苗与母株分离,另行栽植即可(芍药一般在秋季进行)。

2. **球根花卉分生育苗技术**

(1)秋植球根花卉的分生育苗。夏季植株休眠、地上枝叶枯黄之后,将种球掘起,按大小进行分级,在凉爽通风的室内干藏,于当年秋季至入冬前定植。可选用百合、郁金香、风信子、水仙、石蒜等。

(2)春植球根花卉的分生育苗。秋季植株休眠、地上枝叶枯黄之后,将种球掘起。大丽花、美人蕉等球根含水量较高的不耐寒花卉,应适当晾晒之后,在室内沙藏;翌年春季,取出沙藏的种球,切割成带有2~3芽的小块进行栽植。唐菖蒲等种球在挖出之后,按大小进行分级,充分晾晒之后在室内干藏,翌年春季栽植。

3. **花灌木分生育苗技术** 春季,将母株产生的根蘖苗与母株进行分离,另行栽植。可选用蜡梅、黄刺玫、连翘、火炬树等。牡丹分生育苗宜在秋季进行,可将植株掘出,采用剪刀进行分离,随即进行栽植。

四、作业

1. 记录主要园林植物分生育苗的操作过程。
2. 统计主要园林植物分生育苗的繁殖系数。
3. 制订园林植物分生育苗田间管理计划。

实验实训11 园林植物组织培养技术:培养基的制备

一、目的要求

了解MS培养基的配方,掌握培养基制备的方法。

二、材料与器具

1. **材料** MS培养基所需试剂(详见第二章第七节)、封口膜、绑扎线绳、蒸馏水或纯净水等。
2. **器具** 天平、烧杯、量筒、吸管、搪瓷量杯、电炉子、酸度计或精密pH试纸、三角瓶、高压灭菌锅等。

三、方法步骤

（一）配制前的准备

1. 清洗操作所用的玻璃器皿 先将玻璃器皿浸入加有洗洁净的水中进行刷洗，再用清水内外冲洗，使器皿光洁透亮。然后，用蒸馏水冲 1～2 次，最后晾干或烘干备用。

2. 培养基母液的配制 根据 MS 培养基的成分，准确称取各种试剂配制成母液，放在冰箱中保存，用时按需要稀释。配母液用的水应采用蒸馏水或去离子水。配母液称重时，克以下的重量宜用感量 0.01 g 的天平，0.1 g 以下的重量最好用感量 0.001 g 的天平。蔗糖、琼脂可用感量 0.1 g 的粗天平。

3. 生长调节剂母液配制

（1）生长素类母液（1 mg/ml）的配制。称取 100 mg 吲哚乙酸（IAA）或吲哚丁酸（IBA）、萘乙酸（NAA）等，放入 100 ml 的烧杯中，用数滴浓度为 1 mol NaOH 溶液使之溶解，加少量水，待完全溶解后将溶液倒至 100 ml 容量瓶中。用水洗上述烧杯，并把该液倒至 100 ml 容量瓶中。再洗数次并倒入容量瓶中，最后定容至刻度。反复摇动容量瓶，至均匀后倒至棕色试剂瓶中，贴上标签。

（2）细胞分裂素类母液（1 mg/ml）的配制。方法与上述大致相同，所不同之处为用 0.1～1 mol HCl 溶解，再用水定容。细胞分裂素类物质主要有苄基腺嘌呤（BA）、细胞激动素（KT）、玉米素（ZT）等。

（3）赤霉素母液（1 mg/ml）的配制。称取 100 mg 赤霉素，用 95% 乙醇溶解，定容在 100 ml 容量瓶中。

（二）培养基制备

1. 溶解琼脂和蔗糖 在 1 000 ml 的烧杯中加入 600～700 ml 纯净水，然后将称好的 6～8 g 琼脂粉放进烧杯中加热煮溶。待琼脂完全溶解后，加入 30 g 蔗糖，搅拌溶解。

2. 加入母液 将母液Ⅰ、Ⅱ、Ⅲ、Ⅳ、Ⅴ，按第二章表 2-15 中每配 1 L 培养基取母液所需量，分别加入到烧杯中，再加所需生长素和细胞分裂素，加水定容至 1 000 ml。

3. 调节 pH 值 搅拌后静止，用酸度计或 pH 精密试纸测定 pH 值，以 1 mol NaOH 或 1 mol HCl 调至 5.8。

4. 培养基分装 用漏斗或下口杯将培养基分装到培养瓶中，注入量约为瓶容积的 1/4。分装动作要快，培养基冷却前应灌装完毕，且尽可能避免培养基粘在瓶壁上。

5. 培养瓶封口 用塑料封口膜、塑料瓶盖等材料将瓶口封严。

6. 培养基灭菌 将包扎密封好的培养瓶放在高压蒸汽灭菌锅中灭菌，在温度为 121 ℃、压力 107.9 kPa 下维持 15～20 min 即可。待压力自然下降到零时，开启放气阀，打开锅盖，取出后在干净柜中存放。灭菌时，应注意的问题是在稳压前一定要将灭菌锅内的冷空气排除干净，否则达不到灭菌的效果。

四、作业

将培养基的制备过程整理成书面报告。

实验实训 12　园林植物组织培养技术：接种与培养

一、目的要求

掌握外植体消毒、茎尖剥离与切割、接种操作的基本技能，了解培养室的管理要求。

二、材料与器具

1. **材料**　外植体（菊花、月季、萱草、红掌等）、培养基、70%、75%及95%的酒精，8%次氯酸钠溶液，0.1%氯化汞，无菌水。
2. **器具**　超净工作台天平、酒精灯、剪刀、镊子、解剖刀、搪瓷盘、火柴等。

三、接种

1. 接种前的准备工作

（1）接种前30 min打开接种室和超净工作台上的紫外线灯进行灭菌，然后打开超净工作台的风机，吹风10 min。

（2）操作人员进入接种室前，用肥皂和清水将手洗干净，换上经过消毒的工作服和拖鞋，并戴上工作帽和口罩。

（3）用70%的酒精棉球仔细擦拭手和超净工作台面。

（4）准备一个灭过菌的培养皿或不锈钢盘，内放经过高压灭菌的滤纸片。解剖刀、医用剪刀、镊子、解剖针等用具应预先浸在95%的酒精溶液内，置于超净工作台的右侧。每个台位至少备2把解剖刀和2把镊子，轮流使用。

（5）点燃酒精灯，然后将解剖刀、镊子、剪子等在火焰上方灼烧后，晾于架上备用。

2. 外植体的消毒

（1）以茎尖培养为例，取具有3～6个腋芽的成熟枝条，切掉叶子，但要留一些叶柄残体以免消毒过程中芽体受损。

（2）把植物材料放置于容器内，用流水冲洗2 h以上，然后开始在超净工作台上工作。

（3）将植物材料在75%的酒精中浸泡几秒钟，然后倒掉酒精，加入7%～15%的次氯酸钠，再加入去污剂（吐温2滴/100 ml），消毒10～30 min后倒掉。也可用0.1%的氯化汞溶液浸泡5～10 min。

（4）用无菌水漂洗3次。

3. 接种

（1）用镊子将植物材料夹到已高压灭菌、盛有滤纸的培养皿中，切取腋芽或在双筒解剖镜下剥离茎尖分生组织0.2～0.3 mm。经过热处理的材料，可带2～4个叶原基，切生长点长约 0.5 mm。

（2）将培养瓶倾斜拿住，先在酒精灯火焰上方烤一下瓶口，然后打开瓶塞，并尽快将外植体接种到培养基上。注意，接种时，培养瓶最好要离开酒精灯上方；材料一定要嵌入培养基，而不要只是放在培养面上。盖住瓶塞以前，再在火焰上方烤一下，然后盖紧瓶塞。

（3）每切一次材料，解剖刀、镊子等都要重新放回酒精内浸泡，并灼烧。

四、培养

1. 初代培养 在 25 ℃ 条件下进行暗培养。待长出愈伤组织后转入光培养，接种到芽丛培养基。此阶段主要诱导芽体解除休眠，恢复生长。

2. 增殖培养 将见光变绿的芽体组织从启动培养基上接种到芽丛培养基上，在每天光照 12~16 h、光照强度 1 000~2 000 lx 条件下培养，不久即产生绿色丛生芽。将芽丛切割分离，进行继代培养，扩大繁殖，平均每月增殖一代，每代增殖 5~10 倍。为了防止变异或突变，通常只能继代培养 10~12 次。根据需要，一部分进行生根培养，一部分仍继代培养，陆续供用。

3. 生根培养 切取增殖培养瓶中的无根苗，接种到生根培养基上进行诱根培养。有些易生根的植物在继代培养中通常会产生不定根，可以直接将生根苗移出进行驯化培养。或者将未生根的试管苗长到 3~4 cm 长时切下来，直接栽到蛭石为基质的苗床中进行瓶外生根。这样，省时省工，可降低成本。

4. 驯化培养

（1）打开瓶盖。让试管苗暴露在空气中锻炼约 3 天，以适应外界环境条件。

（2）出瓶漂洗。选择高 2~4 cm、3~4 片叶的健壮试管苗，将根部培养基冲洗干净，以避免微生物污染而造成幼苗根系腐烂。

（3）移植到苗床。移栽基质选用透气性强的蛭石、珍珠岩与泥炭或河沙。

（4）拱棚覆盖。移栽后浇透水，加塑料罩或塑料薄膜保湿。炼苗的最初 7 天应保持 90% 以上的空气湿度，适当遮阴避免曝晒。7 天以后适当通风降低湿度。温度保持在 23~28 ℃。半月后去罩，掀膜。

（5）施肥。每隔 10 天喷 1 次稀释 50 倍的 MS 大量元素液。

（6）移植到营养钵。用直径 5~10 cm 的塑料营养钵，采用无土轻型基质（包括蛭石、珍珠岩与泥炭等）栽培。

五、作业

在无菌操作过程中，为了防止微生物污染，应注意哪些问题？

实验实训13　盆栽技术

一、目的要求
熟练掌握上盆、换盆等技术。

二、材料与器具
花盆、花铲、筛子、培养土、碎瓦片、喷壶、园林植物等。

三、方法步骤
1. 上盆

（1）配培养土。按植物种类配制培养土，并混入有机肥。

（2）盆底处理。用碎瓦片覆盖在盆底的排水孔上，并视需要放入煤渣、粗砾等排水物。

（3）装盆。先装入相当于盆高1/2左右的培养土，然后一手持苗扶正植株立于盆中央，另一只手向盆内加入培养土。培养土填满盆的四周后，轻轻震动花盆，用手指压紧基质，使植物根系与土壤充分接触。培养土与盆沿留1～2 cm距离以便浇水。

（4）浇水。装盆后，立即浇水，一定要浇透，应见水从盆底排出。

2. 换盆

（1）选盆。根据植株的大小，选择适当的花盆。

（2）盆底处理。与上盆相同。

（3）脱盆。将要换盆的植株从原花盆取出即为脱盆。①小苗：将原花盆倒置，用左手托住并转动花盆，右手轻击盆边，使土坨与盆壁分离，即可取出花木。②大苗：将原花盆侧放在地上，用双手拢住植株冠部，转动花盆，用右脚轻踹花盆边，即可取出苗木。

（4）整理。用花铲削去土坨部分泥土，并剪去老根、病残根。

（5）装盆、浇水。与上盆相同。

四、作业
反复操作，每人每天应达到100盆小苗换盆。

实验实训14　无土栽培

一、目的要求
学习无土栽培的一般技术，学会植物营养液的配制方法。

二、材料与器具
1. 材料与用具　珍珠岩或树皮、沙子、水培盆（3 L）、营养液容器（3个50 kg塑料桶）、微管（3 mm）、小铲、木台子（1 m高，放营养液容器）、水勺、天平

(1/100)、量筒（1 000 ml）、烧杯（1 000 ml）、聚乙烯塑料（0.1 mm 厚）、聚苯乙烯泡沫（0.02 m^2 个）。

2. 试剂　硝酸钙、磷酸钾、硫酸铵、硫酸镁、硫酸钾、过磷酸钙、硝酸钠、氯化钾、硫酸锌、硫酸锰、硼酸粉、硫酸铜、硫酸亚铁。

三、方法步骤

1. 称取香石竹配方试剂

（1）1 号营养液。硫酸铵（0.187 g）、硫酸镁（0.5 g）、硝酸钙（1.79 g）、磷酸钾（0.62 g），加自来水 1 L 配制而成。

（2）2 号营养液。硝酸钠（0.630 g）、过磷酸钙（0.441 g）、硫酸铵（0.158 g）、硫酸钾（0.221 g）、硫酸镁（0.252 g），同时在 1 000 L 溶液中加入 2 g~3 g 配好的微量元素。

（3）3 号营养液。硝酸钠（0.882 g）、氯化钾（0.078 8 g）、过磷酸钙（0.472 5 g）、硫酸镁（0.267 8 g）、硫酸铵（0.603 0 g），同时在 1 000 L 溶液中加入 2 g~3 g 配好的微量元素。

配好的微量元素由硫酸锌（3 g）、硫酸锰（9 g）、硼酸粉（7 g）、硫酸铜（3 g）、硫酸亚铁（10 g）混合而成，及时配制使用。

2. 配制

（1）称样。在 1/1 000 天平上称取大量元素；在 1/10 000 天平上称取微量元素。

（2）配营养液。将自来水（硬水可减少硝酸钙和硫酸钾的用量，增加硝酸钾的用量）分别放入 1 号桶、2 号桶、3 号桶内。先分别加入称取的大量元素 1 号、2 号、3 号配方的试剂，然后按不同配方加入配好的微量元素（按 1 000 L 溶液加入 2~3 g 总量）然后进行搅拌，充分溶解。

3. 栽植

（1）水培。水培盆上放入聚氨酯泡沫，中间打上 1~2 cm 小孔，内放营养液 2 L，将小苗放入孔内，孔间用棉花或绒布包住植物茎轴。栽植完毕后写上标签注明植物名称、配方代号、栽植日期、栽植者。以后每 3 天观察 1 次，做好观察记载。每 10 天~15 天换营养液 1/3，1 个月彻底更换 1 次。

（2）砂培。先将河砂洗净后放入水培盆中，然后配方营养液分别加入水培砂盆中，再将植株根部在清水中浸入 3 min 后移入水培砂盆中。栽植完毕后写上标签注明植物名称、配方代号、栽植日期、栽植者。以后每 3 天观察 1 次，做好观察记载。每 15 天换营养液 1/3，1 个月彻底更换 1 次。

四、作业

1. 试比较香石竹在水培 1 号、2 号、3 号营养液中的茎叶生长状况。
2. 沙培与水培香石竹在一个月后其茎、叶宽、叶长、叶色、腋芽、分蘖状况有哪些不同的表现？
3. 你打算如何设计无土育苗工程？

实验实训15　园林植物的修剪整形

一、目的要求
熟悉园林植物枝、芽生长特性，熟悉修剪整形的基本方法，灵活运用，综合修剪。

二、材料与器具
需要修剪整形的园林植物（观花、观果类，行道树，庭荫树，绿篱等）修枝剪、园艺锯、梯子等。

三、方法步骤
1. 准备　对植物进行仔细观察，了解其枝芽生长特性、植株的生长情况及冠形特点，结合实际进行修剪。

2. 选择正确的修剪方法　按顺序依次具体修剪（具体方法参见有关章节内容）。

3. 检查　是否漏剪、错剪，进行补剪或纠正，维持原有冠形。

4. 整理　修剪完毕，清理现场。

四、作业
选择当地具有代表性的几类园林植物进行反复训练，掌握其修剪整形技艺。

参考文献

[1] 成海钟. 园林植物栽培与养护 [M]. 北京：高等教育出版社，2002.

[2] 施振周，刘祖祺主编. 园林花木栽培新技术 [M]. 北京：中国农业出版社，1999.

[3] 陈有民主编. 园林树木学 [M]. 北京：中国林业出版社，1990.

[4] 北京林业大学园林系花卉教研组. 花卉学 [M]. 北京：中国林业出版社，1990.

[5] 崔洪霞等. 木本花卉栽培与养护 [M]. 北京：金盾出版社，1999.

[6] 刘宏涛编著. 草本花卉栽培技术 [M]. 北京：金盾出版社，1999.

[7] 蔡顺清，龚夏霞编著. 家庭养花技术 [M]. 上海：上海科学技术出版社，1998.

[8] 陶源，丁耕云主编. 精编家庭实用养花手册 [M]. 上海：上海世界图书出版公司，2001.

[9] 国家质量技术监督局. 林木种子检验规程（国家标准）[M]. 北京：中国标准出版社，1999.

[10] 俞玖主编. 园林苗圃学 [M]. 北京：中国林业出版社，1988.

[11] 齐明聪主编. 森林种苗学 [M]. 哈尔滨：东北林业大学出版社，1992.

[12] 南京林业学校主编. 园林植物栽培学 [M]. 北京：中国林业出版社，1991.

[13] 湖南省林业学院主编. 造林学 [M]. 北京：中国林业出版社，1983.

[14] 陈树国，李瑞华，杨秋生主编. 观赏园艺学 [M]. 北京：中国农业科技出版社，1991.

[15] 邢禹贤主编. 无土栽培原理与技术 [M]. 北京：农业出版社，1990.

[16] 蒋卫杰，刘伟，郑光华主编. 蔬菜无土栽培新技术 [M]. 北京：金盾出版社，1998.

[17] 樊金会，曹帮华主编. 花卉大棚温室商品化生长技术 [M]. 济南：山东科学技术出版社，1997.

[18] 韦三立主编. 花卉无土栽培 [M]. 北京：中国林业出版社，2001.